工业和信息化设计人才实训指南

U0192609

Cinema 4D
基础与实战教程

山中雨左 编著

电子工业出版社·
Publishing House of Electronics Industry
北京·BEIJING

读 者 服 务

读者在阅读本书的过程中如果遇到问题，可以关注"有艺"公众号，通过公众号中的"读者反馈"功能与我们取得联系。此外，通过关注"有艺"公众号，您还可以获取艺术教程、艺术素材、新书资讯、书单推荐、优惠活动等相关信息。

资源下载方法：关注"有艺"公众号，在"有艺学堂"的"资源下载"中获取下载链接。如果遇到无法下载的情况，可以通过以下三种方式与我们取得联系。

1.关注"有艺"公众号，通过"读者反馈"功能提交相关信息。

2.请发邮件至art@phei.com.cn，邮件标题命名方式：资源下载+书名。

3.读者服务热线：（010）88254161~88254167转1897。

投稿、团购合作：请发邮件至art@phei.com.cn。

扫一扫关注"有艺"

图书在版编目（CIP）数据

Cinema 4D基础与实战教程 / 山中雨左编著. -- 北京：电子工业出版社，2022.12

（工业和信息化设计人才实训指南）

ISBN 978-7-121-44402-9

Ⅰ.①C… Ⅱ.①山… Ⅲ.①三维动画软件－教材 Ⅳ.①TP391.414

中国版本图书馆CIP数据核字(2022)第190785号

责任编辑：高　鹏　　特约编辑：田学清

印　　刷：天津千鹤文化传播有限公司

装　　订：天津千鹤文化传播有限公司

出版发行：电子工业出版社

　　　　　北京市海淀区万寿路173信箱　　邮编：100036

开　　本：787×1092 1/16　印张：18.75　字数：600千字

版　　次：2022 年 12 月第 1 版

印　　次：2022 年 12 月第 1 次印刷

定　　价：79.00元

Preface　前言

　　Cinema 4D（C4D）是德国 Maxon Computer 研发的一款 3D 绘图软件，前身为 FastRay，以运算速度快和渲染插件强著称，包含建模、动画、渲染、角色、粒子等模块，兼容各种主流的渲染器插件，功能全面且强大，能创造出电影级别的图形画面。

　　C4D R20 是目前火热的三维动画设计软件之一，其应用领域广泛，如平面设计、电商设计、建筑设计、动画设计、游戏制作、创意广告、企业宣传片、影视包装和电影特效等领域。也就是说，涉及三维多媒体的领域，基本都会用到 C4D R20。高效便捷的 C4D R20 受到了平面设计师、电商设计师、插画师的广泛欢迎，成为他们的强力辅助工具。

　　我们对本书的编写体系进行了精心的设计，按照"软件功能解析→课堂案例→课堂练习→课后习题→综合练习"这一思路编排，力求通过软件功能解析让学生深入学习软件功能和感受制作特色；通过课堂案例让学生快速熟悉软件功能和创意建模思路；通过课堂练习拓展学生的实际应用能力，并将所学知识应用到工作项目中。

　　本书在内容编写方面，力求通俗易懂、细致全面；在文字叙述方面，言简意赅、重点突出；在案例选取方面，强调案例的针对性和实用性。

　　本书的参考学时为 61 学时，其中实践环节为 20 学时，各章的参考学时参见下面的学时分配表。

章 节	课程内容	学时分配	
		讲授	实训
第01章	非凡的Cinema 4D	1	0
第02章	C4D R20界面布局	2	1
第03章	建模	10	5
第04章	灯光	4	2
第05章	材质与UV贴图	4	2
第06章	渲染	4	2
第07章	摄像机	4	2
第08章	动画	4	2
第09章	动力学与运动图形	8	4
课程总计		41	20

为了方便读者了解本书的结构体系，下面对全书结构进行图解展示。

软件功能解析：C4D R20 重要功能、工具和参数的详解，配有相关图示或操作步骤，让读者对 C4D R20 的功能及工具进行全面的学习。

2.3.1 基本工具栏

基本工具栏中有 5 个快捷图标，如图 2-12 所示，从左向右依次是实时选择工具、移动工具、缩放工具、旋转工具、实时切换工具，用来对模型进行基本的操作。下面对这些工具及工具栏中的其他一些工具进行简单的介绍。

图2-12

1. 实时选择工具

选择工具共有 4 种，分别是实时选择工具、框选工具、套索选择工具和多边形选择工具，默认实时选择工具为第 1 个工具。实时选择工具是最常用的一种选择工具，其功能是选择视图窗口里的对象。其选择是一种范围选择，可以选择白色圈内的所有物体。在进入其属性面板后，可对工具进行设置。后面会对其进行详细讲解。

2. 移动工具

按住工具栏中的"立方体"图标 不放，在弹出的窗口中单击"立方体"图标以创建一个立方体对象，并激活移动工具（移动工具的图标会高亮显示）。视图中被选中的模型上将会出现三维坐标轴，如图 2-13 所示。其中，红色的为 X 轴，绿色

图2-13　　　　图2-14

的为 Y 轴，蓝色的为 Z 轴。单击相应的坐标轴进行移动，模型就会产生相应的位置变化，如图 2-14 所示。

3. 缩放工具

按住工具栏中的"立方体"图标 不放，在弹出的窗口中单击"立方体"图标以创建一个立方体对象，然后按快捷键 C 将立方体转换为可编辑对象，并激活缩放工具（缩放工具的图标会高亮显示），如图 2-15 所示。此时坐标轴的箭头变为立方体，单击坐标轴上的红色、蓝色、绿色立方体并拖动就可以对模型进行放大 / 缩小操作，如图 2-16 所示。

课堂案例：每一个课堂案例都针对特定的 C4D R20 功能，让读者通过课堂案例来掌握 C4D R20 的操作思路和方法。

课堂练习：每一个课堂练习都针对特定的 C4D R20 功能，让读者通过课堂练习来巩固学习的知识，对 C4D R20 进行深入的掌握。

课后习题：每一个课后习题都针对特定的 C4D R20 功能，让读者通过课后习题来巩固学习的知识，对重要知识点进行总结回顾以及扩展应用。

课后习题 抽屉课桌制作

实例位置	实例文件 >CH03> 课后习题：抽屉课桌制作 .png
素材位置	素材文件 >CH03> 抽屉课桌制作 .c4d
视频位置	无
技术掌握	线程工具和编辑工具的配合使用

综合练习：每一个综合练习都会将该章节的主要知识点串联起来，是一个章节的精华所在。例如，"建模"章节的综合练习将常用的建模方法都融合到一个案例中，让读者能够更加灵活地使用建模工具。

综合练习 创意金属字D制作

实例位置	实例文件 >CH03> 综合练习：创意金属字 D 制作 .png
素材位置	素材文件 >CH03> 创意金属字 D 制作 .c4d
视频名称	无
技术掌握	建模工具的综合使用

实例文件：全书课堂案例、课堂练习的成品文件。读者可将其当作相应课堂案例、课堂练习的素材文件，也可将其当作操作练习的参考文件。如果在实际操作中遇到问题，也可以打开本书提供的工程文件来自行查找解决方法。

本书能顺利出版，得益于不少业界相关人士的帮助和支持，但是由于编写时间仓促，编写水平有限，书中难免存在疏漏和不妥之处，敬请广大读者批评指正。

编　　者

增值服务介绍

本书增值服务丰富，包括图书相关的训练营、素材文件、源文件、视频教程；设计行业相关的资讯、开眼、社群和免费素材，助力大家自学与提高。

在每日设计APP中搜索关键词"D44402"，进入图书详情页面获取；设计行业相关资源在APP主页即可获取。

训练营

书中课后习题线上练习，提交作品后，有专业老师指导。

赠送配套讲义、素材、源文件和课后习题答案，辅助学习。

视频教程

配套视频讲解知识点，由浅入深，让你学以致用。

设计资讯

搜集设计圈内最新动态、全球尖端优秀创意案例和设计干货，了解圈内最新资讯。

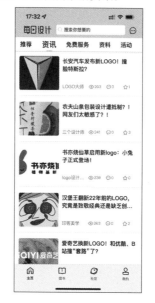

设计开眼

汇聚全球优质创作者的作品，带你遍览全球，看更好的世界，挖掘更多灵感。

设计社群

八大设计学习交流群，专业老师在线答疑，帮助你成为更好的自己。

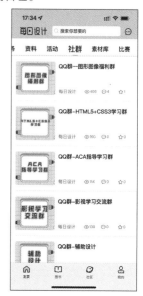

免费素材

涵盖Photoshop、Illustrator、Auto CAD、Cinema 4D、Premiere、PowerPoint等相关软件的设计素材、免费教程，满足你全方位学习需求。

目录

Contents

第07章 摄像机

第08章 动画

第09章 动力学与运动图形

Chapter 01

第 01 章

非凡的Cinema 4D

Cinema 4D（C4D）是德国 Maxon Computer 研发的一款 3D 绘图软件，前身为 FastRay，以运算速度快和渲染插件强著称，包含建模、动画、渲染、角色、粒子等模块，兼容各种主流的渲染器插件，功能全面且强大，能创造出电影级别的图形画面。

C4D R20

学习重点
• 了解 C4D 的特点，以及 C4D 的应用领域

1.1 C4D的特点

与其他三维软件相比，如Maya、3ds Max等，C4D拥有更简洁的界面，更人性化的操作指令，可以让三维设计工作更加流畅、舒适。即使没有接触过三维软件的设计师也能在短时间内上手。

C4D有很好的兼容性，比如，Photoshop、Illustrator、After Effects、Nuke、Fusion等软件都能与其无缝对接，这也是C4D在影视后期行业逐渐成为主流应用软件的原因之一。同时，其导出的分层渲染图像在Photoshop与After Effects中可以进行层级编辑，让设计过程变得更具可控性。

在工业渲染领域，C4D针对各类工业设计软件的接口也非常完善，比如，SolidWorks、Catia等软件可以直接将工业模型导入C4D中进行高质量的渲染，得到较好的视觉表现。

C4D是一款创造画面效果非常强大且实用的工具，即使是复杂的图像，在C4D中也变得简洁、高效。其越来越受欢迎，几乎已经成为每个设计师必须掌握的软件之一。

1.2 C4D的应用领域

随着C4D的流行，C4D促使许多行业都发展迅猛，涉及领域非常广阔，如电商设计、平面设计、UI设计、工业设计、影视后期设计等，特别是近些年来在影视后期设计和电商设计领域迎来"大爆发"，而这两个领域的视觉设计工作几乎都离不开C4D这款三维软件。

1.2.1 电商设计

在电商行业，由于绝大部分的国内外大品牌都入驻了电商平台，加上现在商家的品牌意识也很强，因此无论是大品牌还是中小品牌都会使用视觉营销、情感营销等方式为自己的品牌产品助力，使得三维设计因其独特的表现拥有了市场。C4D简单、易上手的特点，加上强大的视觉表现，使其应用越来越普遍，如图1-1所示。

图1-1

1.2.2 产品设计

C4D 强大的建模渲染功能让产品的外观得到了更好的展示效果，在电子产品、家电家具、母婴美妆、室内装修设计等类目中都有高层次的视觉体现。设计师通过建模渲染的方式，可以为产品的宣传、品牌的广泛传播提供有力的支持，如图 1-2 所示。

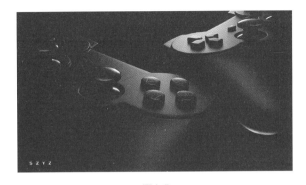

图 1-2

1.2.3 平面设计

如今越来越多的公司开始使用三维的手法来提升自己的品牌影响力。三维设计可以为设计师打开更多的"门路"，让其学习广泛的技能，有更多的创新想法；使用三维的建模和渲染手法来进行平面立体化的创作可以真正改变设计师的日常工作，让其开辟新途径，如图 1-3 所示。

图 1-3

1.2.4 视频设计

C4D 在数字动态图形内容制作方面功能强大，能够以低成本实现高效益。例如，动态广告视频、影视后期、栏目包装和常见的电商三维产品视频宣传片等都有其应用，如图 1-4 所示。

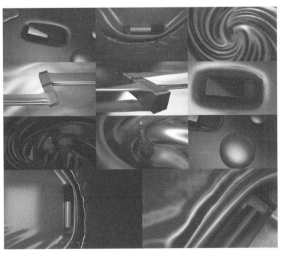

图 1-4

1.2.5 艺术创作

　　艺术家以一定的世界观为指导，运用一定的创作方法，通过对现实生活的观察、体验、分析、研究来选择、提炼、加工生活素材，塑造艺术形象，创作艺术作品。艺术创作是人类因自身审美需要而进行的精神生产活动，是一种独立的、纯粹的、高级形态的审美创造活动。它以社会生活为灵感来源，但并不是简单地复制生活现象，实质上是一种特殊的审美创造。简单、易用的三维工具可以让数字艺术家更容易做出属于自己的作品，如图 1-5 所示。

图 1-5

1.2.6 电视栏目包装

　　电视栏目包装是指对电视节目、栏目、频道甚至电视台的整体形象进行一种外在形式要素的规范和强化。这些外在的形式要素包括声音（语言、音响、音乐、音效等）、图像（固定画面、动态画面等）、颜色等。

　　电视节目、栏目、频道的包装，可以起到如下作用：突出电视节目、栏目、频道的特征和特点；增强观众对电视节目、栏目、频道的识别能力；确立电视节目、栏目、频道的品牌地位；使包装的形式成为电视节目、栏目、频道的有机组成部分。好的电视节目、栏目、频道的包装能令人赏心悦目，其本身就是精美的艺术品。

　　简易、高效、灵活的 C4D 在电视栏目包装的三维影片制作中无疑是一个强大的工具，如图 1-6 所示。

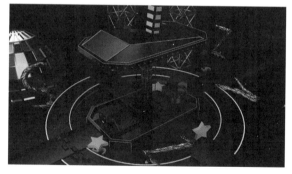

图 1-6

1.3 本章小结

　　本章简单介绍了 C4D 的由来和软件优势。作为一款非常有前景的三维软件，C4D 在设计领域的应用非常广泛。平面设计师、电商设计师、插画师、后期工作者、产品设计师等都在使用它，毋庸置疑，C4D 已经成为主流应用软件。

Chapter

02

第 02 章

C4D R20界面布局

在安装好 C4D 软件后，双击软件图标，打开 C4D 界面。该界面由标题栏、菜单栏、工具栏、编辑模式工具栏、视图窗口、动画编辑窗口、材质窗口、坐标窗口、对象 / 场次 / 内容浏览器 / 构造窗口、属性 / 层窗口和提示栏等区域组成。

C4D R20

学习重点
- 了解 C4D 的大概布局，对软件有一个宏观掌控
- 掌握软件最基础的操作工具

C4D 界面如图 2-1 所示。其中，①为标题栏，②为菜单栏，③为工具栏，④为编辑模式工具栏，⑤为视图窗口，⑥为动画编辑窗口，⑦为材质窗口，⑧为坐标窗口，⑨为对象 / 场次 / 内容浏览器 / 构造窗口，⑩为属性 / 层窗口，⑪ 为提示栏。

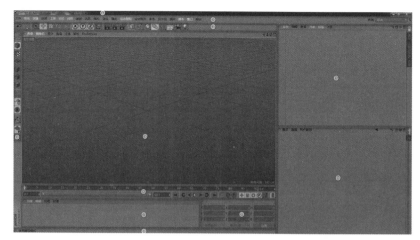

图 2-1

工具名称	工具图标	工具作用	重要程度
实时选择		使用鼠标指针选中对象	高
移动		对物体对象进行位置移动操作	中
缩放		对物体对象进行大小缩放操作	中
旋转		对物体对象进行角度旋转操作	中
轴向锁定/解锁		默认高亮显示表示处于解锁状态，单击图标可以锁定相应的轴向，使该轴向不受位移、旋转、缩放的作用	中
坐标系统		包含全局 / 对象两种坐标系统，单击图标可以切换两种坐标系统	高
模型		转换模型模式和可编辑模式	中
纹理		查看物体的纹理形态和位置	高
点模式		在可编辑模式下对物体的点进行相应操作	中
边模式		在可编辑模式下对物体的边进行相应操作	中
面模式		在可编辑模式下对物体的面进行相应操作	中
轴心		启用后可以修改物体对象的坐标轴位置	中

标题栏

C4D 的标题栏位于界面顶端，包含软件版本信息和当前工程文件名称。当前的软件版本号是 R20.059，工程文件名称为"未标题 1"。按快捷键 Ctrl+S 进行工程文件保存，会弹出一个"保存文件"对话框，将保存路径设置为桌面，将文件名修改为"工程 1"，单击"保存"按钮，即可将当前工程文件保存，如图 2-2 所示。

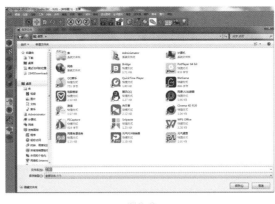

图 2-2

2.2 菜单栏

C4D 的菜单栏分为主菜单和窗口菜单。主菜单位于标题栏下方，包含绝大部分工具和功能按钮，如图 2-3 所示。单击“运动图形”菜单项，若不移开鼠标指针，将会弹出相应菜单。“运动图形”菜单包含效果器和运动图形工具等，如图 2-4 所示。

主菜单中的“文件”“编辑”“创建”菜单用于对文件、软件整体和模型进行一些设置。除此之外，还有窗口菜单。窗口菜单是视图菜单和各区域窗口菜单的统称，分别用于管理各自所属的窗口和区域，如图 2-5 所示。

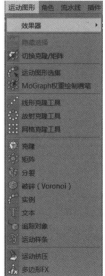

文件 编辑 创建 选择 工具 网格 体积 捕捉 动画 模拟 渲染 雕刻 运动跟踪 运动图形 角色 流水线 插件 脚本 窗口 帮助

图 2-3

查看 摄像机 显示 选项 过滤 面板 ProRender

图 2-5

运动图形 角色 流水线 插件
效果器
隐藏选择
切换克隆/矩阵
运动图形选集
MoGraph权重绘制画笔
线形克隆工具
放射克隆工具
网格克隆工具
克隆
矩阵
分裂
破碎（Voronoi）
实例
文本
追踪对象
运动样条
运动挤压
多边形FX

图 2-4

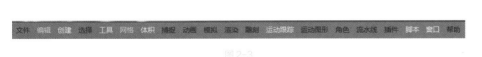

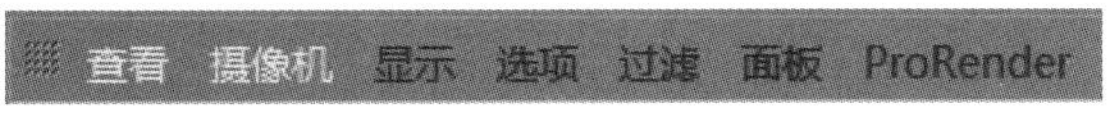

2.2.1 文件

"文件"菜单是每个软件的基础菜单之一，用来新建文件、保存文件、另存为文件、关闭文件、保存工程（包含资源）等。执行"主菜单 > 文件"命令，即可弹出"文件"菜单，如图 2-6 所示。

1. 新建 / 打开 / 合并 / 恢复文件

- 新建：执行"主菜单 > 文件 > 新建"命令，可新建一个文件。
- 打开：执行"主菜单 > 文件 > 打开"命令，可打开一个文件。
- 合并：执行"主菜单 > 文件 > 合并"命令，可合并场景中选择的文件。
- 恢复：执行"主菜单 > 文件 > 恢复"命令，可恢复到上次保存的文件状态。

2. 关闭 / 全部关闭文件

- 关闭：执行"主菜单 > 文件 > 关闭"命令，可关闭当前编辑的文件。
- 全部关闭：执行"主菜单 > 文件 > 全部关闭"命令，可关闭所有文件。

3. 保存文件

- 保存：执行"主菜单 > 文件 > 保存"命令，可保存当前场景中的所有文件。
- 另存为：执行"主菜单 > 文件 > 另存为"命令，可将当前场景的文件另存为一个文件。
- 增量保存：执行"主菜单 > 文件 > 增量保存"命令，可将当前场景的文件加上序列号另存为新的文件。
- 全部保存：执行"主菜单 > 文件 > 全部保存"命令，可保存当前场景中的所有文件。
- 保存工程（包含资源）：执行"主菜单 > 文件 > 保存工程（包含资源）"命令，可保存当前场景中的所有文件和当前文件用到的贴图模型等资源。

4. 导出文件

C4D 可以将工程文件导出为 3D Studio、FBX、Wavefront OBJ 等格式，例如，导出的 Wavefront OBJ 格式的模型文件，可以被导入其他三维软件中进行编辑操作，与其他软件对接，如图 2-7 所示。

新建	Ctrl+N
打开...	Ctrl+O
合并...	Ctrl+Shift+O
恢复...	
关闭	Ctrl+F4
全部关闭	Ctrl+Shift+F4
保存	Ctrl+S
另存为...	Ctrl+Shift+S
增量保存...	
全部保存	
保存工程(包含资源)...	
保存所选对象为...	
保存为Melange工程...	
保存所有场次与资源	
保存已标记场次与资源	
导出...	▶
最近文件	▶
退出	Alt+F4

图 2-6

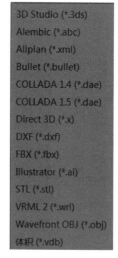

图 2-7

"编辑"菜单也是每个软件的基础菜单之一，具有撤销、剪切、复制、粘贴和删除等常用基础功能。执行"主菜单 > 编辑"命令，即可弹出"编辑"菜单，如图 2-8 所示。

1. 撤销

该功能用于返回上一步操作，快捷键为 Ctrl+Z。

2. 剪切 / 复制 / 粘贴 / 删除

- 剪切：快捷键为 Ctrl+X，可将所选对象放入剪切板中。
- 复制：快捷键为 Ctrl+C，可将所选对象复制到粘贴板中。
- 粘贴：快捷键为 Ctrl+V，可将粘贴板中的对象粘贴到所选位置上。
- 删除：快捷键为 Delete，可将所选对象删除。

3. 工程设置

执行"主菜单 > 编辑 > 工程设置"命令，在 C4D 界面的右下角打开工程设置窗口，如图 2-9 所示。该窗口用于对当前工程进行相关的设置，也可以在此修改默认对象颜色等。

图 2-8　　　　　　　　　　　　　　图 2-9

4. 设置

执行"主菜单 > 编辑 > 设置"命令，可以打开"设置"窗口，如图 2-10 所示。"设置"窗口可以用于更改很多软件的基础设置。例如，在"用户界面"选项卡中更改软件的语言为简体中文或英文等，将界面设置为便于观察的明色调或有助于视力保护的暗色调等，以及设置软件字体大小、是否显示提示帮助、软件各布局显示颜色等。

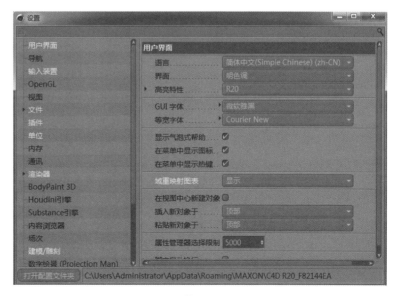

图 2-10

2.3 工具栏

C4D 的工具栏位于菜单栏下方，其中共有 22 个快捷图标，包含了软件常用的一些工具，如图 2-11 所示。使用这些工具可以对模型对象进行移动、旋转、缩放等基本操作，也能创建基础模型对象、基础样条对象。使用造型工具和变形器对模型进行进一步的编辑操作，还能创建天空、环境、灯光、摄像机对象等，以及进行最后的渲染输出。

图 2-11

2.3.1 基本工具栏

基本工具栏中有 5 个快捷图标，如图 2-12 所示，从左向右依次是实时选择工具、移动工具、缩放工具、旋转工具、实时切换工具，用来对模型进行基本的操作。下面对这些工具及工具栏中的其他一些工具进行简单的介绍。

图 2-12

1. 实时选择工具

选择工具共有 4 种，分别是实时选择工具、框选工具、套索选择工具和多边形选择工具，默认实时选择工具为第 1 个工具。实时选择工具是最常用的一种选择工具，其功能是选择视图窗口里的对象。其选择是一种范围选择，可以选择白色圈内的所有物体。在进入其属性面板后，可对工具进行设置。后面会对其进行详细讲解。

2. 移动工具

按住工具栏中的"立方体"图标 不放，在弹出的窗口中单击"立方体"图标以创建一个立方体对象，并激活移动工具 （移动工具的图标会高亮显示）。视图中被选中的模型上将会出现三维坐标轴，如图 2-13 所示。其中，红色的为 X 轴，绿色的为 Y 轴，蓝色的为 Z 轴。单击相应的坐标轴进行移动，模型就会产生相应的位置变化，如图 2-14 所示。

图 2-13

图 2-14

3. 缩放工具

按住工具栏中的"立方体"图标 不放，在弹出的窗口中单击"立方体"图标以创建一个立方体对象，然后按快捷键 C 将立方体转换为可编辑对象，并激活缩放工具 （缩放工具的图标会高亮显示），如图 2-15 所示。此时坐标轴的箭头变为立方体，单击坐标轴上的红色、蓝色、绿色立方体并拖动就可以对模型进行放大 /缩小操作，如图 2-16 所示。

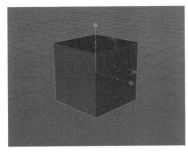

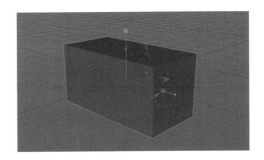

图 2-15　　　　　　　　　　　　　图 2-16

4. 旋转工具

按住工具栏中的"立方体"图标 不放，在弹出的窗口中单击"立方体"图标以创建一个立方体对象，并激活旋转工具 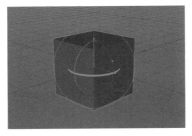 （旋转工具的图标会高亮显示），如图 2-17 所示。此时模型上会出现球形旋转控制器，只要旋转相应的圆环就可以对模型进行旋转操

图 2-17　　　　　　　　　　　　　图 2-18

作，并且如果在旋转的同时按住 Shift 键，则模型每次都会以 10° 的整数倍的角度进行旋转，如图 2-18 所示。

5. 实时切换工具

这是一个不常用的工具，默认显示当前所选工具。如果用户按住图标右下角的黑色小三角不放，则会显示最近使用过的工具。该工具的作用是记录最近的操作，在实际操作中使用的频率较低，如图 2-19 所示。

6. 轴向锁定 / 解锁

在默认情况下，3 个图标为激活状态（ⓍⓎⓏ 图标会高亮显示），用于锁定和解锁 3 个轴向。在对模型进行移动操作时，如果只想让其沿着 X 轴方向进行相应的位移操作，则单击 Y 轴和 Z 轴的相应图标，取消它们的高亮显示，即 Ⓧ Y Z，表示锁定 Y 轴和 Z 轴，此时模型将只沿 X 轴移动。

7. 全局 / 对象坐标系统

坐标系统是一个常用的工具。单击"坐标系统"图标 ⓁⒺ，即可切换到全局坐标系统，此时该图标高亮显示，代表开启了全局坐标。

当对一个立方体对象进行旋转操作之后，立方体的坐标轴由于旋转也会发生相应的改变，将无法再对立方体对象进行水平、竖直方向的旋转操作，如图 2-20 所示。这时可以开启全局坐标轴。全局坐标轴将永远保持默认的 X、Y、Z 轴位置，即全局坐标轴的 Y 轴永远竖直向上，用户可以对立方体在 X、Z 方向上进行旋转操作，如图 2-21 所示。注意，开启全局坐标轴后，需要及时将其关闭，以便对模型对象进行相应的编辑操作。

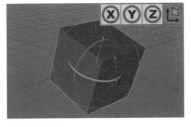

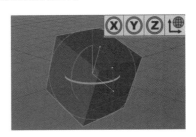

图 2-19　　　　　　　　　　　　　图 2-20　　　　　　　　　　　　　图 2-21

2.3.2 渲染工具组

这3个图标为渲染工具组。其中，第1个图标叫作"渲染活动视图"，用于对场景中的对象进行渲染预览。单击该图标之后可以查看当前场景的渲染效果。第2个图标叫作"渲染到图片查看器"，用于对当前场景进行最终的渲染输出。第3个图标叫作"渲染设置"，用于控制渲染设置，如切换渲染器，设置最终的图片输出位置，以及输出的图片大小、分辨率、图片格式、图片深度等。后续"渲染"章节会对它们进行详细讲解。

2.3.3 对象工具组

是对象工具组，其中共有8个图标，用于创建参数化对象，用于创建基础样条对象，用于创建 NURBS 工具对象，用于创建造型工具对象，用于创建变形器对象，用于创建环境对象，用于创建摄像机对象，用于创建灯光对象。

1. 参数化对象

按住"立方体"图标不放，会弹出参数化对象窗口。在该窗口中，可以创建空白对象；常见的一些基础几何对象，如立方体、圆锥、圆柱、球体等；几何平面对象，如圆盘、平面、多边形等；人偶、地形对象等。大部分三维模型都是从上述这些基础模型演变而成的，如图 2-22 所示。

将鼠标指针移动到相应的参数化对象图标上，再次单击，就能创建相应的参数化对象，如图 2-23 所示。创建的圆锥对象如图 2-24 所示。

图 2-22

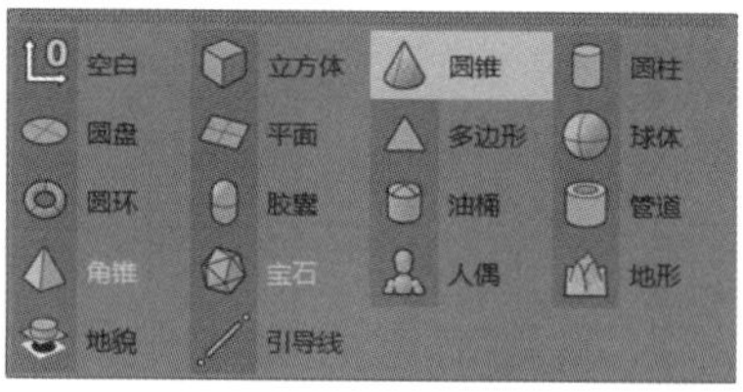

图 2-23

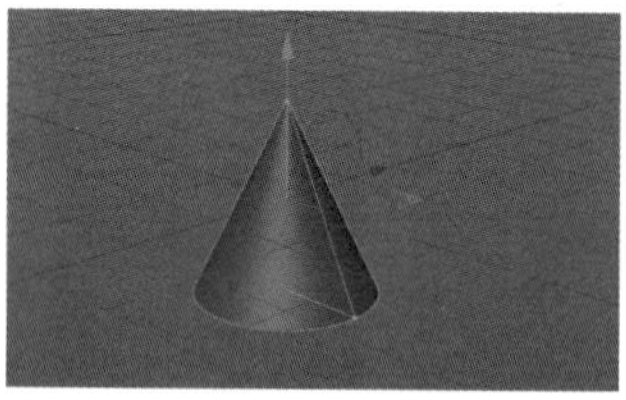

图 2-24

2. 样条对象

按住"画笔"图标不放，会弹出样条对象窗口。在该窗口中，可以创建基础的样条对象，如圆弧、圆环、螺旋、多边形等，以及一些特殊样条，如星形、齿轮等。除了创建样条对象，在该窗口中还能切换画笔、草绘工具等进行样条的手动绘制，并且包含样条布尔功能，如图 2-25 所示。

将鼠标指针移动到相应的样条对象图标上，再次单击，就能创建相应的样条对象。这里创建了一个圆环样条对象，如图 2-26 所示。

图 2-25

图 2-26

3. NURBS 工具组

按住"细分曲面"图标不放，会弹出 NURBS 工具组窗口，如图 2-27 所示。该窗口中共包含 6 种 NURBS 工具，分别是细分曲面、挤压、旋转、放样、扫描、贝塞尔。NURBS 工具用于对几何模型对象和样条对象进行造型，生成需要的三维模型对象。后续"建模"章节会对其进行详细讲解。

4. 造型工具组

按住"实例"图标  不放，会
弹出造型工具组窗口，如图 2-28
所示。在该窗口中，可以创建 14
种造型工具对象，分别是阵列、晶
格、布尔、样条布尔、连接、实
例、融球、对称、Python 生成器、

图 2-27　　　　　　　　　　　　图 2-28

LOD、减面、克隆、体积生成、体积网格。造型工具用于对几何模型对象和样条对象进行造型，生成需要的三维
模型对象。后续"建模"章节会对其进行详细讲解。

5. 变形器

按住"扭曲"图标  不放，会弹出变形器窗口，如图 2-29 所示。在该窗口中，可以创建 29 种变形器对象，
分别是扭曲、膨胀、斜切、锥化、螺旋、FFD、网格、挤压 & 伸展、融解、爆炸、爆炸 FX、破碎、修正、颤动、
变形、收缩包裹、球化、表面、包裹、样条、导轨、样条约束、摄像机、碰撞、置换、公式、风力、平滑、倒角。
变形器用于对模型对象进行变形操作，生成新的三维模型对象。后续"建模"章节会对其进行详细讲解。

6. 环境

按住"地面"图标  不放，
会弹出环境窗口，如图 2-30 所示。
在该窗口中，可以创建 12 种环境
对象，分别是地面、天空、环境、
前景、背景、舞台、物理天空、云
绘制工具、云组、云、连接云、生
长草坪。环境对象用于对现实世界
的环境进行模拟，且只有在真实的
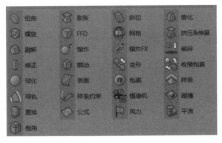

图 2-29　　　　　　　　　　　　图 2-30

环境中才能正确地渲染出模型对象的高品质视觉效果。后续"材质与 UV 贴图"章节会对其进行详细讲解。

7. 摄像机

按住"摄像机"图标  不放，会弹出摄像机窗口，如图 2-31
所示。在该窗口中，可以创建 5 种摄像机对象，分别是摄像机、目
标摄像机、立体摄像机、运动摄像机、摇臂摄像机。（摄像机变换
只是一个与摄像机相关的功能。）摄像机用于模拟现实中拍摄的摄
影器材，拍摄、记录对象的活动，以及静止或运动的影像。后续"摄
像机"章节会对其进行详细讲解。

图 2-31　　　　　　　　　　　　图 2-32

8. 灯光

按住"灯光"图标  不放，会弹出灯光窗口，如图 2-32 所示。在该窗口中，可以创建 8 种灯光对象，分别是灯光、
点光、目标聚光灯、区域光、IES 灯、无限光、日光、PBR 灯光。灯光的作用：一是用于照亮模型对象或者环境，
让对象物体可以被摄像机捕捉或者被人眼识别；二是具备艺术性，可以营造特定的气氛及增加模型对象的质感。
后续"灯光"章节会对其进行详细讲解。

---

* 图 2-27 中的"贝赛尔"应该为"贝塞尔"，后文同。

2.4 编辑模式工具栏

C4D 的编辑模式工具栏位于界面的最左端，可以用于切换模型对象与编辑模型对象，进入点、边、面模式进一步编辑模型，因为一个复杂的三维模型创建必然需要通过对简单几何体上的点、线、面进行相应的编辑操作，这是编辑模式工具栏最大的作用。除此之外，它还包含改变坐标轴、单独显示模型对象、网格捕捉对齐、修改工作平面等辅助型建模功能，如图 2-33 所示。

图 2-33

2.4.1 编辑模式工具

使用此工具前需要先选中一个模型对象。这里创建一个立方体对象并选中，如图 2-34 所示，然后单击该图标，即可将参数化模型对象转换为可编辑多边形对象。只有将模型对象转换为可编辑模型对象后，才能对其点、线、面进行相应的编辑操作。如图 2-35 所示，将模型对象转换为可编辑模型对象后，在点、边、面模式下模型的结构线呈蓝色。

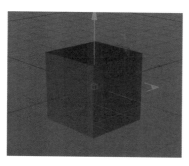

图 2-34

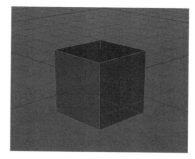

图 2-35

使用鼠标左键长按该图标会弹出一个窗口，用于切换模型、对象、动画 3 种模式，属于不常用的功能。

单击该图标，可以切换为纹理轴模式，用于修改带贴图材质的投射方式。后续章节会对其进行详细讲解。

单击该图标，可以切换工作平面，属于不常用的功能。

: 单击该图标,可以进入点模式。在进入点模式后,可以对模型对象上的点进行编辑:用实时选择工具选中一个点,被选择的点会以黄色高亮显示,如图2-36所示,并且会出现一个坐标轴,可以通过移动坐标轴来移动相应的点,这里沿着红色X轴正方向移动一段距离,如图2-37所示。

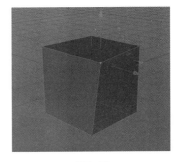

图 2-36　　　　　　　　　图 2-37

: 单击该图标,可以进入边模式。在进入边模式后,可以对模型对象上的边进行编辑:用实时选择工具选中一条边,被选择的边会以黄色高亮显示,如图2-38所示,并且会出现一个坐标轴,可以通过移动坐标轴来移动相应的边,这里沿着绿色Y轴任意移动一段距离,如图2-39所示。

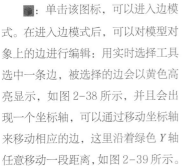

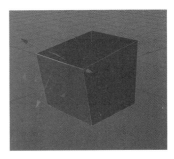

图 2-38　　　　　　　　　图 2-39

: 单击该图标,可以进入面模式。在进入面模式后,可以对模型对象上的面进行编辑:用实时选择工具选中一个面,被选择的面会以黄色高亮显示,如图2-40所示,并且会出现一个坐标轴,可以通过移动坐标轴来移动相应的面,这里沿着蓝色Z轴任意移动一段距离,如图2-41所示。

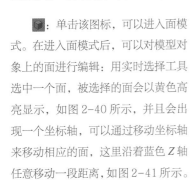
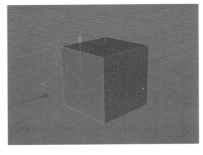

图 2-40　　　　　　　　　图 2-41

2.4.2 显示工具

: 启用轴心。单击该图标,可以激活轴心,如图2-42所示。激活轴心后,可以更改模型对象的坐标轴位置,只需要先选中坐标轴,然后对坐标轴进行相应的移动操作即可。完成坐标轴的移动操作后,需要再次单击该图标以关闭轴心。关闭轴心后,才能正常移动模型对象,如图2-43所示。

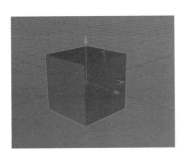

图 2-42　　　　　　　　　图 2-43

⟦🔘⟧：微调，用于控制画面移动和旋转的幅度。

⟦🔘⟧：独显，包含"视窗单体独显""视窗层级独显""视窗独显选择"3 种独显模式。其中，"视窗单体独显"是最常用的一种独显模式，选中模型对象并激活该模式后，可以将所选模型对象单独显示。如图 2-44 所示，视图窗口中有两个立方体对象，选中前面一个立方体对象，激活"视窗单体独显"模式，所选立方体对象将单独显示，另一个立方体对象将被隐藏，如图 2-45 所示。

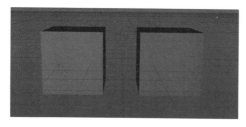
图 2-44

图 2-45

2.4.3 辅助工具

⟦🔘⟧：启用捕捉，包含多种捕捉模式，如图 2-46 所示。例如，"顶点捕捉"模式可以在移动点的时候，精准对齐到视图上的每一个点。"边捕捉"模式可以在移动边的时候，精准对齐到模型对象的每一条边，常用于辅助建模。

⟦🔘⟧：锁定工作平面，一般保持默认设置。

⟦🔘⟧：工作平面，包含几种工作平面的模式，一般保持默认设置。

图 2-46

视图窗口

视图窗口是 C4D 界面的主要编辑区域，由上方的视图菜单栏和下方的视图三维空间窗口组成，在默认情况下显示透视视图，并且基本上会显示所有的操作，从而得到反馈和进一步的操作，是整个 C4D 界面中最大的一个窗口，如图 2-47 所示。

平移视图：按住 Alt 键，使用鼠标中键上下、左右拖动，即可进行视图的平移。

推拉视图：按住 Alt 键，使用鼠标右键左右拖动，即可进行视图的推拉前移。

旋转视图：按住 Alt 键，使用鼠标左键单击不放且左右拖动，即可进行视图的旋转。

切换四视图：单击鼠标中键，可以切换到四视图窗口。四视图包含透视视图、顶视图、右视图、正视图，用于对模型对象进行编辑操作时，从前后、左右、上下的角度进行调整操作，是标准的建模视图，如图 2-48 所示。在相应的视图中单击鼠标中键可以进入该视图。例如，在顶视图中单击鼠标中键，整个视图窗口就会变成顶视图，如图 2-49 所示。

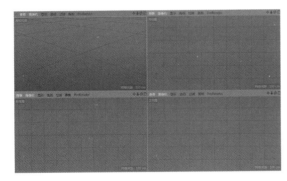

图 2-49

C4D 的视图菜单栏拥有非常多的菜单，如图 2-50 所示。其中，"查看"菜单可以恢复默认场景，"摄像机"菜单可以调整鼠标光标形态，"显示"菜单可以调整模型对象的显示模式，"选项"菜单可以改变场景的灯光、材质显示方式，"过滤"菜单可以过滤视图的网格和显示模型的网格，"面板"菜单可以修改整个视图的布局。下面详细介绍这些视图菜单的重要功能。

查看 摄像机 显示 选项 过滤 面板 ProRender

图 2-50

1. 查看

"查看"菜单如图 2-51 所示。

- **作为渲染视图**：执行该命令，当前选中的视图将作为默认的渲染视图。
- **撤销视图**：对视图进行平移、旋转、缩放等操作后，执行该命令，可以撤销之前的操作。
- **重做视图**：只有执行过"撤销视图"命令，"重做视图"命令才可以被激活，用于对视图进行重做操作。
- **框显全部**：执行该命令，场景中所有被框选的对象都将显示在视图中。
- **框显几何体**：执行该命令，场景中所有被框选的几何体都将显示在视图中。
- **恢复默认场景**：执行该命令，会将场景恢复到打开软件时的场景。

图 2-51

- **框显选取元素**：当场景中的参数化对象被转换为多边形对象后，该命令被激活，可以将选取的元素在视图中最大化显示。
- **框显选择中的对象**：将场景中选择的对象最大化地显示在视图中。
- **镜头移动**：执行该命令，按住鼠标左键的同时可以移动默认摄像机。
- **重绘**：执行"渲染活动视图"命令，视图会被实时渲染，而执行"重绘"命令可以恢复视图。

2. 摄像机

"摄像机"菜单中包含多种视图方式，用于为视图设置不同的视角，除了默认的透视视图，以及左视图、右视图、正视图、背视图、顶视图、底视图 6 个视图，还包含很多特殊的视图，如平行视图、军事视图、鸟瞰视图等，如图 2-52 所示。

- **导航**：可以通过几种模式切换摄像机的焦点。
- **使用摄像机**：在场景中创建多个摄像机后，执行该命令，可以在不同的摄像机之间切换。
- **设置活动对象为摄像机**：选择一个物体，执行该命令，选择的物体会被视为观察原点。
- **透视 / 平行 / 左 / 右 / 正 / 背 / 顶 / 底视图**：常用的 8 种视图观察角度，前面两种属于三维视图角度，后面 6 种属于平面二维视图角度。创建一个人偶对象，分别切换 8 种视图以从不同的角度观察人偶对象，如图 2-53 所示。

图 2-52

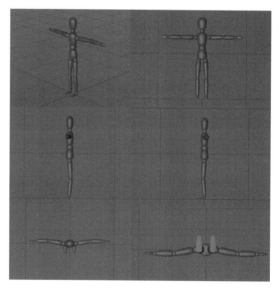

图 2-53

- **轴侧**：包含等角视图、正角视图、军事视图、绅士视图、鸟瞰视图、蛙眼视图 6 种特殊视图。

3. 显示

　　"显示"菜单中包含12种显示模式，可以显示模型对象表面的光影效果及线框结构，如图2-54所示。在三维图像制作中，整个过程包含建模、添加灯光、赋予材质、渲染输出等一系列流程，仅使用一种显示模式往往不能满足制作需求，常常需要切换多种显示模式才能达到目的。例如，建模时需要显示模型对象的线框结构，要求使用"光影着色（线条）"模式；渲染时需要观察模型对象表面的光影效果，要求使用"光影着色"模式。

图2-54

- 光影着色：默认的一种显示模式。在软件自带的光源照射下，模型对象表面根据光源的照射方向呈现明和暗的变化，让模型对象更具立体感，如图2-55所示。
- 光影着色（线条）：在"光影着色"模式的基础上还会显示模型对象的线框结构。因为三维建模常常需要改变模型对象结构线的走势与方向，需要观察其表面布线，所以该模式是建模编辑流程中最常用的，如图2-56所示。

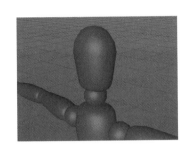

图2-55　　　　　　　　　　　　　图2-56

- 快速着色：在该模式下，会使用默认灯光代替场景中的光源照射对象，如图2-57所示。
- 快速着色（线条）：在"快速着色"模式的基础上还会显示模型对象的线框结构，如图2-58所示。

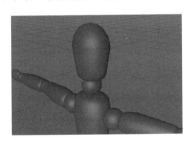
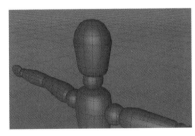

图2-57　　　　　　　　　　　　　图2-58

- 常亮着色：不常用的显示模式。在该模式下，模型对象无任何明暗变化，呈现一个二维平面的状态，如图2-59所示。
- 常亮着色（线条）：在"常亮着色"模式的基础上还会显示模型对象的线框结构，由于"常亮着色"模式不常用，因此该模式也不常用，如图2-60所示。

图2-59　　　　　　　　　　　　　图2-60

注：图2-54中的"常量着色"应该为"常亮着色"，后文同。

- 隐藏线条：在该模式下，模型对象将以线框结构显示，并隐藏不可见面的网格，所有的面会变成灰白色，没有明暗的变化，我们可以清晰地看到模型对象可见面的结构线组成，如图 2-61 所示。
- 线条：在该模式下会完整地显示多边形网格，包括可见面的网格和不可见面的网格，我们可以清晰地看到模型对象的整体架构，如图 2-62 所示。

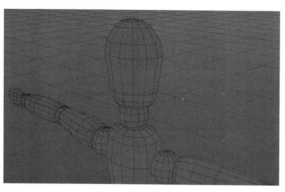

图 2-61

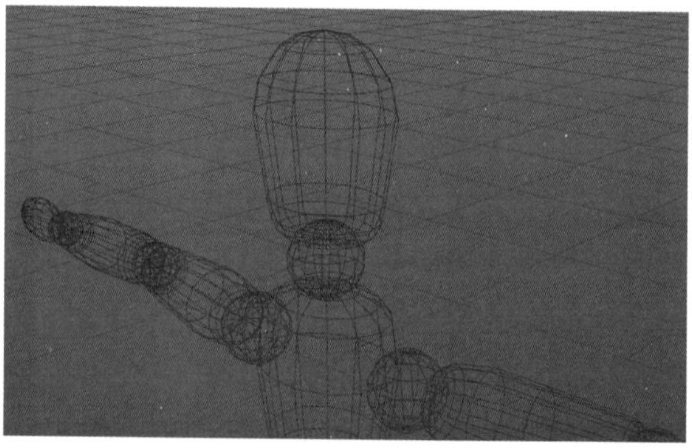

图 2-62

- 线框：以线框结构显示模型对象，是默认的线条显示选项，需要配合"光影着色（线条）"模式一起使用，如图 2-63 所示。
- 等参线：显示模型对象的 NURBS 等参线，需要配合"光影着色（线条）"模式一起使用，如图 2-64 所示。

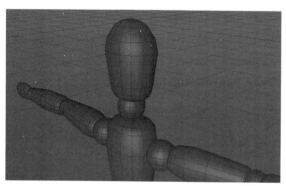
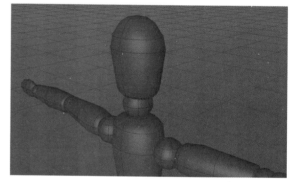

图 2-63

图 2-64

- 方形：在该模式下，模型对象将以边界立方体框显示，如图 2-65 所示。
- 骨架：在该模式下，模型对象显示为点线结构。在角色动画的制作流程中，为了方便了解模型对象的关节位置，尤其是人物角色对象，需要对关节做相应的处理。在"骨架"模式下，每一个点都刚好代表了一个关节点，可以匹配关节的处理，如图 2-66 所示。

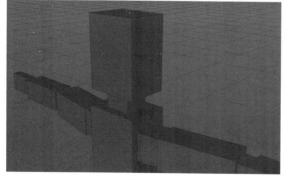

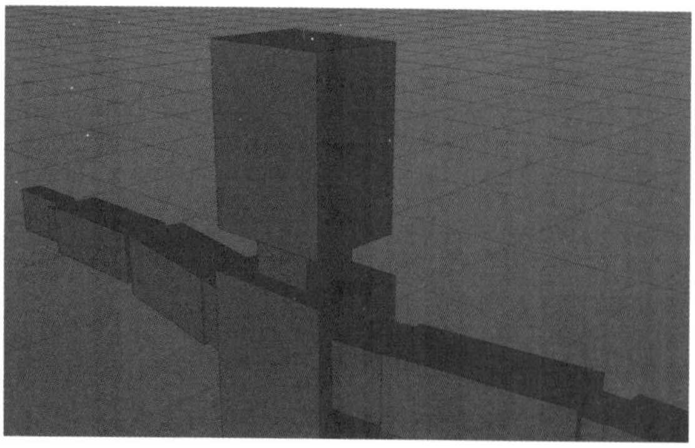

图 2-65

图 2-66

4. 选项

"选项"菜单中包含五大类命令，即显示细节类、立体线性工作流程类、渲染相关显示设置类、模型相关显示设置类和默认灯光设置类，用于控制对象的显示设置和软件相关配置设置，如图 2-67 所示。

- 细节级别：显示视图中对象的精细程度，有低、中、高 3 个级别，用视图中对象显示的细节来替代默认的渲染细节。
- 立体：执行该命令，可以看到模拟的双机立体显示效果。
- 线性工作流程着色：执行该命令，视图将启用线性工作流程着色。
- 增强 OpenGL：执行该命令，可以提高显示质量，如下面的噪波、后期效果、投影和透明等效果都将被直接显示在视图中。
- 背面忽略：执行该命令，场景中物体的不可见区域将不再显示。
- 等参线编辑：执行该命令，对象的点、线、面将被投影到平滑细分对象上，这些元素可以直接被选择并影响平滑细分对象。
- 层颜色：在"层"窗口中可以查看各自的层颜色。
- 多边形法线 / 顶点法线：法线是垂直于物体表面的虚拟线，用来定义面的正反，有引导矢量方向的作用。开启后，场景中的可编辑物体面的法线将被显示，多边形法线显示为一根短小的白线，顶点法线显示为蓝色短线，如图 2-68 所示。
- 显示标签：执行该命令，将使用标签定义的显示标记。
- 纹理：要使该命令起作用，需要为模型对象赋予一个材质。首先为立方体对象赋予一个红色的材质，然后执行该命令，场景中立方体对象将实时显示为材质的颜色，如图 2-69 所示。若关闭该命令，即使模型对象被赋予了材质，也不会显示相应的效果。

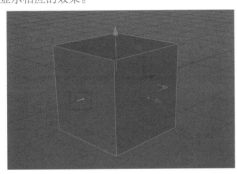

图 2-68

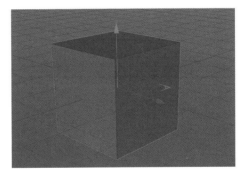

图 2-69

- 透显：执行该命令，场景中模型对象的所有面将以透明形式显示，此时可以观察对象的内部和后面，在多个模型对象重合的时候进行相应的编辑操作。如图 2-70 所示，选中一个立方体，然后执行"透显"命令，以便观察，效果如图 2-71 所示。

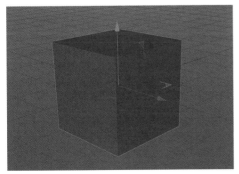

图 2-70

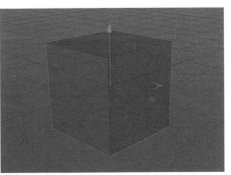

图 2-71

- 默认灯光：执行该命令，会弹出"默认灯光"窗口。该窗口中的小球有高光、明暗交界线和暗面，用于观察场景灯光的角度。在默认情况下，每一个场景都有一个默认光源，以便观察模型对象表面的明暗关系，按住鼠标左键拖动可以调整默认灯光的角度，如图 2-72 所示。
- 配置视图：执行该命令，可以对视图进行设置。
- 配置全部：执行该命令，可以对多个视图进行设置。

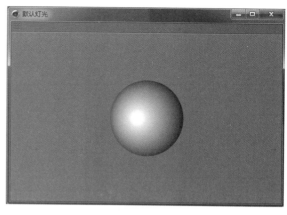

图 2-72

5. 过滤

"过滤"菜单用于管理场景中的元素，让其显示或者隐藏。取消勾选某种类型的元素后，场景中将不会显示该类元素。例如，取消勾选"网格"元素后，视图窗口中地平面的参考网格将被隐藏，如图 2-73 所示。"过滤"菜单在建模过程中常用于辅助建模。

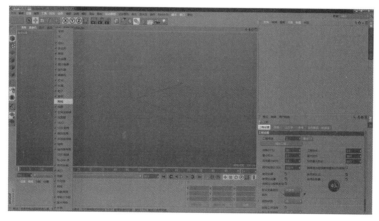

图 2-73

6. 面板

- 排列布局：包含很多常用的视图布局，分为单视图、双视图、三视图、四视图四大类，较常用的视图布局是单视图及四视图。执行"双堆栈视图"命令，即可将视图窗口变成上、下两个窗口，如图 2-74 所示。

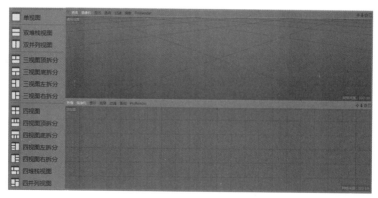

图 2-74

- 新建视图面板：用于创建一个新的
  浮动视图面板。在新的浮动视图面
  板中进行编辑操作不会影响原来的
  视图。在渲染环节常常需要固定渲
  染角度，如果需要对场景内的模型
  对象进行移动、旋转、缩放、镜头
  拉近等操作，就可以新建一个浮动
  视图面板，在新的浮动视图面板中
  进行操作，如图 2-75 所示。

图 2-75

- 切换活动视图：使当前视图最大化
  显示。
- 视图 1234 和全部视图：执行相应命令，可以在相应视图间进行切换。

7. ProRender

ProRender 是 C4D 从 R19 版本开始增加的一个内置渲染器。后续"渲染"章节会对其进行详细介绍。

2.6 动画编辑窗口

C4D 的动画编辑窗口位于视图窗口下方，包含时间轴和动画编辑工具，具有显示关键帧、时间长度，以及播放、前进、后退、记录关键帧等功能，是制作三维动态动画常用的基础工具，如图 2-76 所示。后续"动画"章节会对其进行详细讲解。

图 2-76

2.7 材质窗口

C4D 的材质窗口位于界面的左下方，由材质菜单栏和空白区域两部分组成。双击空白区域即可创建一个默认材质球，如图 2-77 所示。默认材质球是灰白色的。双击材质球，会弹出"材质编辑器"窗口，可以在此调节材质的相关参数和属性，如颜色、发光、反射等，如图 2-78 所示。后续"材质"章节会对其进行详细讲解。

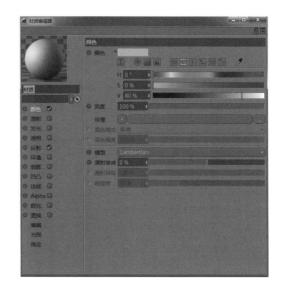

图 2-77   图 2-78

2.8 坐标窗口

  C4D 的坐标窗口位于材质窗口右方，也叫作局部坐标窗口。在把一个模型对象转换为可编辑对象之后，需要对其点、线、面进行编辑操作，可以在坐标窗口进行参数化移动、缩放、旋转等操作，与手动移动模型对象上的点、线、面不同的是，通过坐标窗口进行参数化移动操作会更加精准。

  创建一个立方体对象，将其转换为可编辑对象，选中如图 2-79 所示的一个点，在右下角将坐标窗口中 X 轴的"位置"数值从 100cm 改为 200cm，如图 2-80 所示，可以将这个点沿着 X 轴方向移动 100cm，得到新的立方体对象，如图 2-81 所示。

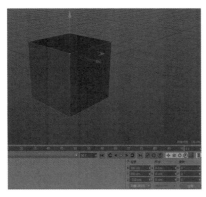

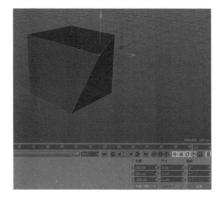

图 2-79   图 2-80   图 2-81

2.9 对象/场次/内容浏览器/构造窗口

C4D 的对象 / 场次 / 内容浏览器 / 构造窗口位于界面右上方，共有 4 个菜单栏。"对象"窗口用于显示和编辑管理场景中的所有对象及其标签窗口；"内容浏览器"窗口用于管理和浏览各类文件；"构造"窗口用于显示某个对象的构造参数；"场次"窗口用于管理工程的渲染工作窗口。单击相应的菜单即可切换，被选中的菜单会以白色高亮显示。

1. "对象"窗口

"对象"窗口用于管理场景中的对象，这些对象从上向下呈父子层级排列显示。如果要编辑某个对象，可以在视图窗口中直接选择该对象，或者在"对象"窗口中选择。在选择后，该对象会高亮显示，如图 2-82 所示。

图 2-82

2. "内容浏览器"窗口

"内容浏览器"窗口可以帮助用户管理场景、图像和材质，添加和编辑各类文件，也可以帮助用户调用系统资源。在"我的电脑"中可以查找用户的计算机中存储的资源，如图 2-83 所示；在"预置"中可以加载有关模型、材质等文件，直接将其拖动到场景中使用即可，如图 2-84 所示。

图 2-83   图 2-84

3. "构造"窗口

"构造"窗口用于显示由点构造而成的模型对象的参数。创建一个立方体对象，按快捷键 C 将其转换为可编辑对象，在点模式下选择如图 2-85 所示的一个点，并将"对象"窗口切换为"构造"窗口，可以查看模型对象所选点在三维空间的具体坐标位置，如图 2-86 所示。

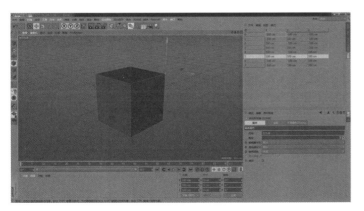

图 2-85

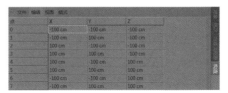

图 2-86

2.10 属性/层窗口

C4D 的属性/层窗口位于界面右下方。"属性"窗口包含所选对象的所有属性参数，其中的参数可以直接编辑。创建一个立方体对象，在立方体对象的属性面板中可以直接修改立方体的 X、Y、Z 轴向的尺寸和分段，添加圆角效果，调整圆角半径等，如图 2-87 所示。

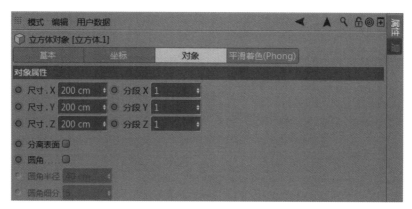

图 2-87

"层"窗口用于管理场景中的所有对象。创建一个立方体对象，在"对象"窗口中立方体后面的小正方形上单击，并选择"加入新层"命令，如图 2-88 所示，原本的灰色小正方形会变成一个有色正方形，而加入新层之后的模型对象被称为层对象，如图 2-89 所示。

图 2-88

图 2-89

这时在"层"窗口中会出现一个图层对象，且图层对象的颜色和之前有色正方形的颜色一致。此时的"层"窗口可以单独控制被添加为新层的层对象，可以显示所有层对象，单独渲染层对象，关闭层对象的生成器、变形器等，如图 2-90 所示。

图 2-90

层对象的颜色是随机生成的，如果用户在操作时显示的颜色与本书中的颜色不一样，属于正常现象。

提示栏

C4D 的提示栏位于界面最下方，用来显示光标所在区域、工具栏提示信息，以及错误或警告信息。当鼠标指针在视图区域空白位置时，会显示一些常用操作提示：按住 Shift 键可量化移动；按住 Ctrl 键可减少选择对象等，如图 2-91 所示。

移动: 单击并拖动以移动元素。按住Shift键可量化移动；节点编辑模式时按住Shift键可增加选择对象；按住Ctrl键可减少选择对象。

图 2-91

创建一个立方体对象，在"对象"窗口中将鼠标指针放在立方体上，如图 2-92 所示，提示栏会显示立方体对象的名称，如图 2-93 所示。

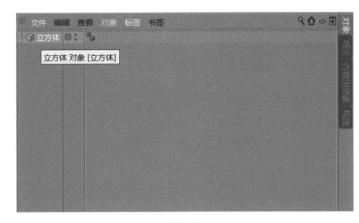

图 2-92

立方体 对象 [立方体]

图 2-93

本章小结

本章介绍了 C4D 界面的整体布局，一共介绍了 11 个窗口，并且简单介绍了各个窗口的功能，目的是让读者先对软件有一个宏观了解，并在了解了软件的大致框架后，对软件更加熟悉，在接下来的深入学习中更加轻松。

三维设计工作的大致流程主要是"建模→动画→灯光→材质→渲染输出"。读者通过宏观地了解这个流程，可以大致了解软件的基本工作流程，也就知道了哪些窗口或者区域板块需要重点学习，哪些窗口只需要了解即可。一款软件包含的知识体系是非常庞大的，而用户在日常工作中使用的功能其实是有限的，再加上很多功能复杂、烦琐且不常用，所以用户只需要了解大框架，就可以避轻就重，在有限的时间里对软件进行充分的学习和掌握。

Chapter

03

第 03 章

建模

建模是三维设计工作中最基础的一个环节，也是比较重要的环节。而模型是整个三维设计工作的基础，如果没有好的模型，就会对后续的添加灯光、赋予材质、渲染工作产生较大的影响。本章开始讲解建模的相关工具与基本技巧。

C4D R20

学习重点

• 详细了解 C4D 建模基础工具的作用
• 详细了解 C4D 样条编辑工具的使用
• 熟悉 C4D 有关建模选择的工具
• 掌握建模工具——生成器
• 掌握建模工具——造型
• 掌握建模工具——变形器

工具名称	工具图标	工具作用	重要程度
创建点		可以增加模型的点元素	中
桥接		连接两条不相邻的边以形成一个面	高
切刀		自由切割多边形	高
滑动		沿着表面移动点或边	中
焊接		将选择点合并为一个点	中
倒角		将点、线、面沿着相邻边移动以形成新的面	高
挤压		增加或减少线、面的高度	高
内部挤压		将所选面向内收缩以形成新的面	高
对齐法线		将所选点、线、面的法线统一朝向	中
优化		将所选点按照公差值合并，然后删除孤立点	中
分裂		将所选面独立成一个新的对象	中
刚性插值		无曲率手柄，使点与点之间以直线连接	中
柔性插值		有曲率手柄，使点与点之间以曲线连接	中
相等切线长度		将曲率手柄两侧的长度变为等长的	中
相等切线方向		将曲率手柄的方向统一朝向	中
合并分段		将不闭合的路径连接成闭合的路径	中
分裂片段		将同一路径中不闭合的多段路径变成独立的多个样条对象	高
创建轮廓		形成比原样条更大或更小的样条	高
投射样条		将样条投射到模型对象表面	中
实时选择		通过移动鼠标左键来进行范围选择	高
框选		使用矩形进行范围选择	高
套索选择		自由创建路径选择对象	中
多边形选择		创建多边形路径选择对象	中
循环选择		选择循环相邻的对象	高
环状选择		选择成环状的边	中
轮廓选择		选择未封闭模型的边缘或者区域面的轮廓边	高
填充选择		通过边将模型分成区域来选择	高
反选		选择除所选对象外的对象	中
扩展选区		扩大所选的区域	中

工具名称	工具图标	工具作用	重要程度
隐藏未选择		将未选择的对象设置为不可见状态	中
转换选择模式		将所选对象在点、边、面模式之间来回切换	高
设置选集		将所选对象设置为单独的选集标签	高
细分曲面		增加模型的点、线、面数量以提高精细程度	高
挤压		增加平面二维对象的厚度	高
旋转		将一个样条旋转以形成三维对象	高
放样		将多个样条表面封闭以形成三维对象	中
扫描		将一个横切面沿着路径移动以形成三维对象	高
晶格		将模型对象变成点和线连接的网格形式	高
布尔		将多个模型对象通过加、减、乘、除等运算方式形成新的模型对象	中
样条布尔		将多个样条对象通过加、减、乘、除等运算方式形成新的样条对象	中
连接		把多个对象连接成一个对象	中
实例		继承一个对象的所有属性	中
对称		按照对称轴镜像对象	中
减面		大幅度减少模型表面的点、线、面	中
体积网格		将体积像素对象形成新的多边形对象	高
体积生成		将多边形对象转换成体积像素对象	高
扭曲		将模型按照一定方向进行弯曲变形	高
斜切		将模型按照一定方向进行倾斜变形	高
锥化		将模型按照圆锥的形态进行变形	高
样条约束		将模型对象约束到指定路径上	高

3.1 建模基础工具

任何一个模型对象都由 3 种元素组成，分别是点、线、面。建模就是指在这三者的基础上进行相应的编辑操作，通过一系列的建模工具，以及移动、缩放、旋转的基础操作组合成复杂的模型。下面就来介绍一下最基础的建模工具。

首先在"对象"窗口中选中模型对象，按快捷键 C 或者单击"转为可编辑对象"图标 █，将一个模型对象转换为可编辑对象，然后在点、边、面任意一个模式下单击鼠标右键，即可调出基础工具菜单。例如，先创建一个立方体对象，并将其转换为可编辑对象，然后进入点模式，单击鼠标右键即可调出相应的编辑工具菜单，如图 3-1 所示。点、边、面 3 种模式对应的编辑工具菜单中的大部分功能相同，少部分功能属于相应的模式。接下来就对其中的功能进行介绍。

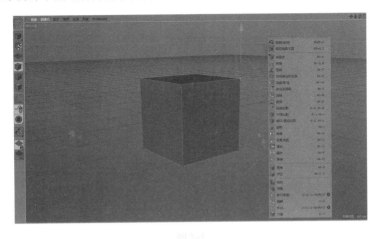
图 3-1

3.1.1 创建点

创建一个立方体对象，并将其转换为可编辑对象，进入点模式，如图 3-2 所示。单击鼠标右键，执行"创建点"命令 ▣ 创建点 ，在多边形对象的边上单击即可创建一个新的点，如图 3-3 所示。

创建点工具常用来增加模型表面的分段或者配合切刀工具添加线，以完成模型的创建。

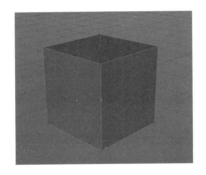
图 3-2

图 3-3

3.1.2 桥接

桥接工具存在于点、边、面模式下，需要在同一个多边形对象上使用。在图 3-4 所示的模型对象状态下进入边模式，单击鼠标右键，执行"桥接"命令 ▣ 桥接 ，在一条边上按住鼠标左键不放，将其拖动到另一条边上，就能将两条不相邻的边连接起来，形成一个面，如图 3-5 所示。

桥接工具常用来手动封闭模型的表面。

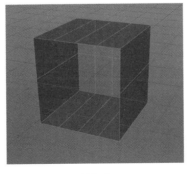
图 3-4

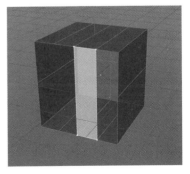
图 3-5

3.1.3 笔刷

使用笔刷工具可以自由地对多边形对象进行雕刻、涂抹。创建一个球体对象，并将其转换为可编辑对象，如图 3-6 所示，进入点模式，单击鼠标右键，执行"笔刷"命令 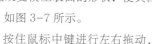（笔刷工具默认的模式是"涂抹"），按住鼠标左键不放进行移动，就能改变模型表面的形状，使其凹陷，如图 3-7 所示。

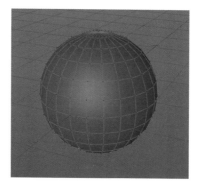
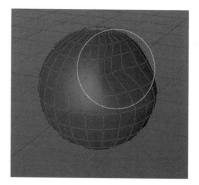

图 3-6

图 3-7

按住鼠标中键进行左右拖动，可以改变笔刷的大小。白色的圈越大，代表笔刷选择的范围越大。笔刷工具一般用于不规则模型的制作。

3.1.4 封闭多边形孔洞

封闭多边形孔洞工具存在于点、边、面模式下。当模型对象有未封闭区域时，如图 3-8 所示，在面模式下单击鼠标右键，执行"封闭多边形孔洞"命令 ，在模型表面未封闭的边缘区域单击，直到出现一个高亮的封闭面时松开鼠标左键，此时未封闭区域会自动创建一个面，形成一个封闭区域，如图 3-9 所示。

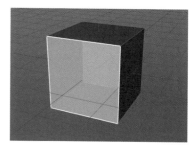

图 3-8

图 3-9

封闭多边形孔洞工具用于对模型对象进行编辑操作后的快速封面。

> 💡 **提示**
>
> 封闭多边形孔洞和桥接工具都可以用于封面，但两者略有区别。当封闭的面有多余的分段时，使用封闭多边形孔洞工具会直接封闭整个面，而使用桥接工具可以通过多余分段进行局部连接封面。

3.1.5 连接点/边

连接点 / 边工具存在于点、边模式下。在点模式下选择两个不在一条线上相邻的点，单击鼠标右键，执行"连接点 / 边"命令 连接点/边，两点之间会出现一条新的边，如图 3-10 所示。

在边模式下，选择两条不相邻的边，单击鼠标右键，执行"连接点 / 边"命令 连接点/边，选择的边的中点处会出现一条新的边，如图 3-11 所示。

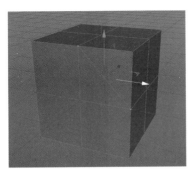
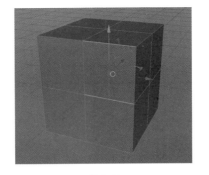

图 3-10   图 3-11

3.1.6 切刀

切刀工具存在于点、边、面模式下，可以自由切割多边形，常用的模式是循环切割和线性切割。

循环切割：在边模式下，执行"循环 / 路径切割"命令 循环/路径切割 ，在边的任意位置单击，即可形成一条循环的切割边，如图 3-12 所示。

线性切割：在边模式下，执行
"线性切割"命令 线性切割 ，先单
击一个位置使其作为开始点，再按
住鼠标左键不放将其拖动到另一个
结束点，即可在两点之间形成一条
直线，作为切割线，如图 3-13 所示。

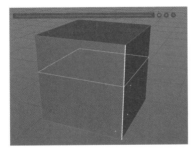
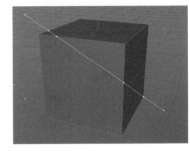

图 3-12   图 3-13

3.1.7 滑动

滑动工具存在于点、边模式下。在一个球体对象上选择目标点，单击鼠标右键，执行"滑动"命令 滑动 ，可以将点沿着其所在的边或平面进行偏移滑动，如图 3-14 所示，也可以将所选边沿着表面滑动，如图 3-15 所示。

滑动工具可以改变模型表面点的数量或者线段的走向，常用于复杂结构模型通过点的滑动进行改线的场景。

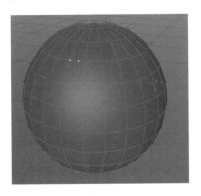
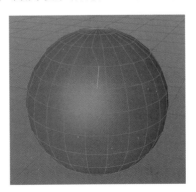

图 3-14   图 3-15

3.1.8 旋转边

旋转边工具只存在于边模式下。在一个被转换为可编辑对象的球体模型上选择一条边，单击鼠标右键，执行"旋转边"命令 ，可以将选择的边旋转一个角度，如图 3-16 和图 3-17 所示。

旋转边工具常用于建模时调整边的方向，不是一个常用的工具，只需要了解即可。

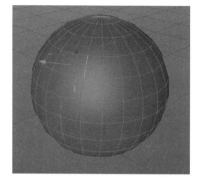

图 3-16

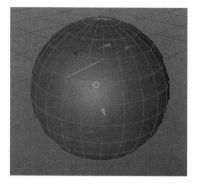

图 3-17

3.1.9 缝合

缝合工具存在于点、边、面模式下。在一个因被删掉 6 个面而未封闭的球体模型上，先选择上面的两条边，再选择下面的两条边，然后单击鼠标右键，执行"缝合"命令 缝合，即可将点与点、边与边、面与面连接起来形成新的封闭面，如图 3-18 和图 3-19 所示。

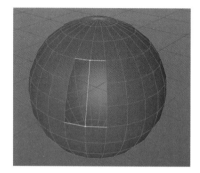

图 3-18

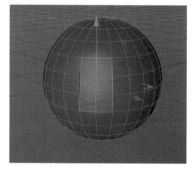

图 3-19

> 💡 **提示**
>
> 在处理平面时，缝合工具和封闭多边形孔洞工具的功能大致相同。两者的区别在于，使用封闭多边形孔洞工具封闭的面没有线的分段，而使用缝合工具通过边缘的边缝合成一个新的面时，新的面有线的分段。

3.1.10 焊接

焊接工具常用于点模式下。在一个被转换为可编辑对象的球体模型上选择需要焊接的 3 个点，单击鼠标右键，执行"焊接"命令 焊接，可以将选择的点合并在一个指定的点上，如图 3-20 和图 3-21 所示。焊接工具用于复杂模型对象转折结构需要改线的区域，以及形成凹面后，面与面之间没有连接时将点焊接在一起，是一个常用的工具。

图 3-20

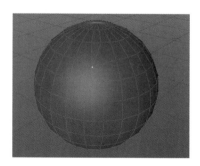

图 3-21

3.1.11 倒角

倒角工具存在于点、边、面模式下。选择一个目标点，单击鼠标右键，执行"倒角"命令 ，按住鼠标左键不放进行拖动，所选择的点元素会沿着3条边向外滑动，形成一个倒角，如图3-22所示。

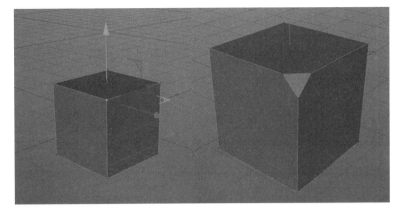

图 3-22

选择一条边，单击鼠标右键，执行"倒角"命令 倒角，按住鼠标左键不放进行拖动，所选择的边元素会沿着两条连接边向两侧滑开，形成棱的倒角，如图3-23所示。

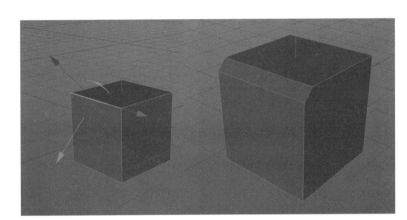

图 3-23

选择一个面，单击鼠标右键，执行"倒角"命令 倒角，按住鼠标左键不放进行拖动，所选择的面会沿着法线的方向滑动，形成面的倒角，如图3-24所示。

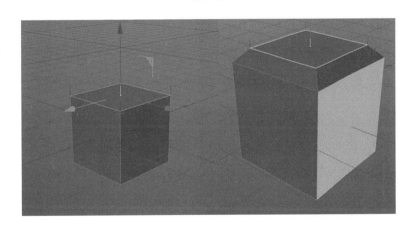

图 3-24

提示

在使用倒角工具、挤压工具和内部挤压工具时，执行相应命令，按住鼠标左键不放向右拖动，目标会沿着法线方向起作用；按住鼠标左键不放向左拖动，目标会沿着法线相反的方向起作用。

3.1.12 挤压

挤压工具存在于面模式下。在面模式下选择目标面，单击鼠标右键，执行"挤压"命令 ▣ 挤压，按住鼠标左键不放向右拖动，所选择的面元素会向上挤压出一定厚度，如图 3-25 所示。挤压的程度可以使用属性面板调节参数，"偏移"参数用于控制挤压高度，"细分"参数用于控制挤压段数，如图 3-26 所示。

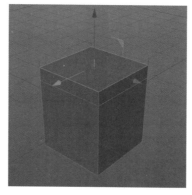

图 3-25

图 3-26

3.1.13 内部挤压

内部挤压工具存在于面模式下。在一个被转换为可编辑对象的立方体对象上，在面模式下选择目标顶面，单击鼠标右键，执行"内部挤压"命令 ▣ 内部挤压，按住鼠标左键不放向左拖动，可以让选择的面向内收缩，形成一个新的面，如图 3-27 和图 3-28 所示。

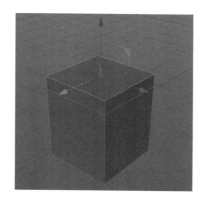

图 3-27

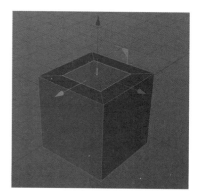

图 3-28

3.1.14 沿法线移动

沿法线移动工具只存在于面模式下。在一个长方体模型上选择目标面，单击鼠标右键，执行"沿法线移动"命令 ▣ 沿法线移动，按住鼠标左键不放向右拖动，选择的面将沿该面的法线方向移动，如图 3-29 和图 3-30 所示。

图 3-29

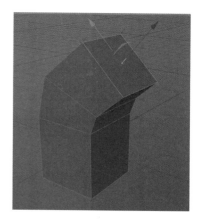

图 3-30

3.1.15 沿法线缩放

沿法线缩放工具只存在于面模式下。在一个长方体模型上选择目标面，单击鼠标右键，执行"沿法线缩放"命令 ，按住鼠标左键不放向右拖动，选择的面将沿着垂直于该面的法线的平面方向向内缩小，如图 3-31 和图 3-32 所示。

图 3-31

图 3-32

3.1.16 对齐法线

在正常情况下，一个模型外表面所有的法线方向都应该朝外，显示为黄色，而内表面所有的法线方向都应该朝内，显示为蓝色。当一个模型对象上的面，有的面法线方向朝外并显示为黄色，有的面法线方向朝内并显示为蓝色时，就代表法线方向不统一，如图 3-33 所示。按快捷键 Ctrl+A 选择所有的面，单击鼠标右键，执行"对齐法线"

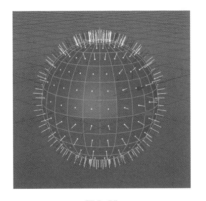

图 3-33

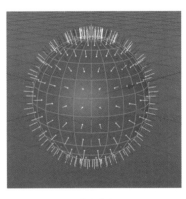

图 3-34

命令 ，所有面的法线方向将变为一致的，如图 3-34 所示。

3.1.17 反转法线

在正常情况下，一个模型外表面所有的法线方向都应该朝外，因为法线方向定义了面的正反。例如，一个球体对象上的面现在显示为蓝色，表示它的法线方向朝内，如图 3-35 所示。按快捷键 Ctrl+A 选择所有的面，单击鼠标右键，执行"反转法线"命令 ，所有面的法线将改变方向统一朝外，这才是正确的显示方式，如图 3-36 所示。

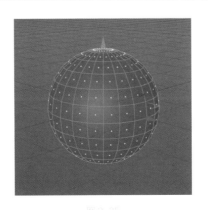

图 3-35

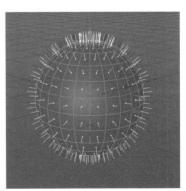

图 3-36

3.1.18 优化

优化工具存在于点、边、面模式下，用于多边形的优化，常用来焊接相邻的点，以及消除残余的空闲点，还可以通过优化公差来控制焊接范围。

在一个表面线段分布不均匀的立方体对象上，使用实时选择工具选择正面上需要优化的点，如图 3-37 所示。

单击鼠标右键，执行"优化"命令 优化... ，并单击"设置"图标 ，打开优化的参数调节窗口，将默认的"公差"数值修改为 30cm，单击"确定"按钮，这样距离在 30cm 以内的两个点会被合并为一个点，如图 3-38 所示。

图 3-37

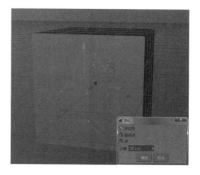

图 3-38

3.1.19 分裂

将一个立方体对象转换为可编辑对象后，在面模式下选择目标面，单击鼠标右键，执行"分裂"命令 分裂 ，所选面将被复制出来并成为一个独立的对象，此时可以将分裂出来的面向上移动以方便观察，如图 3-39 和图 3-40 所示。

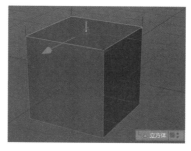

图 3-39

图 3-40

课堂案例 排球制作

实例位置	实例文件 >CH03> 课堂案例：排球制作 .png
素材位置	素材文件 >CH03> 排球制作 .c4d
视频位置	无
技术掌握	建模基础工具练习

作业要求：本次课堂案例通过一个排球的制作讲解建模基础工具在建模中的使用，效果如图 3-41 所示。

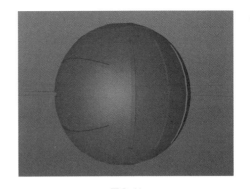
图 3-41

Step 01 按住工具栏中的"立方体"图标 不放，在弹出的窗口中单击"球体"图标以创建一个球体对象，如图 3-42 所示。

Step 02 在得到一个球体对象后，在视图菜单栏中执行"显示 > 光影着色（线条）"命令，为了方便观察，可以将模型显示切换为线条显示，如图 3-43 所示。

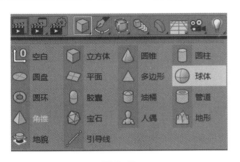
图 3-42

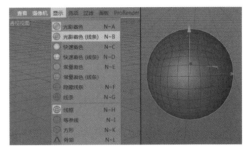
图 3-43

Step 03 在"对象"窗口中选中球体对象，并在右下角的"对象"参数面板中，将球体对象的类型从"标准"修改为"六面体"，如图 3-44 所示。

Step 04 在选中球体对象的情况下，按快捷键 C 将球体对象转换为可编辑对象，单击"边模式"图标 ，切换为边模式，使用实时选择工具进行所需边的选择，按住 Shift 键可以进行边的加选，如图 3-45 所示。

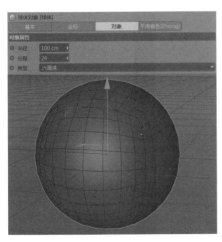
图 3-44

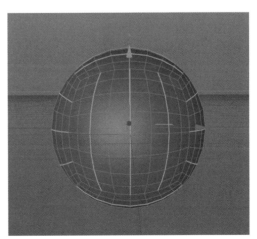
图 3-45

Step 05 在选中边的情况下单击鼠标右键，执行"倒角"命令，按住鼠标左键不放向右拖动，形成边的倒角，如图 3-46 所示。

Step 06 按住 Ctrl 键不放单击"面模式"图标 ，从边模式切换到面模式，会自动选中上一步倒角边形成的封闭面，如图 3-47 所示。

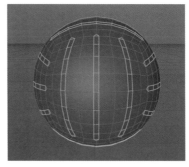

图 3-46   图 3-47

Step 07 按住 Ctrl 键使用实时选择工具单击，减选不需要的三角面，如图 3-48 所示。

Step 08 单击鼠标右键，执行"挤压"命令 ，在右下角的"挤压"参数面板中将"偏移"数值修改为 -2cm，所选面会向里凹陷2cm，如图 3-49 所示。

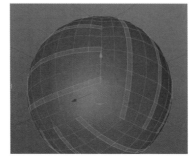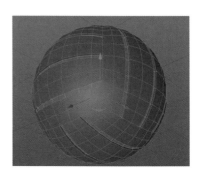

图 3-48   图 3-49

Step 09 先单击"模型"图标 ，回到模型模式，再执行"显示 > 光影着色"命令，回到模型的"光影着色"模式查看模型，一个排球模型就制作完成了，如图 3-50 所示。

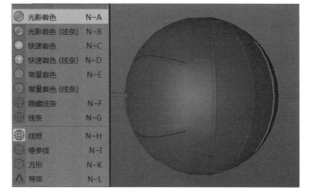

图 3-50

课堂练习 魔方制作

实例位置	实例文件 >CH03> 课堂练习：魔方制作 .png
素材位置	素材文件 >CH03> 魔方制作 .c4d
视频位置	无
技术掌握	建模基础工具练习

扫码观看视频

作业要求：本次课堂练习通过一个简单魔方的制作，从循环/路径切割工具的使用，到挤压工具及倒角工具的使用，讲解在实际建模中常用的一些工具，效果如图 3-51 所示。

图 3-51

Step 01 按住工具栏中的"立方体"图标 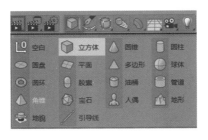 不放，在弹出的窗口中单击"立方体"图标以创建一个立方体对象，如图 3-52 所示。

Step 02 得到的立方体对象如图 3-53 所示，按快捷键 C 将立方体对象转换为可编辑对象。

图 3-52

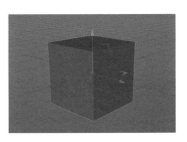

图 3-53

Step 03 单击"边模式"图标 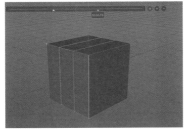，进入边模式，单击鼠标右键，执行"循环/路径切割"命令，单击"增加线段"图标 ，得到两条三等分的循环边，如图 3-54 所示。

Step 04 重复上一步操作，继续执行"循环/路径切割"命令，将另外两个轴向也切割为三等分的循环边，如图 3-55 所示。

图 3-54

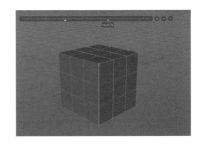

图 3-55

Step 05 执行"主菜单 > 选择 > 循环选择"命令，切换到循环选择工具，选择一条循环边，按住 Shift 键加选另外 5 条边，一共选择 6 条循环边，如图 3-56 所示。

Step 06 在选择 6 条循环边的情况下，单击鼠标右键，执行"倒角"命令，在视图空白区域按住鼠标左键不放并向右拖动，如图 3-57 所示。注意右下角的"倒角"参数面板，倒角的"偏移"数值为 7.9cm，"细分"数值为 0。

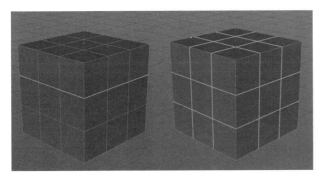

图 3-56

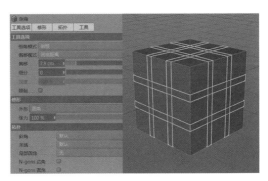

图 3-57

Step 07 按住 Ctrl 键不放，单击"面模式"图标 ⬣，从边模式切换到面模式，这样就能直接选中相应的面，如图 3-58 所示。

Step 08 现在的情况是选中了多余的面，单击图标 ⊙ 切换为实时选择工具，按住 Ctrl 键单击立方体对象 6 个面中间的小正方形，将多余的小正方形面减选，如图 3-59 所示。

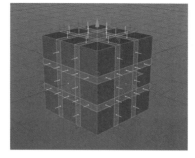
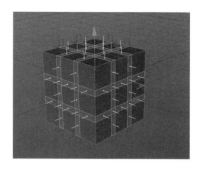

图 3-58   图 3-59

Step 09 在选中面的情况下，单击鼠标右键，执行"挤压"命令，在视图空白区域按住鼠标左键不放并向左拖动，将选中的面向内挤压出一个深度，这样一个简单的 3×3 形式的 27 格魔方就制作完成了，如图 3-60 所示。注意右下角的"挤压"参数面板，"偏移"数值为 -15cm。

Step 10 单击"边模式"图标 ⬣，进入边模式，按快捷键 Ctrl+A 选择所有的边，如图 3-61 所示。

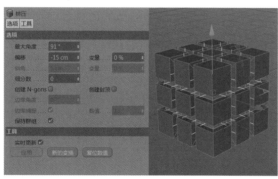

图 3-60   图 3-61

Step 11 单击鼠标右键，执行"倒角"命令 ⬣ 倒角，按住鼠标左键不放向右拖动。注意右下角的"倒角"参数面板，如图 3-62 所示。

Step 12 单击"模型"图标 ⬣，进入模型模式，在视图菜单栏中执行"显示 > 光影着色（线条）"命令，查看模型的效果，一个 27 格魔方模型就制作完成了，如图 3-63 所示。

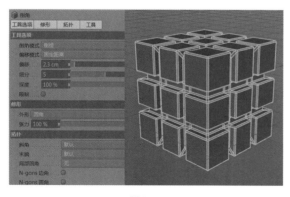
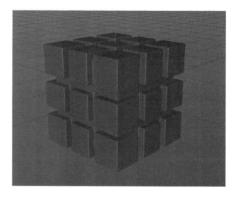

图 3-62   图 3-63

课后习题 简易包装盒制作

实例位置	实例文件 >CH03> 课后习题：简易包装盒制作 .png
素材位置	素材文件 >CH03> 简易包装盒制作 .c4d
视频位置	无
技术掌握	基础编辑工具的使用

作业要求：制作一个简易包装盒，效果如图 3-64 所示。

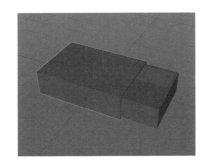

图 3-64

Step 01 创建一个立方体对象，在"对象"窗口中修改长度、宽度、高度等参数，使立方体对象变成一个长方体对象，如图 3-65 所示。

Step 02 将长方体对象转换为可编辑对象，选择一个侧面，先进行内部挤压操作，再进行挤压操作，如图 3-66 所示。

图 3-65

图 3-66

Step 03 重复上面的操作步骤，得到简易包装盒内部的结构，如图 3-67 所示。

Step 04 重复上面的步骤，选择长方体的顶面先进行内部挤压，在向下挤压得到包装盒的内部结构，最后在整体缩小即可。最终的完成效果如图 3-68 所示。

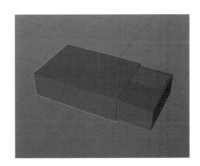

图 3-67

图 3-68

编辑样条

样条是通过指定一组控制点而得到的曲线，且该曲线的形状由这些点来控制。将样条转换为可编辑对象后，在选中样条的情况下，进入点模式，单击鼠标右键，即可通过弹出的快捷菜单中的命令来对样条进行编辑，如图 3-69 所示。

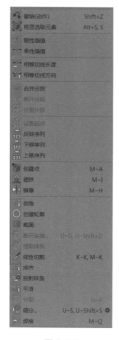

图 3-69

3.2.1 刚性插值

创建一个圆弧对象，先按快捷键 C 将其转换为可编辑对象，再按快捷键 Ctrl+A 选择所有的点，然后执行"刚性插值"命令 ，样条上的点的曲率手柄将会消失，点与点之间变成以直线连接，这就是刚性插值工具的作用。设置了刚性插值的点没有曲率手柄，没有过渡效果，如图 3-70 所示。

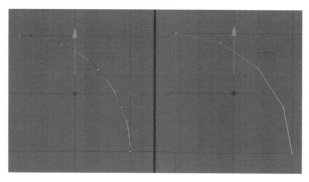

图 3-70

3.2.2 柔性插值

　　柔性插值工具和刚性插值工具的作用刚好相反。选择上述执行了"刚性插值"命令的目标点，如图 3-71 所示。单击鼠标右键，执行"柔性插值"命令 ✖ 柔性插值，样条上的点将会多出曲率手柄，点与点之间的连接线变得圆滑，有过渡效果，并且可以通过画笔工具调整每个点两端的曲率手柄，进一步控制样条的弧度，如图 3-72 所示。

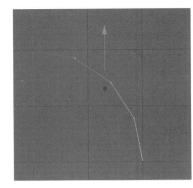

图 3-71

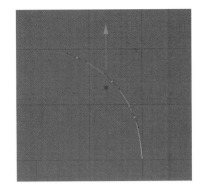

图 3-72

3.2.3 相等切线长度

　　使用画笔工具进入正视图，在视图空白区域按住鼠标左键不放并拖动，当点的两侧出现曲率手柄后移动到另一个区域单击，即可创建一条曲线，然后选择中间的点，单击鼠标右键，执行"相等切线长度"命令 ✖ 相等切线长度，两侧的曲率手柄长度会变成一样的，如图 3-73 ~ 图 3-75 所示。

图 3-73

图 3-74

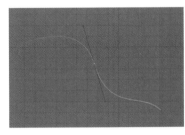

图 3-75

　　相等切线长度工具的作用就是让曲率手柄保持一样长，让点两端的曲率保持一致。

3.2.4 相等切线方向

　　相等切线方向工具是用于改变曲率手柄方向的。这里有一段弧线，可以选择中间的目标点，如图 3-76 所示。单击鼠标右键，执行"相等切线方向"命令 ✖ 相等切线方向，点两侧的曲率手柄方向将变为一致的，如图 3-77 所示。由于切线的方向决定了弧线的弯曲方向，一个点两端的切线在一侧，因此这个点是凹进去的，即点两端的切线成一条直线，这个点起曲率过渡的作用。

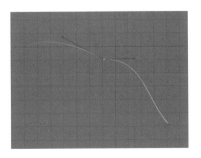

图 3-76

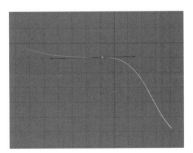

图 3-77

3.2.5 合并分段

这里有一条断开的弧形样条，可以选择同一条样条中两段非闭合样条的两个点，单击鼠标右键，执行"合并分段"命令 ∞ 合并分段 ，两段非闭合样条将连接成一条样条，如图 3-78 和图 3-79 所示。合并分段工具用于将分开的样条线段连接在一起以形成一段完整的线段。

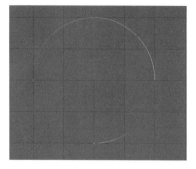

图 3-78

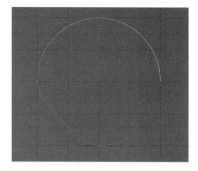

图 3-79

3.2.6 断开分段

创建一个圆弧样条对象，按快捷键 C 将其转换为可编辑对象，在其参数面板中取消勾选"闭合样条"复选框，得到一条非闭合样条。在点模式下选择样条除开始点和结束点外的任意一点，单击鼠标右键，执行"断开分段"命令 ∞ 断开分段 ，将去除与该点相邻的线段，使该点成为一个孤立的点，如图 3-80 ～图 3-82 所示。

图 3-80

图 3-81

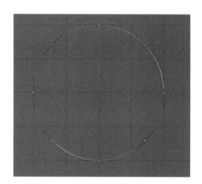

图 3-82

断开分段工具用于把一条完整的样条线段分成若干条不完整的线段。

3.2.7 创建轮廓

创建一个星形样条对象，按快捷键 C 将其转换为可编辑对象，在点模式下按快捷键 Ctrl+A 选择所有的点，单击鼠标右键，执行"创建轮廓"命令 ◎ 创建轮廓 ，按住鼠标左键不放向左拖动，会出现一条新的样条，且新样条与原样条之间各部分都是等距离的，如图 3-83 和图 3-84 所示。

图 3-83

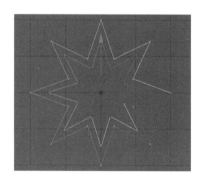

图 3-84

创建轮廓是常用的一个工具，常用于制作轮廓三维文字、镂空样条对象等。

💡 **提示**

在执行"创建轮廓"命令时，按住鼠标左键不放向左拖动，轮廓会向内挤压出新的轮廓；按住鼠标左键不放向右拖动，轮廓会向外挤压出新的轮廓。

3.2.8 断开连接

创建一个圆环样条对象，按快捷键 C 将其转换为可编辑对象，在点模式下选择样条上的任意一点，单击鼠标右键，执行"断开连接"命令 🔲 断开连接，选择刚才断开的点，向左右两侧移动，该点将被拆分为两个点，如图 3-85 和图 3-86 所示。

断开连接工具用于将一条完整的样条分开为若干条小的样条。与

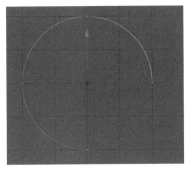

图 3-85

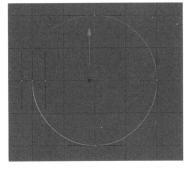

图 3-86

断开分段工具不同的是，使用断开连接工具只是断开点，而使用断开分段工具会将该点两端的线段一起删除。

3.2.9 排齐

创建一个圆弧样条对象，按快捷键 C 将其转换为可编辑对象，在点模式下按快捷键 Ctrl+A 选择所有的点，单击鼠标右键，执行"排齐"命令 🔲 排齐，所有点将以首尾两点为准排列成一条直线，如图 3-87 和图 3-88 所示。

排齐工具常用于将不规则样条变成一条直线。

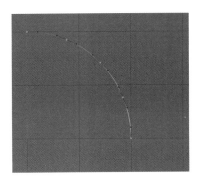

图 3-87

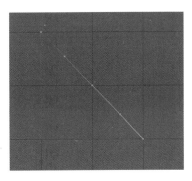

图 3-88

3.2.10 投射样条

创建一个球体对象和一个圆环样条对象，并将圆环样条对象移动到球体对象正前方。选中圆环样条对象，按快捷键 C 将其转换为可编辑对象，并在点模式下选择所有的点。单击鼠标中键，切换到正视图，单击鼠标右键，执行"投射样条"命令 🔲 投射样条，在其参数面板中单击"应用"按钮 应用，即可将样条投射到球体对象上，如图 3-89 ~ 图 3-91 所示。

投射样条工具有两个功能：一是投射样条到曲面上以制作三维弯曲对象；二是在多边形建模过程中进行曲面开孔，使曲面转折可以将投射的相应样条作为一个参考对象，把相应的点滑动到参考样条的位置上。

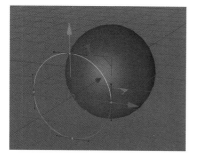
图 3-89

图 3-90

图 3-91

3.2.11 细分

　　创建一个矩形样条对象，按快捷键 C 将其转换为可编辑对象，在点模式下按快捷键 Ctrl+A 选择所有的点，单击鼠标右键，执行"细分"命令 ![细分...]，即可使矩形样条在整体上增加更多的点，如图 3-92 和图 3-93 所示。

　　细分工具的工作原理是在每两个点之间增加一个点，常用于增加样条对象上的点元素。

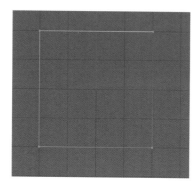
图 3-92

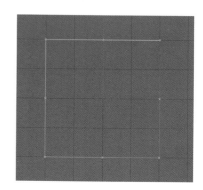
图 3-93

课堂案例　直角箭头样条制作

实例位置	实例文件 >CH03> 课堂案例：直角箭头样条制作 .png
素材位置	素材文件 >CH03> 直角箭头样条制作 .c4d
视频位置	无
技术掌握	样条编辑工具的使用

　　作业要求：本次课堂案例通过一个直角箭头样条的制作讲解样条编辑工具在建模中的使用流程，效果如图 3-94 所示。

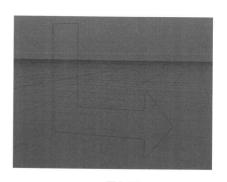
图 3-94

Step 01 按住工具栏中的"画笔"图标  不放，在弹出
的窗口中单击"矩形"图标以创建一个矩形样条对象，
如图 3-95 所示。

图 3-95

Step 02 得到一个矩形样条对象后，在"对象"窗口中选中矩形样条对象，在右下角的"对象"参数面板中将矩形
的"宽度"数值修改为 100cm，得到一个长方形样条对象，如图 3-96 所示。

Step 03 选择矩形样条
对象，单击"转为可
编辑对象"图标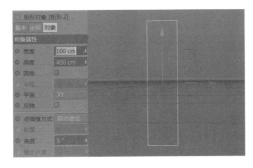，
将其转换为可编辑对
象，单击鼠标中键进
入四视图窗口，在正
视图中再次单击鼠标
中键，进入完全正视
图观察样条，如图 3-97 所示。

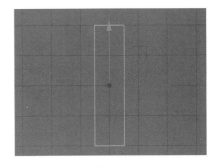

图 3-96   图 3-97

Step 04 单击"点模式"图标 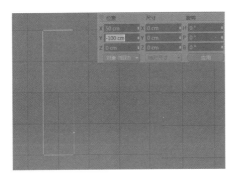，进入点模式，单击鼠标右键，执行"创建点"命令，在矩形上新增一个点，
并在坐标窗口修改点的相应参数使其处于正确的位置，如图 3-98 所示。

Step 05 再次创建一个
新的点，使其位于新
增点和右下角点之
间，如图 3-99 所示。

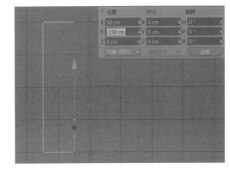

图 3-98   图 3-99

Step 06 选中右下方的两个点，使用移动工具将它们一起向右移动至 400cm 处，如图 3-100 所示。

Step 07 选中右侧的两
个点中上面的点，向
上移动至 -100cm
处，让其和另一个点
构成一条水平直线，
如图 3-101 所示。

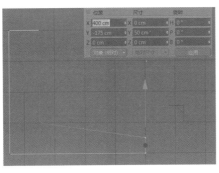

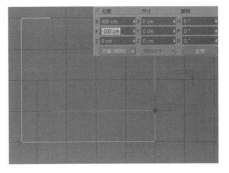

图 3-100   图 3-101

Step 08 再次执行"创建点"命令，分别创建3个点，一个点位于右侧的两个点之间，另外两个点分别距离右侧的两个点100cm，如图3-102所示。

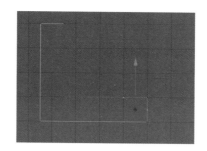

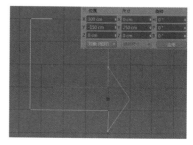

图3-102

图3-103

Step 09 选中右侧直角处的两个点，先使用缩放工具沿着 Y 轴放大，拉开两个点的距离，再使用移动工具向左侧移动至上一步创建的两个点所形成的竖直线上，如图3-103所示。

Step 10 按快捷键 Ctrl+A 选择所有的点，单击鼠标右键，执行"倒角"命令 ，按住鼠标左键微微向右拖动，对所有的点进行一个圆角倒角操作，一个直角箭头样条就制作完成了，如图3-104所示。

Step 11 回到透视视图后，最终效果如图3-105所示。

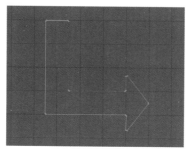

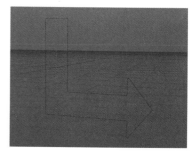

图3-104

图3-105

课堂练习 双层花瓣样条制作

实例位置	实例文件 >CH03> 课堂练习：双层花瓣样条制作.png
素材位置	素材文件 >CH03> 双层花瓣样条制作.c4d
视频位置	无
技术掌握	样条编辑工具练习

作业要求：本次课堂练习通过双层花瓣样条的制作讲解创建轮廓和分裂片段工具在样条制作中的配合使用，效果如图3-106所示。

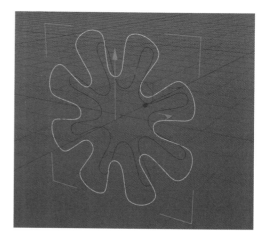

图3-106

Step 01 按住工具栏中的"画笔"图标  不放，在弹出的窗口中单击"花瓣"图标以创建一个花瓣样条对象，如图 3-107 所示。

Step 02 在界面右上方的"对象"窗口中选中花瓣样条对象，按快捷键 C 将其转换为可编辑对象，在点模式下选择所有的点，单击鼠标右键，执行"创建轮廓"命令 ⊙ 创建轮廓，按住鼠标左键不放向左微微拖动，形成一圈花瓣轮廓，如图 3-108 所示。

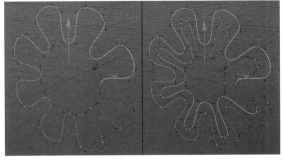

图 3-107

图 3-108

Step 03 虽然现在有了双层花瓣样条对象，但它是一个整体对象。选择所有的点，单击鼠标右键，执行"分裂片段"命令 ❀ 分裂片段，在"对象"参数面板中会发现原本的花瓣对象拥有了两个新的子层对象，这就是将两个样条对象各自分开的结果，如图 3-109 所示。

Step 04 选择花瓣 .1 对象，将其沿着 X 轴移动少许距离，这样就可以对两个样条对象进行相应的编辑操作，并将其组合成新的双层花瓣样条对象，如图 3-110 所示。

图 3-109

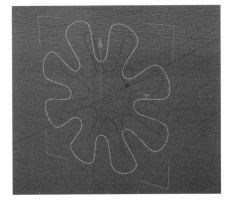

图 3-110

课后习题 循环箭头样条制作

实例位置	实例文件 >CH03> 课后习题：循环箭头样条制作 .png	
素材位置	素材文件 >CH03> 循环箭头样条制作 .c4d	
视频位置	无	
技术掌握	样条编辑工具的使用	

作业要求：本次课后习题通过一个循环箭头样条的制作练习样条编辑工具在建模中的使用，效果如图 3-111 所示。

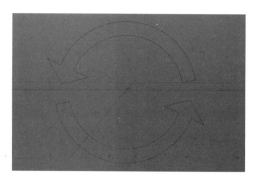

图 3-111

Step 01 循环箭头样条的制作需要使用多个样条编辑工具。创建一个圆环样条对象，并将其转换为可编辑对象，选择所有的点，单击鼠标右键，在弹出的快捷菜单中执行"细分"命令，执行 3 次细分操作，增加点的数量，如图 3-112 所示。

Step 02 创建轮廓，形成双层结构，如图 3-113 所示。

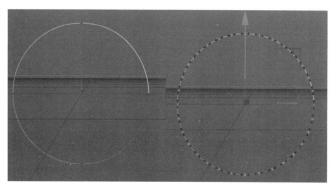

图 3-112

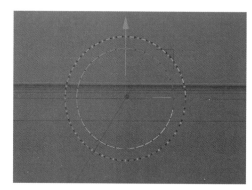

图 3-113

Step 03 选择水平直径的 4 个点，执行"断开分段"命令，将圆环分开，并将多余的点删除，如图 3-114 所示。

Step 04 将圆环分裂成 4 个对象后，在"对象"窗口中选中两个样条对象，单击鼠标右键，执行"连接对象 + 删除"命令 🔧 连接对象+删除 ，将它们变成一个对象，如图 3-115 所示。

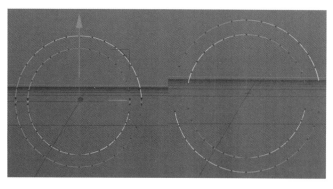

图 3-114

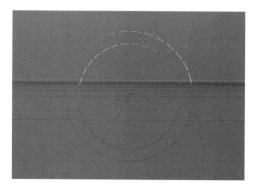

图 3-115

Step 05 先选择上面的半圆，再选择未闭合样条右侧末端的两个点，执行"合并分段"命令，将它们连接在一起，同时执行"刚性插值"命令，将曲线变成直线，如图 3-116 所示。

Step 06 箭头部分的制作需要先使用创建点工具添加一个点，并将添加的点和相邻的点都设置为刚性插值，然后移动成三角的形状，如图 3-117 所示。

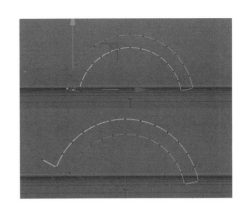

图 3-116

图 3-117

Step 07 下半部分箭头的制作步骤与上述步骤完全一致，完成效果如图 3-118 所示。

图 3-118

3.3 选择方式

选择方式主要针对模型被转换为可编辑对象后的选择操作，用于选择模型的点、线、面，以进行下一步的编辑操作。执行"主菜单 > 选择"命令，可以找到这些选择方式，如图 3-119 所示。

图 3-119

3.3.1 实时选择

创建一个球体对象，按快捷键 C 将其转换为可编辑对象，在点模式下执行"实时选择"命令 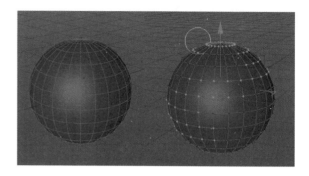，拖动鼠标，鼠标指针经过的点会以黄色高亮显示，代表这些点被选中，如图 3-120 所示。实时选择工具是使用频率最高的一个选择工具，按住鼠标中键不放进行左右拖动，实时选择工具的白色圆环范围会发生改变：向右拖动，圆环范围会扩大，表示选择区域扩大；向左拖动，圆环范围会缩小，表示选择区域缩小。

图 3-120

3.3.2 框选

创建一个球体对象，按快捷键 C 将其转换为可编辑对象，在点模式下执行"框选"命令 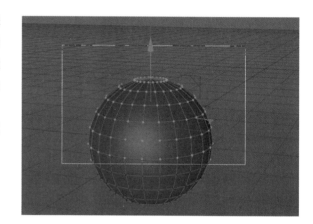，按住鼠标左键不放进行拖动，会出现一个矩形框，松开鼠标左键后，矩形框内的点会以黄色高亮显示，代表这些点被选中，如图 3-121 所示。框选工具是一个范围选择工具，在选择大面积范围内的点、线元素时，相比其他选择工具来说，框选工具更高效。

图 3-121

3.3.3 套索选择

创建一个球体对象，按快捷键 C 将其转换为可编辑对象，在点模式下执行"套索选择"命令 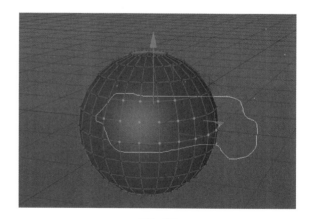，按住鼠标左键不放进行拖动，可以绘制一个完整的不规则区域，区域内的点、线、面将被选中，如图 3-122 所示。

图 3-122

3.3.4 多边形选择

创建一个球体对象，按快捷键 C 将其转换为可编辑对象，在点模式下执行"多边形选择"命令 多边形选择，在视图窗口任意位置单击，再移动至另一个目标点单击，每单击两次即可生成一条直线，直至绘制成一个多边形区域，区域内的点、线、面将被选中，如图 3-123 所示。多边形选择工具和套索选择工具都是路径绘制和区域范围选择工具，不同的是，使用多边形选择工具绘制的路径是直线，使用套索选择工具绘制的路径是曲线。

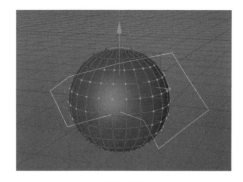

图 3-123

3.3.5 循环选择

循环选择工具常用于选择循环边或循环面，这里以选择循环面为例。创建一个球体对象，按快捷键 C 将其转换为可编辑对象，在面模式下执行"循环选择"命令 循环选择，并选择一个目标面，即可循环选择相连的面，如图 3-124 所示。

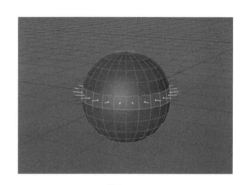

图 3-124

3.3.6 环状选择

环状选择工具常用于选择循环边。创建一个球体对象，按快捷键 C 将其转换为可编辑对象，在边模式下执行"环状选择"命令 环状选择，先选任意一条边，再单击鼠标左键，会自动选择其对边，直到没有对边为止，被选择的边会以黄色高亮显示，如图 3-125 和图 3-126 所示。与循环选择工具不同的是，使用环状选择工具可以选择不相连的边，而使用循环选择工具只能选择相连的面。

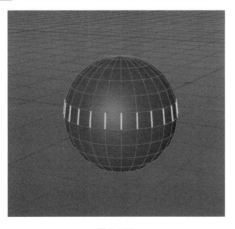

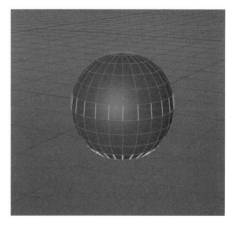

图 3-125   图 3-126

3.3.7 轮廓选择

轮廓选择工具用于面到边的转换选择。创建一个球体对象，按快捷键C将其转换为可编辑对象，首先选中一圈循环面，如图 3-127 所示，然后在面模式下执行"轮廓选择"命令 轮廓选择，可以快速地选择面的轮廓边，如图 3-128 所示。除了快速选择目标面的轮廓边，使用轮廓选择工具也能快速选择未封闭模型对象的轮廓边。

图 3-127

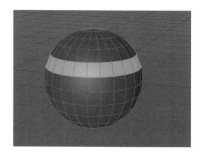

图 3-128

3.3.8 填充选择

填充选择工具用于边到面的转换选择。创建一个球体对象，按快捷键C将其转换为可编辑对象，首先使用环状选择工具选择一条循环边，如图 3-129 所示，然后在面模式下执行"填充选择"命令 填充选择，将鼠标指针移动到循环边上方并单击，将会选择球体对象上方所有的面，如图 3-130 所示。

填充选择工具不能单独使用。在使用填充选择工具之前，需要先使用其他选择工具选择一条或多条完整的封闭路径。一条封闭路径可以将模型对象分成两个区域，两条封闭路径可以将模型对象分成三个区域。然后使用填充选择工具单击这些区域里的任意一点，即可选中这些区域。

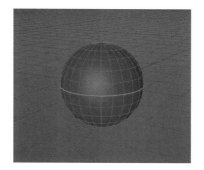

图 3-129

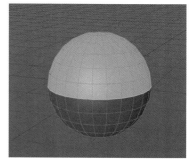

图 3-130

3.3.9 路径选择

创建一个球体对象，按快捷键C将其转换为可编辑对象，在边模式下执行"路径选择"命令 路径选择，按住鼠标左键不放进行拖动，鼠标指针所经过的路径上的边都会被选中，如图 3-131 所示。路径选择工具和前面的套索选择工具与多边形选择工具都用于选择路径。不同的是，使用路径选择工具会自动识别与选择模型上的边，而使用套索选择工具与多边形选择工具则会将绘制的路径形成区域以选择区域内的边。

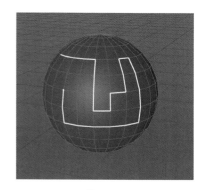

图 3-131

3.3.10 选择平滑着色（Phong）断开

选择平滑着色（Phong）断开工具用于断开所选边的平滑着色，是一个不常用的选择工具。

3.3.11 全选

创建一个球体对象，按快捷键 C 将其转换为可编辑对象，在边模式下执行"全选"命令 ▦ 全选 ，将会选择球体对象所有的边，如图 3-132 所示。（在点模式下能选择所有的点，在面模式下能选择所有的面。）

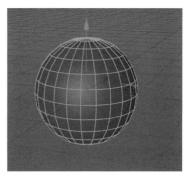

图 3-132

3.3.12 反选

反选即反向选择。创建一个球体对象，按快捷键 C 将其转换为可编辑对象，在面模式下使用实时选择工具手动选择一些面，执行"反选"命令 🖼 反选 ，将会选中之前没有选择的那些面，如图 3-133 和图 3-134 所示。

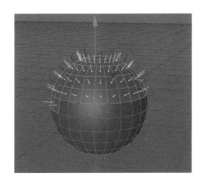
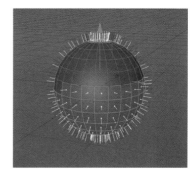

图 3-133　　图 3-134

3.3.13 扩展选区

创建一个球体对象，按快捷键 C 将其转换为可编辑对象，在面模式下使用实时选择工具选择一些面，执行"扩展选区"命令 ▦ 扩展选区 ，可以在原来选择的面的基础上，加选与其相邻的点、线、面，如图 3-135 和图 3-136 所示。

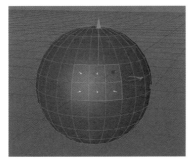
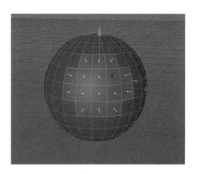

图 3-135　　图 3-136

3.3.14 收缩选区

收缩选区工具和扩展选区工具的作用刚好相反。在面模式下使用实时选择工具选择一些面，如图 3-137 所示，执行"收缩选区"命令 ▦ 收缩选区，可以在原来选择的面的基础上，减选与其相邻的点、线、面，如图 3-138 所示。

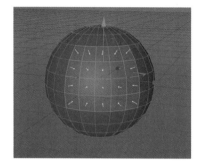

图 3-137

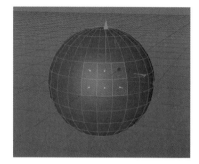

图 3-138

3.3.15 隐藏选择

创建一个球体对象，按快捷键 C 将其转换为可编辑对象，在面模式下使用实时选择工具选择一些面，执行"隐藏选择"命令 ▦ 隐藏选择，之前选择的面会被隐藏，如图 3-139 和图 3-140 所示。这里的面只是因为被隐藏而不可见，并不是因为被删除而消失。在建模过程中有时需要构建模型对象的内部结构，但是由于外表面的遮挡，不方便构建内部结构，这时就需要将外表面暂时隐藏起来。

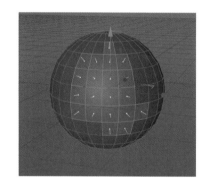

图 3-139

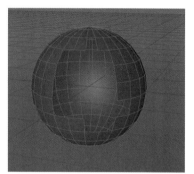

图 3-140

3.3.16 隐藏未选择

创建一个球体对象，按快捷键 C 将其转换为可编辑对象，在面模式下使用实时选择工具选择一些面，执行"隐藏未选择"命令 ▦ 隐藏未选择，未选择的元素会被隐藏，如图 3-141 和图 3-142 所示。隐藏未选择工具用于把多余的元素隐藏起来，使其不可见，以便单独对选择的元素进行编辑操作。

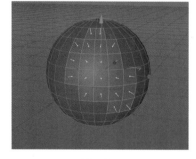

图 3-141

图 3-142

3.3.17 全部显示

在正常情况下，执行"全部显示"命令并没有任何作用。先执行"隐藏选择"或"隐藏未选择"命令，再执行"全部显示"命令 全部显示 才能起作用，使得隐藏的点、线、面元素全部显示出来。

3.3.18 反转显示

在对象中有隐藏的点、线、面元素的情况下，执行"反转显示"命令 反转显示 ，可以使原来显示的点、线、面元素呈隐藏状态，原来未显示的点、线、面元素呈显示状态。

3.3.19 转换选择模式

创建一个立方体对象，按快捷键C将其转换为可编辑对象，在点模式下使用实时选择工具选择4个点，如图3-143所示，执行"转换选择模式"命令 转换选择模式 ，弹出"转换选择模式"窗口，在左侧一栏选中"点"单选按钮，在右侧一栏选中"边"单选按钮，单击"转换"按钮即可完成点模式到边模式的转换，如图3-144所示。

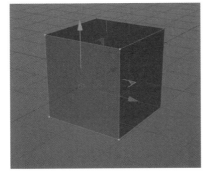

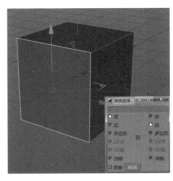

图 3-143　　　　　　　　　　　　图 3-144

使用该窗口可以自由转换点、边、面模式。除了执行"转换选择模式"命令，还有一个快捷的点、边、面模式转换方式，在任意点、边、面模式下，按住Ctrl键单击"点模式""边模式""面模式"图标，即可完成当前模式到其他模式的转换。

3.3.20 设置选集

创建一个立方体对象，按快捷键C将其转换为可编辑对象，在面模式下使用实时选择工具选择一个面，执行"设置选集"命令 设置选集 ，在对象标签栏中会出现一个选集标签 ，表示创建了一个选集，如图3-145和图3-146所示。选集的作用有很多，在建模过程中，可以在相应的模式下单击"恢复选集"按钮，再次选中相应的点、线、面元素；在渲染过程中，可以单独为选集指定一个新的材质，以满足一个模型对象对多个材质的需求。

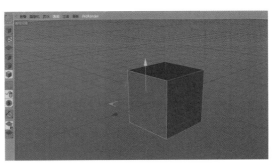

图 3-145　　　　　　　　　　　　图 3-146

创建一个球体对象，按快捷键 C 将其转换为可编辑对象，在点模式下使用实时选择工具选择一些点，执行"设置顶点权重"命令 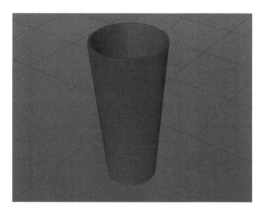 设置顶点权重，会弹出"设置顶点权重"对话框。在该对话框中将"数值"设置为 50%，会发现模型表面出现了不一样的颜色。红色区域代表这些区域的点权重为 100%，淡黄色区域代表这些区域的点权重为 50%，权重越低，表示受到其他编辑操作（如移动、旋转、缩放）时产生的效果越弱，如图 3-147 和图 3-148 所示。

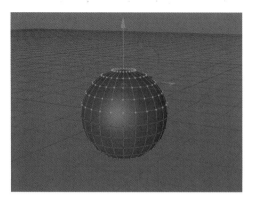

图 3-147

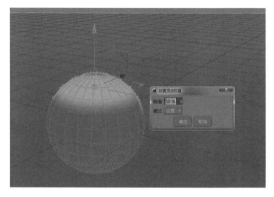

图 3-148

课堂案例 纸杯制作

实例位置	实例文件 >CH03> 课堂案例：纸杯制作 .png
素材位置	素材文件 >CH03> 纸杯制作 .c4d
视频位置	无
技术掌握	选择工具的使用

扫码观看视频

作业要求：选择工具用来选择目标对象，其使用是一切编辑操作的基础。本次课堂案例通过一个纸杯的制作讲解选择工具的使用方法，效果如图 3-149 所示。

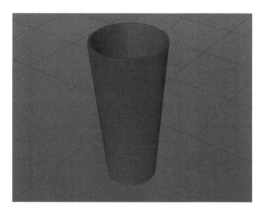

图 3-149

Step 01 按住工具栏中的"立方体"图标 ▣ 不放，在弹出的窗口中单击"圆柱"图标以创建一个圆柱对象，如图 3-150 所示。

图 3-150

Step 02 得到一个圆柱对象后，在"显示"菜单中将模型显示方式切换为"光影着色（线条）"模式，以便观察模型的编辑情况，如图 3-151 所示。

Step 03 选择圆柱对象，单击"转为可编辑对象"图标 ▣，将其转换为可编辑对象，然后在点模式下选择所有的点，单击鼠标右键，执行"优化"命令 ⚙ 优化...。由于圆柱模型相对特殊，在被转换为可编辑对象后，其顶面和侧面是分开的，需要将优化点焊接在一起，如图 3-152 所示。

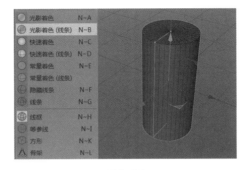

图 3-151

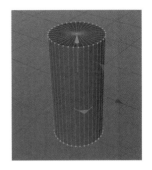

图 3-152

Step 04 在"选择"菜单中执行"实时选择"命令 ▣ 实时选择，并选择圆柱对象的顶面，单击鼠标右键，执行"内部挤压"命令 ▣ 内部挤压，按住鼠标左键不放向左微微拖动，挤压出新的面，如图 3-153 所示。

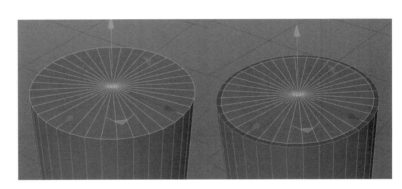

图 3-153

Step 05 单击鼠标中键进入正视图，在正视图中按住 Ctrl 键将新挤压的面沿着 Y 轴负方向移动到圆柱底面附近，挤压出纸杯的内部空间，如图 3-154 所示。

Step 06 在"选择"菜单中执行"框选"命令 ▣ 框选，在视图空白区域中按住鼠标左键不放进行拖动，会出现一个矩形框，在点模式下框选最下面的两排点，并使用缩放工具进行水平方向的缩小，如图 3-155 所示。

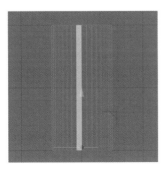

图 3-154

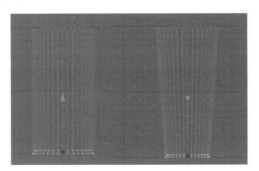

图 3-155

Step 07 单击"边模式"图标 ▣，切换到边模式，在"选择"菜单中执行"循环选择"命令 🔲 循环选择，单击纸杯顶部的边即可循环选中一圈边，按住 Shift 键进行加选，选中两条循环边，单击鼠标右键，执行"倒角"命令，按住鼠标左键不放进行微微拖动，将边倒成圆角，如图 3-156 所示。

图 3-156

图 3-157

Step 08 回到模型模式，在"显示"菜单中切换为"光影着色"模式，一个纸杯模型就制作完成了，如图 3-157 所示。

课堂练习　镂空圆柱制作

实例位置	实例文件 >CH03> 课堂练习：镂空圆柱制作 .png	
素材位置	素材文件 >CH03> 镂空圆柱制作 .c4d	扫码观看视频
视频位置	无	
技术掌握	建模基础工具练习	

作业要求：本次课堂练习通过一个镂空圆柱的制作讲解建模基础工具的使用，还有在实际建模中一些常用工具的使用，效果如图 3-158 所示。

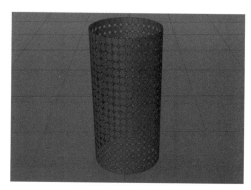

图 3-158

Step 01 按住工具栏中的"立方体"图标 ▣ 不放，在弹出的窗口中单击"圆柱"图标以创建一个圆柱对象，如图 3-159 所示。

Step 02 得到一个圆柱对象后，在视图菜单栏中执行"显示 > 光影着色（线条）"命令，将模型显示方式切换为"光影着色（线条）"模式，以便观察模型，如图 3-160 所示。

图 3-159

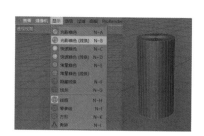

图 3-160

Step 03 在"对象"窗口中选中圆柱对象,在右下角的"对象"参数面板中,将圆柱对象的"高度分段"数值修改为20,并在"封顶"参数面板中取消勾选"封顶"复选框,如图3-161所示。

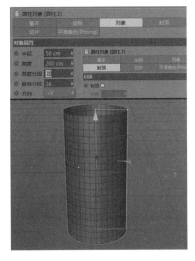
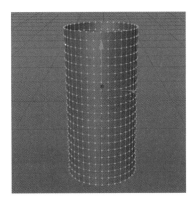

Step 04 在选中圆柱对象的情况下,按快捷键C将圆柱对象转换为可编辑对象,单击"点模式"图标■,进入点模式,按快捷键Ctrl+A选择所有的点,如图3-162所示。

图3-161　　　　　　　　　　图3-162

Step 05 单击鼠标中键进入正视图,切换选择方式为"框选",按住Ctrl键将最上面和最下面一排的点减选,如图3-163所示。

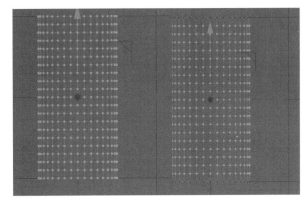

图3-163

Step 06 回到透视视图,单击鼠标右键,执行"倒角"命令 ■ 倒角,按住鼠标左键不放向右拖动,将所选的点进行倒角操作,注意倒角的"偏移"数值为3cm,如图3-164所示。

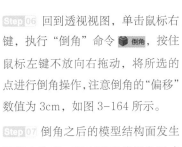

Step 07 倒角之后的模型结构面发生了较大改变,现在需要将倒角形成的四边面删除,但是四边面较为分散,不能直接选择,这时可以使用循环选择工具将四边面之外的面选中,如图3-165所示。

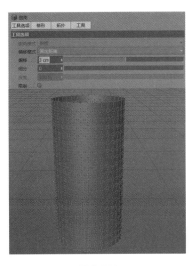

图3-164　　　　　　　　　　图3-165

Step 08 在"选择"菜单中执行"反选"命令 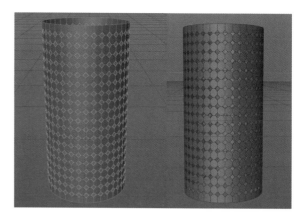 即可将四边面选中，这在实际建模过程中是比较常用的一种选择技巧。选中四边面后，按 Delete 键将其删除，一个镂空圆柱就制作完成了，如图 3-166 所示。

图 3-166

课后习题 抽屉课桌制作

实例位置	实例文件 >CH03> 课后习题：抽屉课桌制作 .png
素材位置	素材文件 >CH03> 抽屉课桌制作 .c4d
视频位置	无
技术掌握	选择工具和编辑工具的配合使用

作业要求：本次课后习题通过一个抽屉课桌的制作进一步巩固在前面章节中介绍过的编辑工具和选择工具的使用，效果如图 3-167 所示。

图 3-167

Step 01 创建一个平面，修改其宽度为 200cm，并设置"宽度分段"数值为 10，使其变成一个长方形，如图 3-168 所示。

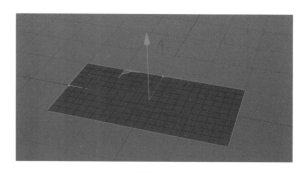

图 3-168

Step 02 将其转换为可编辑对象后，选择所有的面进行挤压操作，挤压操作要求勾选参数面板中的"创建封顶"复选框，效果如图 3-169 和图 3-170 所示。

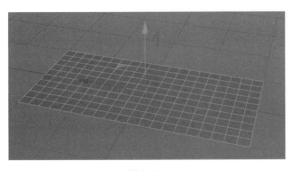

图 3-169　　　　　　　　　　　图 3-170

Step 03 选择下面的整个面，减选边缘的面，再次向下挤压出抽屉部分，效果如图 3-171 和图 3-172 所示。

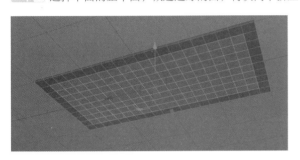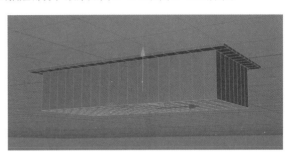

图 3-171　　　　　　　　　　　图 3-172

Step 04 使用循环／路径切割工具将抽屉的厚度切割出来，并选择抽屉面，向内挤压形成抽屉空间，效果如图 3-173 和图 3-174 所示。

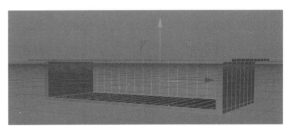

图 3-173　　　　　　　　　　　图 3-174

Step 05 在抽屉底面的 4 个角落使用实时选择工具选择 4 个小面，向下挤压形成桌腿，一个简易课桌就制作完成了，效果如图 3-175 和图 3-176 所示。

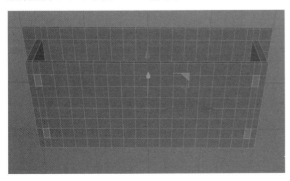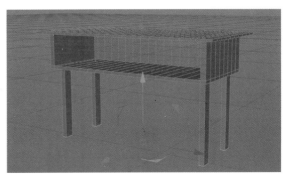

图 3-175　　　　　　　　　　　图 3-176

Step 06 切换为模型模式,查看最终完成效果,如图 3-177 所示。

图 3-177

3.4 NURBS工具组

NURBS 是 Non-Uniform Rational B-Splines(非均匀有理样条曲线)的缩写,也是被大部分三维软件支持的一种优秀建模工具,能够很好地控制物体表面的曲线,从而创建出逼真、生动的造型。

NURBS 工具组有细分曲面、挤压、旋转、放样、扫描、贝塞尔 6 种 NURBS 工具(也称生成器)。它们既能创建精度非常高的模型,也能很快地构建一些类似瓶子和花朵等的特殊模型,提高建模的效率。

执行"创建 > 生成器"命令,可以创建各类生成器,或者按住工具栏中的"细分曲面"图标 █ 不放,会弹出 NURBS 工具组窗口,如图 3-178 所示。单击相应的图标,即可创建相应的 NURBS 工具对象。

这里只介绍前 5 种 NURBS 工具,这 5 种 NURBS 工具都有特别的功能,是经常使用且必须掌握的 NURBS 工具。第 6 种贝塞尔工具的功能在实际建模中几乎用不到,因此不做叙述。

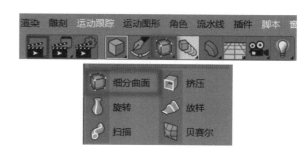

图 3-178

3.4.1 细分曲面

细分曲面工具通过对模型上的点和边添加权重,以及对表面添加细分来增加模型的精细程度。细分曲面工具的作用比较单一,就是提高模型的精细程度,使模型更圆滑、更逼真、更美观。一个好的模型,从局部到整体的每一部分都有细分曲面工具的参与。该工具是制作高精度模型的过程中不可或缺的。

下面将介绍细分曲面工具的基本用法。

Step 01 按住工具栏中的"立方体"图标 ⬛ 不放，在弹出的窗口中单击"立方体"图标以创建一个立方体对象，如图 3-179 所示。

Step 02 得到的立方体对象如图 3-180 所示。默认创建的立方体对象是一个可编辑对象，在"对象"窗口中选择立方体对象，即可在界面右下角的"对象"参数面板中通过参数的形式调整立方体的相关参数。

Step 03 按住工具栏中的"细分曲面"图标 ⬛ 不放，在弹出的窗口中单击"细分曲面"图标，如图 3-181 所示，创建一个细分曲面对象。

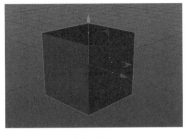

图 3-179　　　　　图 3-180　　　　　图 3-181

Step 04 在"对象"窗口中，将立方体对象移动到细分曲面对象下面，使立方体对象作为细分曲面对象的子级，变化过程如图 3-182 所示。左侧图片表示细分曲面和立方体对象是一个层级，也称为"平级"；右侧图片表示细分曲面和立方体对象为父子层级关系，此时细分曲面对象为父级，立方体对象为子级。

图 3-182

Step 05 此时立方体对象会变得圆滑，且表面被细分。添加细分曲面后的立方体对象如图 3-183 所示，从一个立方体对象变成了一个球体对象。

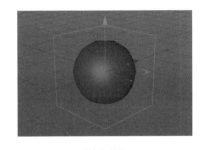

图 3-183

> 💡 **提示**
>
> 在 NURBS 工具组中，细分曲面、挤压、旋转、放样、扫描这 5 种工具对象都应当作为父级使用，因为只有作为目标对象的父级，相应的工具对象才能起到相应的作用，若它是目标对象的平级或子级，就没有任何作用。

除此之外，每一个 NURBS 工具都有相应的参数面板。有些参数面板是一样的，用于控制相应工具的通用功能。有些参数面板则不一样，用于控制相应工具的核心功能。接下来将对它们进行一一讲解。

1. 细分曲面工具的"基本"参数面板

细分曲面工具的"基本"参数面板如图 3-184 所示。细分曲面工具一共包含 3 个参数面板，第 1 个是"基本"参数面板，这是每一个 C4D 工具都有的面板，所有 C4D 工具的"基本"参数面板都是一致的，用于控制一些基础属性。

图 3-184

* **编辑器可见**：包括"默认""开启""关闭"3 个选项，用于控制对象在视图窗口中是显示的还是隐藏的。当选择"开启"选项时，在视图窗口中能看见对象；当选择"关闭"选项时，在视图窗口中看不见对象；如图 3-185 所示。在一般情况下，该参数设置为"默认"，"默认"选项等同于"开启"选项。

- 渲染器可见：同"编辑器可见"参数的功能类似，有 3 个同样的选项。"默认"和"开启"选项用于控制对象在渲染窗口可见；当选择"关闭"选项时，在渲染窗口中看不见对象。"渲染器可见"参数与"编辑器可见"参数的区别在于，"编辑器可见"参数用于控制对象在视图窗口的显示方式，"渲染器可见"用于控制对象在渲染窗口的显示方式。
- 启用：在勾选"启用"复选框时，细分曲面工具起作用。在取消勾选"启用"复选框时，细分曲面工具不起作用。
- 透显：在勾选"透显"复选框时，对象将以线框的形式显示，如图 3-186 所示。在取消勾选"透显"复选框时，对象将正常显示。该参数用于在建模过程中查看模型的内部及后面。在构建精细内部结构时，需要勾选"透显"复选框。

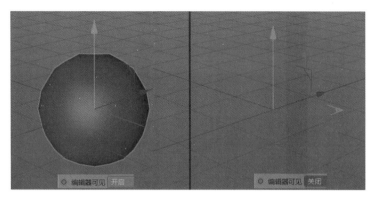

图 3-185   图 3-186

"基本"参数面板中最常用的参数就是"编辑器可见""渲染器可见"，下面介绍第 2 个参数面板。

2. 细分曲面工具的"坐标"参数面板

单击"坐标"标签 基本 坐标 对象 ，就可以切换到"坐标"参数面板。这也是一个基础参数面板，所有 C4D 工具的"坐标"参数面板都是一致的，包括用于控制对象的移动、旋转、缩放，以及冻结对象的移动、旋转、缩放的参数，如图 3-187 所示。

- 坐标：通过参数控制对象的移动、缩放和旋转。与在视图窗口通过坐标轴控制对象的移动、旋转、缩放不

图 3-187

同，我们可以通过坐标轴以参数的形式精准控制对象的相关属性，沿 X、Y、Z 轴进行精准到小数点后 3 位的移动、按整数倍放大、按比例缩小，以及根据 HPB 三个角度的精准数值旋转。

- 冻结变换：可以将对象的坐标全部冻结为 0。在三维动画制作过程中，对物体进行移动、旋转、缩放操作后，相关数值会发生改变，如图 3-188 所示。单击"冻结全部"按钮后，相关参数会归零，如图 3-189 所示。该功能常用来在制作动画的时候标记关键帧（关键帧在后续"动画"章节中会有详细的介绍）。

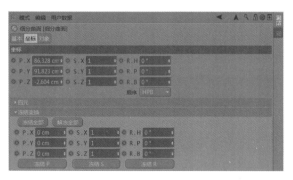

图 3-188

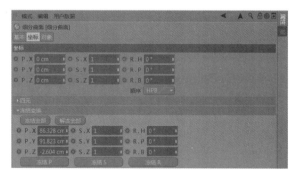

图 3-189

接下来介绍细分曲面工具最重要的参数面板。

3. 细分曲面工具的"对象"参数面板

"对象"参数面板如图 3-190 所示。"对象"参
数面板是细分曲面工具的核心参数面板。实际上，C4D
的每个工具都有一个"对象"参数面板，用于控制工具
的核心功能。"对象"参数面板是每个工具最重要的一
个面板，但是每个工具的"对象"参数面板都不一样。

图 3-190

- 编辑器细分：用于控制视图中模型的细分数，只影响
  视图显示的细分数，不影响渲染结果的细分数。这里
  有两个球体对象，第 1 个球体对象的"编辑器细分"值为 1，"渲染器细分"数值为 3，而第 2 个球体对象的"编
  辑器细分"数值和"渲染器细分"数值都为 3，如图 3-191 所示。这样一来，在视图窗口显示的时候，两个球体
  对象表面的分段数不同，第 1 个球体对象比第 2 个球体对象的分段数少。但是单击"渲染预览"图标 ![icon]，查看
  当前场景的渲染预览效果时会发现，在渲染时两个球体的表面分段数是一样的，如图 3-192 所示。

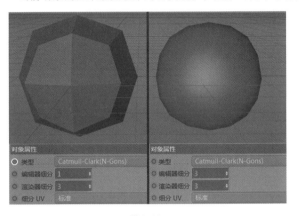

图 3-191

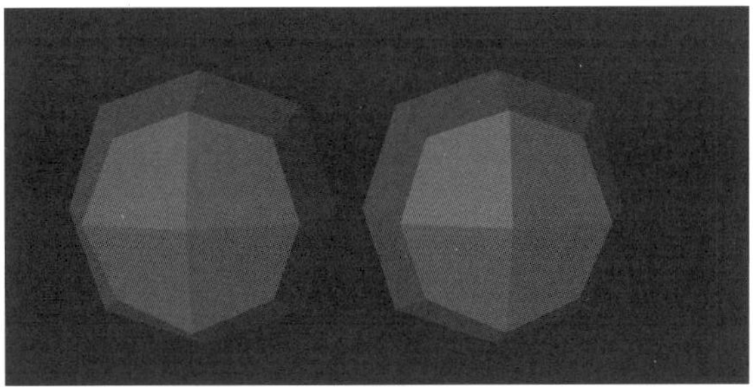

图 3-192

- 渲染器细分：用于控制渲染时模型的细分数，只影响渲染结果的细分数，不影响视图显示的细分数。这里有两个
  球体对象，第 1 个球体对象的"编辑器细分"数值为 1，"渲染器细分"数值为 1，第 2 个球体对象的"编辑器细分"
  数值为 1，"渲染器细分"数值为 3，如图 3-193 所示。这样一来，在视图窗口显示的时候，两个球体对象的表面
  分段数是一样的。但是单击"渲染预览"图标 ![icon]，查看当前场景的渲染预览效果时会发现，在渲染时两个球体的
  表面分段数是不一样的，第 1 个球体对象分段数不变，第 2 个球体对象由于分段数增加而更加圆滑，如图 3-194 所示。

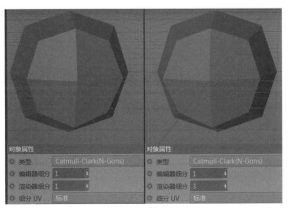

图 3-193

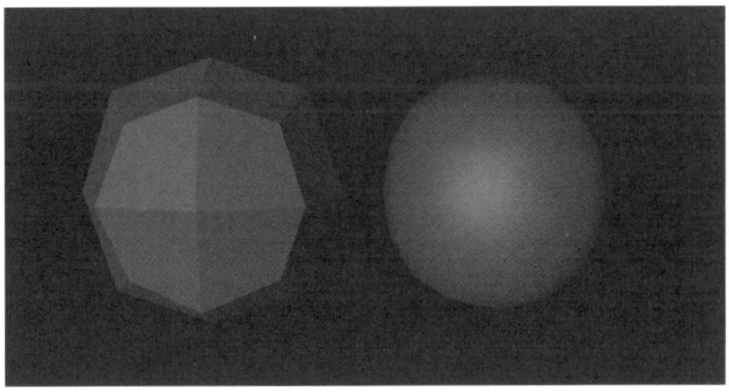

图 3-194

提示

在 C4D 中，有时为了节省系统资源，加快建模速度，我们会把"编辑器细分"数值设置得低一点，把"渲染器细分"数值设置得高一点，这样在提高效率的同时也不影响最终输出结果。

细分曲面工具的"对象"参数面板相对比较简单，仅用于控制模型的精细程度。一般来说，"编辑器细分"数值不宜太高，可控制在 2 ~ 5，这是因为其数值太高，模型就会占据计算机的大量资源，导致卡顿，降低建模的效率。

而"渲染器细分"数值也不是越高越好，需要设置一个合适的数值，一般为 2 ~ 5，这是因为其数值太高，后期渲染的时间成本就会增加。

3.4.2 挤压

与细分曲面工具不同，挤压工具及后续的旋转、放样、扫描工具还属于造型工具，能直接建立物体结构。挤压工具能赋予对象一个厚度，是专门针对样条建模的工具，常用于将二维曲线挤压出厚度并形成三维模型，在文字、Logo 和形状的三维构建方面有广泛的应用。

下面讲解一下挤压工具的基本用法。

Step 01 按住"画笔"图标 不放，在弹出的窗口中单击"星形"图标 ，即可创建一个星形样条对象，如图 3-195 ~ 图 3-198 所示。

图 3-195

图 3-196

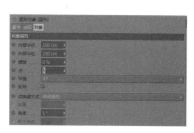

图 3-197

图 3-198

Step 02 按住"细分曲面"图标 不放，在弹出的窗口中单击"挤压"图标，如图 3-199 所示，即可创建一个挤压对象。

图 3-199

Step 03 按住星形样条对象不放，将其拖动到挤压对象下面作为挤压对象的子级，产生作用之后的星形样条对象就有了厚度，从一个二维样条对象变成了一个三维模型对象，如图 3-200 所示。

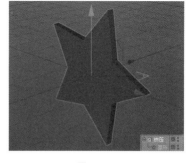

图 3-200

除了先单独创建一个挤压对象和一个星形样条对象，再将星形样条对象拖动到挤压对象下面产生作用，还有一个快捷操作方法：在选中星形样条对象的情况下，按住 Alt 键单击工具栏中的"细分曲面"图标 ，并在弹出的窗口中单击"挤压"图标，创建一个挤压对象，这时创建的挤压对象将直接作为星形样条对象的父级。

挤压工具的使用简单且直观，就是将样条朝某个方向挤压出一定厚度。在挤压工具的参数面板中，"基本""坐标""平滑着色（Phong）"参数面板都是通用的参数面板，不必进行重复介绍。下面主要针对挤压工具的"对象"和"封顶"参数面板进行详细讲解。

1. 挤压工具的"对象"参数面板

"对象"参数面板是挤压工具的核心面板，用于控制挤压对象在 X、Y、Z 轴向上的厚度，以及在 3 个轴向上的细分数，如图 3-201 所示。

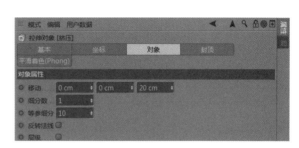

图 3-201

- 移动：这 3 个数值输入框从左至右依次代表在 X、Y、Z 轴上的挤压距离。图 3-202 所示为样条对象在 Z 轴上的不同挤压距离，前者在 Z 轴上挤压了 20cm 的厚度，后者在 Z 轴上挤压了 200cm 的厚度。"移动"数值越大，模型挤压的厚度越大。该数值也可以为负值，正值代表朝坐标轴箭头方向挤压，负值代表朝坐标轴箭头反方向挤压。
- 细分数：控制对象在挤压轴上的细分数。如图 3-203 所示，一个挤压对象的"细分数"数值为 3，另一个挤压对象的"细分数"数值为 6，可以发现，"细分数"数值越大，挤压轴上的线段就越多。

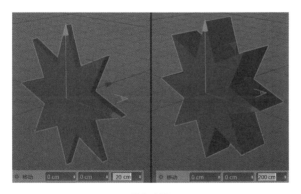

图 3-202

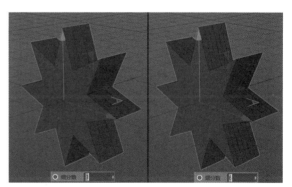

图 3-203

挤压工具的"对象"参数面板的两个主要作用就是确定挤压的方向和该方向上的细分数。细分数一般不宜过多，如果需要将挤压对象转换为可编辑对象，进行点、线、面的进一步建模，则细分数太多将不利于后续建模。

除此之外，挤压工具还有一个重要的参数面板，在 NURBS 工具中，挤压、旋转、放样和扫描工具都有这个参数面板——"封顶"参数面板。

2. 挤压工具的"封顶"参数面板

"封顶"参数面板(如图3-204所示)常用于给模型的边缘制作倒角效果,对生成的模型进行二次的细节处理,在三维文字、数字、字母、Logo类的建模中应用较多。

- 顶端/末端:两个参数都包含"无""封顶""圆角""圆角封顶"4个选项,分别用于控制模型顶端/末端是否有封顶,是否有硬化边缘的封顶,边缘是否为圆角,是否有圆滑过渡的封顶,具体效果如图3-205所示。

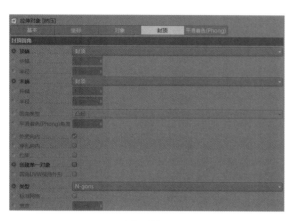

图 3-204

图 3-205

 提示

在选择"圆角"或"圆角封顶"选项后,"步幅"和"半径"参数才起作用,"步幅"参数用于控制圆角的分段数,"半径"参数用于控制圆角的半径。在使用圆角封顶后,由于增加了圆角半径,因此模型会变大,需要注意圆角的数值不宜过大。

- 圆角类型:该参数针对"圆角"和"圆角封顶"两个选项进行设置,包括"线型""凸起""凹陷""半圆""1步幅""2步幅""雕刻"7种类型。
- 平滑着色(Phong)角度:用于设置相邻多边形之间的平滑角度。其数值越低,相邻多边形之间的过渡越生硬。
- 外壳向内:用于设置挤压轴上的外壳是否向内。
- 穿孔向内:当挤压的对象上有穿孔时,可设置穿孔是否向内。
- 约束:以原始样条作为外轮廓。
- 类型:该参数包含了"三角形""四边形""N-gons"3种类型。

"封顶"参数面板中最常用的就是"顶端""末端"两个参数中的"圆角封顶"选项,通常配合"约束"参数来对模型进行边缘的细节造型。"圆角类型"参数提供了一些不同的边缘过渡方式,但可控制性不高,一般也不常用,有兴趣的读者可以尝试一下。

3.4.3 旋转

旋转工具是用于快速进行成品建模的工具,可以将二维曲线围绕着 X、Y、Z 轴旋转生成三维的模型,在制作瓶类模型方面的效率极高,实用性也非常强。

下面讲解一下旋转工具的基本用法。

Step 01 按住工具栏中的"画笔"图标 ![] 不放，在弹出的窗口中单击"画笔"图标 ![]，将实时选择工具切换为画笔工具，如图 3-206 所示。

图 3-206

Step 02 单击鼠标中键，切换到四视图窗口，在正视图中再次单击鼠标中键，进入完全正视图。先单击空白区域，再移动至另一个空白区域单击，两次单击的位置会生成两个点，且点与点之间会连接成一条直线，从而手动绘制一条如图 3-207 所示的样条。

在绘制样条时需要注意，最左侧的点要保持在 Y 轴上，即该点在 X 轴上的坐标值为零，这样在后续使用旋转工具时才能得到正确的结果，若该点没有在 Y 轴上，则选择相应的点，在坐标窗口中将其 X 轴上的坐标值手动归零。

Step 03 执行"窗口 > 生成器 > 旋转"命令，创建一个旋转对象，将样条对象拖动到旋转对象下面作为其子级，使样条围绕 Y 轴旋转，并自动生成一个三维模型，得到如图 3-208 所示的模型。只需要绘制杯子一侧的样条，就能通过软件自动生成一个完整的杯子模型。

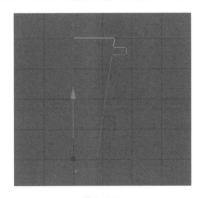

图 3-207　　　　　　　　　　　　　图 3-208

旋转工具拥有所有 NURBS 工具的特点，即效率高、操作简单、一步到位。下面介绍旋转工具的"对象"参数面板，这是每个工具最重要的参数面板，而另外几个面板，即"基本"参数面板、"坐标"参数面板、"封顶"参数面板、"平滑着色（Phong）"参数面板已经介绍过，它们的功能都是一样的，在此不做重复讲述。

旋转工具的"对象"参数面板

旋转工具的"对象"参数面板如图 3-209 所示。针对所有参数，都只需要进行单一的参数调节。其中，对"细分数""网格细分""反转法线"参数只需要了解一下，而对"角度""移动""比例"3 个参数需要重点掌握。

● 角度：用于控制旋转对象围绕 Y 轴旋转的角度。图 3-210 所示的物体旋转了 280°，此时的杯子并不完整。"角度"数值越大，物体旋转的角度越大，一个完整的封闭模型需要将"角度"数值设置为 360°。

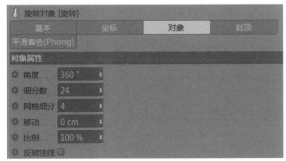

图 3-209　　　　　　　　　　　　　图 3-210

- 细分数：用于控制旋转对象的细分数。
- 网格细分：设置等参线的细分数。
- 移动/比例："移动"参数用于控制旋转对象沿 Y 轴旋转移动的距离，"比例"参数用于控制旋转对象沿 Y 轴旋转移动的比例。

　　由此可见，旋转工具是十分高效的，适合用于建立子弹、圆柱、水杯之类有中心轴的模型。

3.4.4　放样

　　放样工具是一个强大的建模工具，可以根据多个二维曲线的外轮廓形成曲面，从而快速形成复杂的三维模型。而且该工具有一定的灵活性，与挤压和旋转工具相对单一的功能相比，还有一定的可调节性，这代表使用放样工具可以制作一些复杂的模型。下面介绍一下放样工具的基本用法。

Step 01 按住工具栏中的"画笔"图标 不放，在弹出的窗口（如图 3-211 所示）中找到"圆环"图标 和"矩形"图标 ，分别单击两次"圆环"图标和"矩形"图标。

图 3-211

Step 02 得到 4 个样条对象后，将矩形样条对象沿着蓝色 Z 轴正方向偏移一些距离，将圆环样条对象沿着蓝色 Z 轴负方向移动一段距离，将 4 个样条对象分开，如图 3-212 和图 3-213 所示。

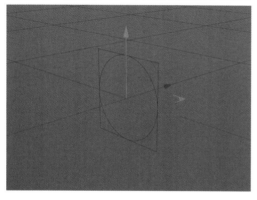

图 3-212

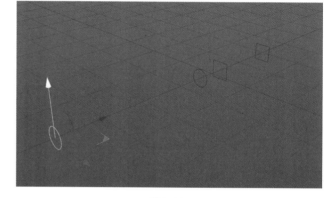

图 3-213

Step 03 执行"窗口 > 生成器 > 放样"命令，创建一个放样对象，使用实时选择工具，按住 Shift 键将 4 个样条对象同时选中，并一起拖动到放样对象下面作为其子级，直接形成如图 3-214 所示的模型。

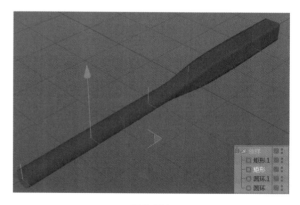

图 3-214

使用实时选择工具选中两个圆环样条对象，在右下角的"对象"参数面板中将"半径"数值由 200cm 修改为 162cm，如图 3-215 所示，这样得到的模型的前段部分会缩小，一个筷子的模型就制作完成了，如图 3-216 所示。

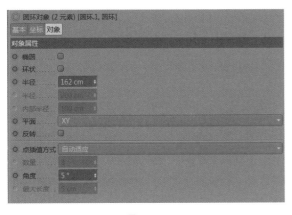

图 3-215

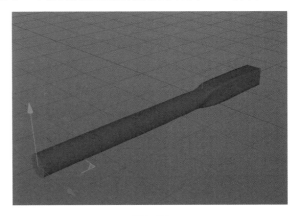

图 3-216

 提示

样条顺序和间距大小对模型起着绝对性作用，因为放样工具是根据子层级的样条外观来自动生成模型的，如果改变样条的顺序，将矩形样条和圆形样条的位置上下更换，将会是另一个模型，如图 3-217 所示。

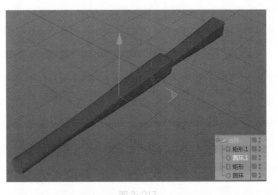

图 3-217

放样工具中样条的上下顺序十分重要，每条样条所处的位置决定了模型的走向。下面对放样工具的"对象"参数面板进行讲解，不对其余 4 个参数面板做重复讲解。

放样工具的"对象"参数面板

放样工具的"对象"参数面板看起来有很多参数，但实际上并没有太多参数需要调节，相对而言是比较简单的，如图 3-218 所示。

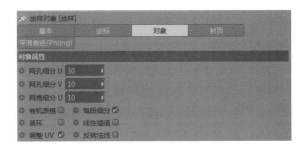

图 3-218

- 网孔细分 U/V：这两个参数分别用于设置网孔在 U 方向（沿圆周的截面方向）和 V 方向（纵向）的细分数。
- 网格细分 U：设置等参线的细分数。
- 有机表格：勾选此复选框，放样时就会自由、有机地构建模型形态。
- 每段细分：勾选此复选框，V 方向（纵向）上的网格细分就会根据设置的"网孔细分 V"数值均匀细分。
- 循环：勾选此复选框，两条样条将连接在一起。
- 线性插值：勾选此复选框，样条之间将使用线性插值。

在实际建模中，很少调整放样工具的"对象"参数面板中的参数，一般保持默认设置即可。

3.4.5 扫描

扫描工具是一个强大的工具，用于将一个二维图形的截面沿着某条样条路径移动，从而形成三维模型。它通常需要将两个样条对象作为子级，且将一个样条对象作为截面、另一个样条对象作为路径，常用来制作管道类的模型。

使用扫描工具制作管道类的模型非常快速。除此之外，该工具在生长类动画制作中的应用也非常广泛。下面就讲解一下扫描工具的基本用法。

Step 01 按住工具栏中的"画笔"图标 不放，在弹出的窗口中找到"圆环"图标 和"圆弧"图标 ，如图 3-219 所示。

Step 02 分别单击两个图标，得到两个样条对象，如图 3-220 所示。此时得到的样条对象是参数化对象，我们可以通过调节参数对其进行相应的设置。

图 3-219

图 3-220

Step 03 在界面右上角的"对象"窗口中选中圆环样条对象，并在界面右下角的"对象"参数面板中将圆环样条对象的"半径"数值设置为 50cm，如图 3-221 所示，得到新的圆环样条对象，如图 3-222 所示。

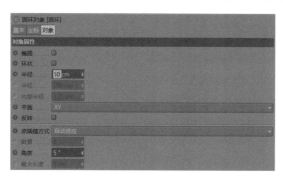

图 3-221

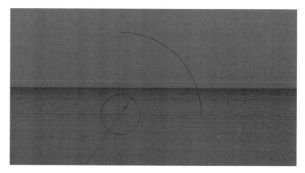

图 3-222

Step 04 执行"窗口 > 生成器 > 扫描"命令，创建一个扫描对象，使用实时选择工具，按住 Shift 键将两个样条对象同时选中，并一起拖动到扫描对象下面作为其子级，以圆弧为路径扫描圆环，得到一个弧形管道扫描模型，如图 3-223 所示。

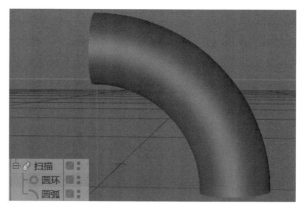

图 3-223

在扫描对象的两个子级中，上面的圆环对象是截面，下面的圆弧对象是路径。若圆环对象和圆弧对象的上下位置不同，则得到的扫描模型也不同。以圆弧为路径扫描圆环，如图 3-224 所示。以圆环为路径扫描圆弧，如图 3-225 所示。

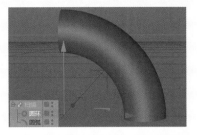

图 3-224　　　　　　　　　　　　　　图 3-225

在扫描时，除了需要注意子级的顺序，还需要注意子级的 X、Y、Z 轴向，若轴向不同，则扫描出来的模型可能和预想中的不一样。下面将对扫描工具的"对象"参数面板进行讲解。

扫描工具的"对象"参数面板

扫描工具的"对象"参数面板如图 3-226 所示。其中的参数看起来很多，但经常使用的参数不多。"开始生长""结束生长"参数比较重要，除了能直观控制扫描路径的长短，也经常用来制作生长类动画。另外，"细节"参数属于必须掌握的知识点。

- 网格细分：设置等参线的细分数。
- 终点缩放：控制对象在路径终点的缩放大小。"终点缩放"数值越大，模型终端就会越大，如图 3-227 所示。

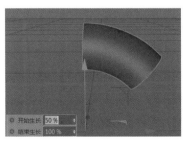

图 3-226　　　　　　　　　　　　　　图 3-227

- 结束旋转：控制扫描对象在路径终点的旋转角度。
- 开始生长 / 结束生长：控制扫描对象的起点和终点。如图 3-228 所示，表示"开始生长"数值为 0%。若将"开始生长"数值从 0% 修改为 50%，则会从圆弧的中点位置开始扫描，得到的模型如图 3-229 所示。

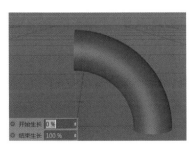

图 3-228　　　　　　　　　　　　　　图 3-229

- 细节：包含"缩放"和"旋转"选项。在表格的左右两侧分别由点控制扫描对象起点处的缩放大小和旋转角度。也可以按住 Ctrl 键在表格中添加圆点，调整模型的不同形态。如果想删除多余的点，则选中点并按 Delete 键删除即可。将横坐标为 0.5 处的函数曲线上的点移动到最高处，模型的终端就会被缩放成一个点，如图 3-230 所示。

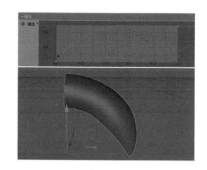

图 3-230

扫描工具最重要的几个参数就是上述几个，"开始生长"和"结束生长"参数可以控制模型的长度，"细节"参数可以通过函数曲线来控制模型的外形框架，更加灵活，更具可调节性。至此，5 个主要的 NURBS 工具介绍完了。总的来说，造型工具的特点是强大、快速、功能单一。当然，这些工具也能配合后续的其他一些工具来使用。

读者通过本章的学习，最重要的就是掌握每个工具的特性，了解清楚每个工具的"对象"参数面板中的参数，这样才能更好地配合其他工具创建更复杂的模型。

课堂案例 "挑战极限"文字制作

实例位置	实例文件 >CH03> 课堂案例："挑战极限"文字制作 .png
素材位置	素材文件 >CH03>"挑战极限"文字制作 .c4d
视频名称	无
技术掌握	挤压工具的使用

作业要求：本次课堂案例通过三维文字"挑战极限"的制作巩固从样条到点层级造型，再到挤压工具的使用，以及后期常用的边缘处理等知识，讲解 NURBS 工具组在实际建模中的使用流程，效果如图 3-231 所示。

图 3-231

Step 01 单击鼠标中键进入四视图窗口，左上角为透视视图，右上角为顶视图，左下角为右视图，右下角为正视图，如图 3-232 所示。

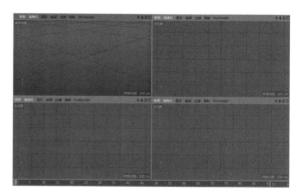

图 3-232

Step 02 将鼠标指针移动到正视图的任意区域，单击鼠标中键进入完全正视图，界面如图 3-233 所示。

Step 03 按住"画笔"图标 不放，在弹出的窗口中单击"文本"图标 ，如图 3-234 所示，创建一个文本样条对象。

图 3-233

图 3-234

Step 04 得到的文本样条对象如图 3-235 所示。现在的文本样条对象是一个参数化对象，可以直接对其进行相应的参数修改。

Step 05 在界面右上角的"对象"窗口中选中文本样条对象，界面右下角会出现"对象"参数面板，在"对象"参数面板的"文本"输入框中将原本的文本内容修改为"挑战极限"，并在"字体"下拉列表中将默认的"微软雅黑"修改为"庞门正道标题体"，如图 3-236 所示。

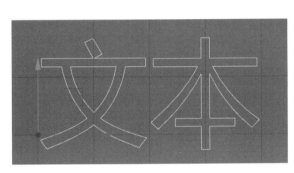

图 3-235

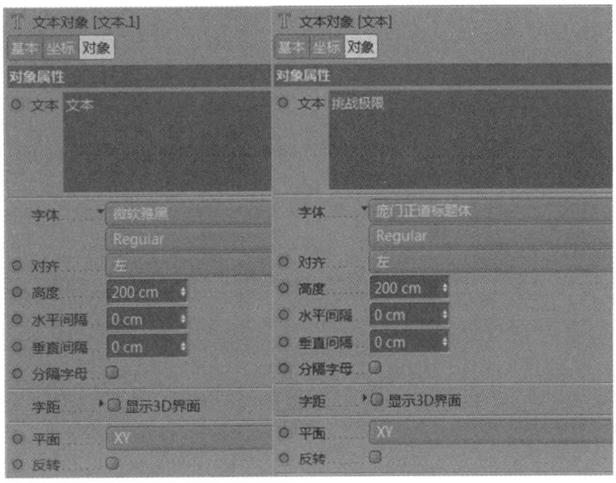

图 3-236

Step 06 在正视图中得到"挑战极限"文本样条对象，如图 3-237 所示。

Step 07 选中"挑战极限"文本样条对象，在界面右下角的"对象"参数面板中将"点插值方式"参数修改为"统一"，目的是让"挑战极限"文本样条对象的点均匀分布，如图 3-238 所示。

图 3-237

图 3-238

Step 08 选中"挑战极限"文本样条对象，按快捷键 C 将文本样条对象转换为可编辑对象，在编辑模式工具栏中单击"点模式"图标█，进入点模式，对"挑战极限"文本样条对象上的点进行上下、左右的移动调节，如图 3-239 所示。

图 3-239

Step 09 在点模式下，单击工具栏中的"移动"图标✚和"选择"图标█，如图 3-240 所示。接下来将使用这两个工具对"挑战极限"文本样条对象的形态做出一些调整。

图 3-240

Step 10 使用实时选择工具先选中"挑"字的两个点，如图 3-241 所示，再使用移动工具将选中的两个点沿着 X 轴负方向移动一段距离，得到如图 3-242 所示的造型。

图 3-241

图 3-242

Step 11 选中上面的两个点，如图 3-243 所示，沿着 Y 轴正方向移动一段距离，得到如图 3-244 所示的造型。

图 3-243

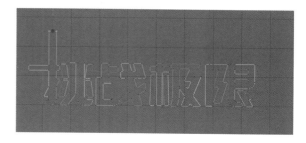

图 3-244

Step 12 选中下面的两个点，如图 3-245 所示，沿着 X 轴负方向移动一段距离，得到如图 3-246 所示的造型。

图 3-245

图 3-246

Step 13 同样陆续选中"战"字的 4 个点、"极"字的 4 个点、"限"字的 3 个点，由于"限"字缺少一个点，因此需要单击鼠标右键，执行"创建点"命令，创建一个新的点出来，如图 3-247 所示。接下来对选中的点进行简单的位置偏移，操作步骤和上面类似，这里不再赘述，最终得到的"挑战极限"文本样条对象如图 3-248 所示。

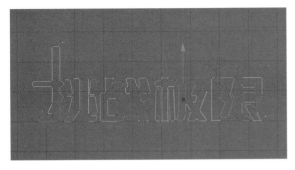

图 3-247

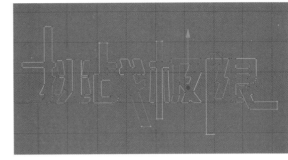

图 3-248

Step 14 单击鼠标中键切换到四视图窗口，在透视视图中单击鼠标中键进入完全透视视图，按住 Alt 键和鼠标左键轻微地旋转视图，得到如图 3-249 所示的造型。执行"窗口 > 生成器 > 挤压"命令，创建一个挤压对象，拖动文本样条对象到挤压对象下方作为其子级，得到一个创意的三维"挑战极限"模型，如图 3-250 所示。

图 3-249

图 3-250

Step 15 选中挤压对象，在视图界面右下角找到"对象"参数面板，并在"封顶"参数面板中将"顶端"和"末端"都设置为"圆角封顶"，如图 3-251 所示，就能得到一个边缘凸起的三维 Logo 模型，如图 3-252 所示。

图 3-251

图 3-252

Step 16 由于"步幅"数值为 1，三维文字"挑战极限"的边缘不够圆滑，因此需要将"步幅"数值增大，如图 3-253 所示。每增加一个步幅，三维文字"挑战极限"的边缘就会增加一条细分线，当将"步幅"数值增大到 2 时，也可以将"半径"数值设置为 3cm，就可以得到一个边缘圆滑的"挑战极限"文字模型。至此，模型就制作完成了，如图 3-254 所示。

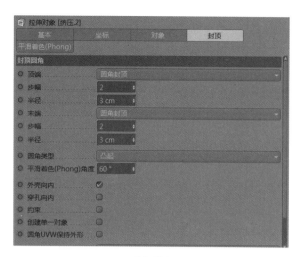

图 3-253

图 3-254

实例位置	实例源文件 >CH03> 课堂练习：sunshine 扫描文字制作 .png
素材位置	素材文件 >CH03>sunshine 扫描文字制作 .c4d
视频名称	无
技术掌握	扫描工具的使用

扫码观看视频

作业要求：本次课堂练习会全面讲解扫描工具的使用及常用的参数设置，并综合之前的基础建模知识，除了进一步讲解扫描工具，还实现了一些扩展应用，效果如图 3-255 所示。

图 3-255

Step 01 单击鼠标中键进入四视图窗口，左上角为透视视图，右上角为顶视图，左下角为右视图，右下角为正视图，如图 3-256 所示。

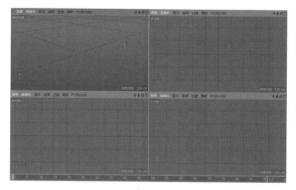

图 3-256

Step 02 在正视图中单击鼠标中键，进入完全正视图，如图 3-257 所示。

Step 03 按住"画笔"图标 不放，在弹出的窗口中单击"文本"图标 ，创建一个文本样条对象，如图 3-258 所示。

图 3-257　　　　　　　　　　　　　　　　图 3-258

Step 04 得到的文本样条对象如图 3-259 所示。现在的文本样条对象是一个参数化对象，可以直接对其进行相应的参数修改。

Step 05 在界面右上角的"对象"窗口中选中文本样条对象，界面右下角会出现"对象"参数面板，在"对象"参数面板的"文本"输入框中将原本的文本内容修改为 sunshine，并在"字体"下拉列表中将默认的"微软雅黑"修改为 Forte，如图 3-260 所示。

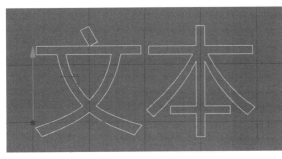

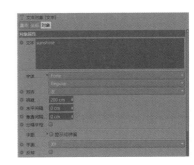

图 3-259　　　　　　　　　　　　　　　　图 3-260

Step 06 在正视图中得到 sunshine 文本样条对象，如图 3-261 所示。

Step 07 单击鼠标中键切换到四视图窗口，在透视视图中单击鼠标中键，进入完全透视视图，按住 Alt 键和鼠标左键轻微地旋转视图，执行"窗口 > 生成器 > 扫描"命令，创建一个扫描对象，如图 3-262 所示。

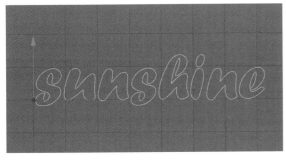

图 3-261　　　　　　　　　　　　　　　　图 3-262

Step 08 创建一个圆环样条对象，如图 3-263 所示。在界面右上角的"对象"窗口中选中圆环样条对象，在界面右下角的"对象"参数面板中将圆环样条对象的"半径"数值从默认的 200cm 修改为 3cm，如图 3-264 所示。

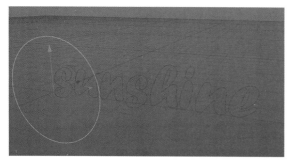

图 3-263

图 3-264

Step 09 按住 Shift 键选中圆环样条对象和 sunshine 文本样条对象，拖动到扫描对象下方作为其子级。需要注意，圆环样条对象应当被放在上方作为扫描截面，sunshine 文本样条对象应当被放在下方作为扫描路径，得到如图 3-265 所示的模型。

Step 10 选中扫描对象，按快捷键 Ctrl+C 和 Ctrl+V 执行复制和粘贴操作，得到一个副本对象扫描.1。将扫描.1 对象沿蓝色 Z 轴正方向移动少许距离。这里将扫描.1 对象移动一段距离是为了和原来的对象做一个对比，以便观察，如图 3-266 所示。

图 3-265

图 3-266

Step 11 选中扫描.1 对象，在界面右下角的圆环对象的"对象"参数面板中，将扫描.1 对象中的"半径"数值增大为 5cm，得到一个更粗的管道文字，如图 3-267 和图 3-268 所示。

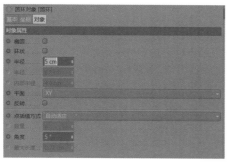

图 3-267

图 3-268

Step 12 在界面右下角的扫描对象的"对象"参数面板中，调整扫描.1 对象的"开始生长"和"结束生长"参数，将"开始生长"数值调整为 60%，"结束生长"数值调整为 65%，即可得到一个不完整的管道文字，如图 3-269 所示。

Step 13 将扫描.1 对象沿着蓝色 Z 轴负方向移动回去，也就是将 Z 轴的坐标值设置为 0，得到如图 3-270 所示的模型。这个模型在原来的扫描对象的基础上，多了一层厚度，增加了模型的细节。

图 3-269

图 3-270

Step 14 选中扫描.1 对象，按快捷键 Ctrl+C 和 Ctrl+V 执行复制和粘贴操作，得到一个副本对象扫描.2。在界面右下角的扫描对象的"对象"参数面板中，调整扫描.2 对象的"开始生长"和"结束生长"参数，将"开始生长"数值调整为 1%，"结束生长"数值调整为 3%，如图 3-271 所示，即可得到一个不完整的管道文字，如图 3-272 所示。

图 3-271

图 3-272

Step 15 选中扫描.2 对象，按快捷键 Ctrl+C 和 Ctrl+V 执行复制和粘贴操作，得到一个副本对象扫描.3，在界面右下角的扫描对象的"对象"参数面板中，调整扫描.3 对象的"开始生长"和"结束生长"参数，将"开始生长"数值调整为 39%，"结束生长"数值调整为 32%，如图 3-273 所示，即可得到一个新的管道文字，如图 3-274 所示。

当然，这个步骤可以重复多次，只需要调整"开始生长"与"结束生长"的数值，就可以继续为扫描文字增加新的外壳模型，让其更加丰富，更加复杂。

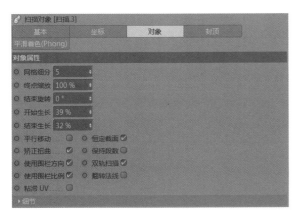

图 3-273

图 3-274

实例位置	实例文件 >CH03> 课后习题：高脚酒杯和花瓶制作 .png
素材位置	素材文件 >CH03> 高脚酒杯和花瓶制作 .c4d
视频名称	无
技术掌握	旋转工具和放样工具的使用

作业要求：本次课后习题通过高脚酒杯和花瓶的制作着重讲解旋转工具和放样工具，使大家在使用过程中体会两个工具的相似与差异之处，效果如图 3-275 所示。

图 3-275

Step 01 高脚酒杯的制作非常简单。在正视图中使用画笔工具绘制出高脚酒杯的侧面曲线，需要注意的是，酒杯底座的中点应当被绘制在 Y 轴上，如图 3-276 所示。

Step 02 得到的样条对象如图 3-277 所示，创建一个旋转对象作为样条对象的父级，完成效果如图 3-278 所示。

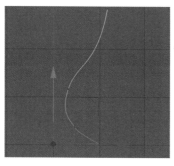

图 3-276

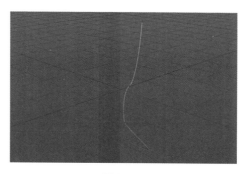

图 3-277

图 3-278

Step 03 花瓶的制作也比较简单。首先创建多个圆环样条对象并从上往下依次排列好，如图 3-279 所示，然后修改圆环样条对象的"半径"数值，使圆环样条组成花瓶的外轮廓，如图 3-280 所示。

图 3-279

图 3-280

添加放样对象作为多个圆环样条对象的父级，即可完成花瓶的制作，完成效果如图 3-281 所示。

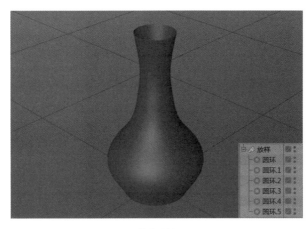

图 3-281

实际上，花瓶也可以通过旋转工具来制作，高脚酒杯也可以通过放样工具来制作，只是使用放样工具制作高脚酒杯时需要调节大量的参数，没有旋转工具便捷。模型的制作有多种方法，只是有快慢的区别，大家只需要根据情况选择合适的方法即可。

3.5 造型工具组

C4D 的造型工具是十分强大的，可以自由组合出各种不同的造型，得到不同的效果，有较强的可操控性和灵活性。C4D 的造型工具组包含 14 种造型工具，分别是阵列、晶格、布尔、样条布尔、连接、实例、融球、对称、Python 生成器、LOD、减面、克隆、体积生成、体积网格。造型工具用于对几何模型对象和样条对象进行造型，生成需要的三维模型对象。

执行"创建 > 造型"命令，就可以使用各类造型工具（也称生成器）；或者按住工具栏中的"实例"图标 不放，在弹出的窗口中单击相应的图标，即可创建相应的造型工具对象，如图 3-282 所示。

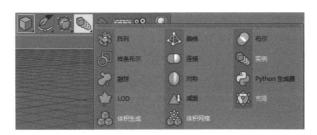

图 3-282

造型工具很多，其中阵列、Python 生成器、LOD 等工具在实际工作中不常用，而体积生成与体积网格工具作为 C4D R20 版本新增的功能，是比较重要的。下面对其中常用的工具进行详细讲解。

执行"主菜单 > 创建 > 造型 > 阵列"命令，创建一个阵列对象，按住工具栏中的"立方体"图标 不放，在弹出的窗口中单击"球体"图标，创建一个球体对象，并将球体对象拖动到阵列对象下面作为其子级，效果如图 3-283 所示。

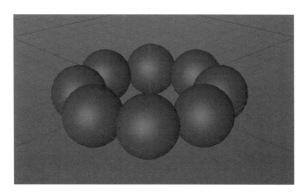

图 3-283

在默认情况下，一个球体对象在 XZ 平面上被克隆出了 7 个副本，变成 8 个球体对象并以圆环的状态分布。

阵列工具的"对象"参数面板

"对象"参数面板是阵列工具的核心参数面板，用来调整阵列对象之间的距离和半径，还有阵列对象的副本数量、振幅、频率、阵列频率等，如图 3-284 所示。

- 半径：设置阵列对象的半径大小。半径指的是阵列对象的中心点与阵列圆心的距离，半径越大，这段距离越大，阵列对象相互之间的距离也会越大，如图 3-285 所示。

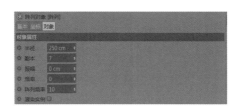

图 3-284

图 3-285

- 副本：设置阵列对象的副本数量。默认副本数量是 7 个，增加副本数量为 9 个后，两个球体对象之间的间距变小，所以增加副本数量的同时需要注意半径的数值，副本数量多且半径数值小时模型之间会相互穿插，如图 3-286 所示。

图 3-286

- 振幅 / 频率：控制阵列波动的范围和快慢。按空格键，或者单击动画工具栏中的"动画播放"按钮，才能起作用，使阵列对象产生一个上下起伏的动画。

- 阵列频率：控制阵列中每对象波动的范围。此参数需要与"振幅"和"频率"参数结合使用。

---

* 根据软件界面约定，平面的表示形式为 XY、XZ、ZY。

3.5.2 晶格

执行"主菜单 > 创建 > 造型 > 晶格"命令，创建一个晶格对象，按住工具栏中的"立方体"图标 ⬛ 不放，在弹出的窗口中单击"宝石"图标 ⬥ 宝石，创建一个宝石对象，如图 3-287 所示。将宝石对象拖动到晶格对象下面作为其子级，效果如图 3-288 所示。

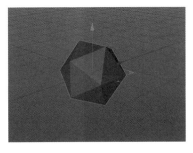

图 3-287

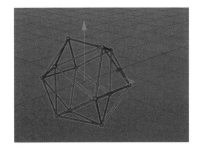

图 3-288

对宝石对象添加晶格对象后，每一条结构线都变成了管道，线与线的连接点都变成了一个球体，面全部消失，整个模型从几何体变成了镂空的网格模型，这就是晶格工具的功能。

晶格工具的"对象"参数面板

"对象"参数面板是晶格工具的核心参数面板，用来控制晶格对象结构线生成圆柱对象的半径大小，以及连接点生成的球体大小和细分数，如图 3-289 所示。

图 3-289

● 圆柱半径：在几何体上的样条变为圆柱后，用于控制圆柱的半径大小。圆柱半径越大，生成的晶格对象越粗、越厚，如图 3-290 所示。需要注意的是，当圆柱半径和球体半径一样大时，在生成的晶格对象中将看不到晶格点的存在，例如，当圆柱半径和球体半径都为 5cm 时，在晶格对象中看不到晶格点的存在，如图 3-291 所示。

● 球体半径：在几何体上的点变为球体后，用于控制球体的半径大小。球体半径越大，生成的晶格点就越大，如图 3-292 所示。

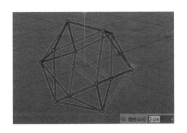

图 3-290

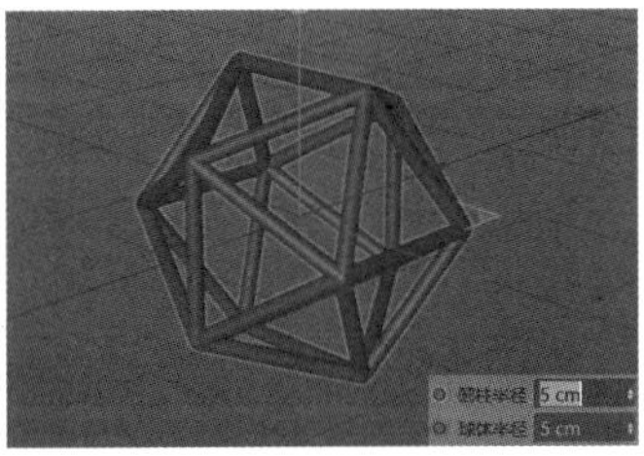

图 3-291

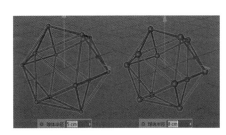

图 3-292

● 细分数：控制圆柱半径和球体半径的细分程度，"细分数"数值越大，生成的圆柱半径和球体半径的线段越多。

● 单个元素：勾选该复选框后，晶格对象将转换为可编辑对象，同时晶格对象会被分离成各自独立的对象。

3.5.3 布尔

执行"主菜单 > 创建 > 造型 > 布尔"命令，创建一个布尔对象。按住工具栏中的"立方体"图标不放，在弹出的窗口中单击"立方体"图标，创建一个立方体对象；单击"球体"图标，创建一个球体对象。选中球体对象，将其沿着蓝色 Z 轴负方向移动 100cm，如图 3-293 所示。

布尔工具的使用至少需要两个对象，按住 Shift 键单击立方体对象和球体对象，将两个对象一起选中并拖动到布尔对象下面作为其子级，如图 3-294 所示。立方体对象会把球体对象所占的空间减去以得到一个新的模型对象。注意，立方体对象要在球体对象的上方，在默认情况下，布尔工具的运算方式是上面的对象体积减去下面的对象体积。

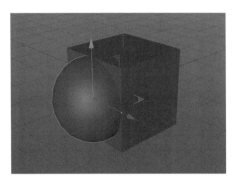

图 3-293

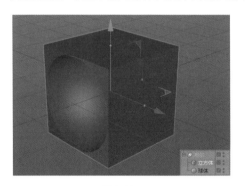

图 3-294

布尔工具的"对象"参数面板

"对象"参数面板是布尔工具的核心参数面板，主要的功能就是修改布尔的类型，为两个布尔对象提供不同的加、减、交、补等运算方式，如图 3-295 所示。

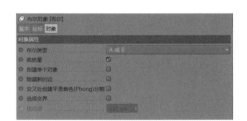

图 3-295

- 布尔类型：布尔工具最重要的功能，提供了 4 种类型，分别是"A 减 B""A 加 B""AB 交集""AB 补集"，用于对不同的对象进行运算，从而得到新的对象。以一个立方体对象和一个球体对象为例，立方体对象为 A，球体对象为 B，"A 减 B"表示从 A 对象的体积里将 B 对象的体积减去，如图 3-296 所示；"A 加 B"表示将两个对象的体积加在一起形成新的对象，如图 3-297 所示；"AB 交集"表示 A 对象和 B 对象重合的体积部分将成为新的对象，如图 3-298 所示；"AB 补集"表示除去 A 对象和 B 对象重合的体积部分将成为新的对象，如图 3-299 所示。

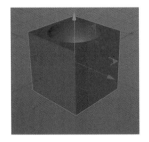

图 3-296

图 3-297

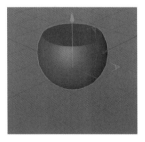

图 3-298

图 3-299

- 高质量：让布尔运算更加精准，但会相应地增加计算时间。
- 创建单个对象：勾选该复选框后，当布尔对象转换为可编辑对象时，布尔对象下面的两个对象会被合并为一个可编辑对象，如图 3-300 所示。如果没有勾选该复选框，则布尔对象转换为可编辑对象后，布尔对象下面的两个对象会各自变成可编辑对象，如图 3-301 所示。

图 3-300

图 3-301

- 隐藏新的边：在进行布尔运算后，原来的模型上会多出很多不规则的线段，导致布线不均匀，如图 3-302 所示。勾选"隐藏新的边"复选框后，软件会隐藏不规则的线，如图 3-303 所示。

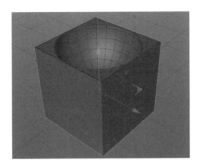

图 3-302

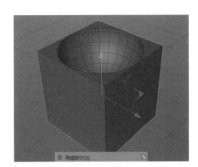

图 3-303

- 交叉处创建平滑着色（Phong）分割：用于对交叉的边缘进行圆滑处理，在遇到较复杂的边缘结构时才有效果。
- 选择交界：勾选该复选框后，会将布尔对象转换为可编辑对象，得到一个边选集。通过边选集可以选中布尔交界的边。
- 优化点：勾选"创建单个对象"复选框后，此复选框才能被勾选，用于对布尔运算后的对象中的点进行优化处理，删除无用的点，具体根据优化的数值大小来决定。

3.5.4 样条布尔

　　样条布尔工具和布尔工具的功能类似，只是布尔工具针对三维物体对象，而样条布尔工具针对样条对象。执行"主菜单 > 创建 > 造型 > 样条布尔"命令，创建一个样条布尔对象。按住工具栏中的"画笔"图标 不放，在弹出的窗口中单击"圆环"图标 圆环，创建一个圆环样条对象；单击"星形"图标 星形，创建一个星形样条对象，如图 3-304 所示。选中星形样条对象，将其沿着绿色 Y 轴负方向移动 150cm，如图 3-305 所示。

　　样条布尔工具的使用至少需要两个样条对象，按住 Shift 键单击圆环样条对象和星形样条对象，将两个样条对象一起选中并拖动到样条布尔对象下面作为其子级，产生作用后的效果如图 3-306 所示。两个样条对象会将重合部分的样条删除以得到一个新的样条对象，在默认情况下，样条布尔工具的运算方式是将两个样条对象相加以得到新的样条对象。

图 3-304

图 3-305

图 3-306

样条布尔工具的"对象"参数面板

　　"对象"参数面板是样条布尔工具的核心参数面板，主要功能就是修改样条布尔的类型，为两个样条对象提供不同的加、减、交、补等运算方式，如图 3-307 所示。

图 3-307

- 布尔类型：提供了 6 种类型，分别是"合集""A 减 B""B 减 A""与""或""交集"，用于对不同的样条对象进行运算，从而得到新的对象。以一个圆环样条对象和一个星形样条对象为例，圆环样条对象为 A，星形样条对象为 B，"合集"表示将 A 对象的面积和 B 对象的面积相加，如图 3-308 所示；"A 减 B"表示从 A 对象的面积里将 B 对象的面积减去，如图 3-309 所示；"B 减 A"表示从 B 对象的面积里将 A 对象的面积减去，如图 3-310 所示；"交集"表示 A 对象和 B 对象重合的面积部分将成为新的对象，如图 3-311 所示。

　图 3-308　　　　　　　图 3-309　　　　　　　图 3-310　　　　　　　图 3-311

- 轴向：控制样条布尔运算的方向，两个样条对象的布尔运算需要在同一个平面进行，一共包含"XY（沿着 Z）""ZY（沿着 X）""XZ（沿着 Y）""视图（渲染视角）"4 种模式。
- 创建封盖：勾选该复选框后，样条曲线会形成一个闭合的面，如图 3-312 所示，用于将样条布尔运算后形成的新样条对象从样条对象转换为多边形模型对象。

图 3-312

3.5.5　连接

　　连接工具的功能是将多个模型对象连接成一个整体，形成一个对象。执行"主菜单 > 创建 > 造型 > 连接"命令，创建一个连接对象（连接操作需要有两个及两个以上的对象才能执行），按住工具栏中的"立方体"图标 [立方体图标] 不放，在弹出的窗口中单击"立方体"图标 [立方体图标]，创建两个立方体对象，将其中一个立方体对象沿着绿色 *Y* 轴正方向移动 400cm，如图 3-313 所示。

　　现在的两个立方体对象是两个独立的对象，如果想同时对两个立方体对象进行移动、旋转、缩放操作，则可以将两个立方体对象一起选中并拖动到连接对象下方作为其子级，如图 3-314 所示。选中连接对象，把实时选择工具切换为旋转工具，按住 Shift 键进行 3 次旋转，共旋转 30°，如图 3-315 所示。

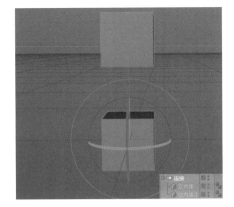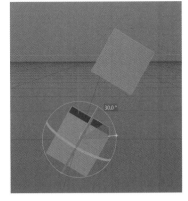

图3-316

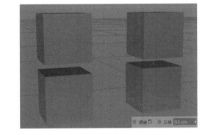

图3-317 图3-318

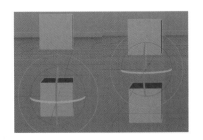

图3-319

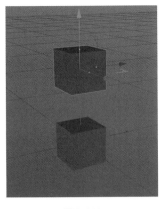

图3-313 图3-314 图3-315

连接工具的"对象"参数面板

　　"对象"参数面板是连接工具的核心参数面板。连接工具除了可以将两个对象或者多个对象作为一个整体对象进行相应的编辑操作，还有焊接和公差的功能，与可编辑对象在点模式下的优化功能类似，区别在于连接对象的焊接和公差不需要将参数化模型转换为可编辑对象，如图3-316所示。

- 焊接：勾选该复选框后，可以对两个对象进行焊接，需要配合"公差"参数来使用。
- 公差：勾选"焊接"复选框后，可以调整公差数值，并且软件会根据数值大小将距离在"公差"数值内的点进行连接，如图3-317所示。创建4个立方体对象，使立方体对象相互之间有不相等的距离。"公差"数值为0.1cm时的焊接操作没有任何反应，因为距离最近的两个立方体对象的间距远远超出0.1cm。当将"公差"数值调整为50cm后，最左侧和最右侧的立方体对象焊接在了一起，4个立方体对象变成了两个长方体对象，如图3-318所示。

- 平滑着色模式：对接口进行平滑着色处理。
- 居中轴心：勾选该复选框后，当将对象连接成一个新对象时，坐标轴会移动到新对象的中心，如图3-319所示。

实例工具的作用是复制一个副本，与直接复制一个新的对象不同，实例工具还能复制模型对象的编辑操作。执行"主菜单 > 创建 > 造型 > 实例"命令，创建一个实例对象（实例对象需要和其他的几何体配合使用），按住工具栏中的"立方体"图标 ⬜ 不放，在弹出的窗口中单击"立方体"图标 ⬜ 立方体，创建一个立方体对象。实例工具的使用和其他工具有区别，不是把立方体对象作为子级，而是需要将立方体对象拖动到实例工具的"对象"参数面板中的"参考对象"文本框内，如图 3-320 所示。

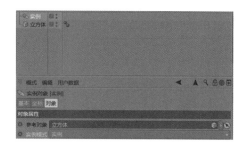

图 3-320

使用实时选择工具选中实例对象，沿着 X 轴正方向移动 500cm，将实例对象和原来的立方体对象分开，以便观察，如图 3-321 所示。此时实例对象已经继承了立方体对象的所有属性，使用实时选择工具选中立方体对象，按快捷键 C 将其转换为可编辑对象，进入面模式，使用快捷键 Ctrl+A 选择所有的面，如图 3-322 所示。

图 3-321

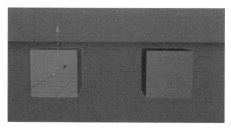

图 3-322

单击鼠标右键，执行"挤压"命令，按住鼠标左键不放向右拖动，在挤压工具的参数面板中，将偏移距离设置为 125cm，同时取消勾选"保持群组"复选框，让每个面单独挤压，这样立方体的 6 个面被分别挤压出来，实例对象也跟着产生相应的变化，如图 3-323 所示。

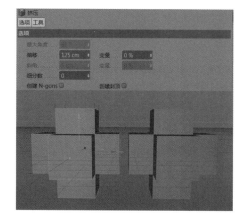

图 3-323

实例工具的"对象"参数面板

"对象"参数面板是实例工具的核心参数面板。相对而言，它比较简单，用来指定一个参考对象及修改一些实例模式，如图 3-324 所示。

图 3-324

- 参考对象：每一个实例对象都需要一个参考对象，这个对象可以是样条、几何体、多边形、NURBS 工具和造型工具等。
- 实例模式：包含 3 种模式，即"实例""渲染实例""多重实例"。在默认情况下为"实例"模式，"渲染实例"模式在渲染的时候会加快渲染速度，"多重实例"模式针对多个参考对象。

融球工具的作用是将两个或多个对象融为一体，形成一个对象。执行"主菜单 > 创建 > 造型 > 融球"命令，创建一个融球对象，按住工具栏中的"立方体"图标 ⬛ 不放，在弹出的窗口中单击两次"球体"图标 ⚫ 球体，创建两个球体对象，并将其中一个球体对象沿着 Z 轴正方向移动 150cm，如图 3-325 所示。

将两个球体对象一起选中并拖动到融球对象下方作为其子级，两个球体对象会融合到一起，形成一个新的模型对象，如图 3-326 所示。

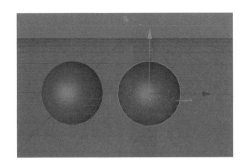

图 3-325

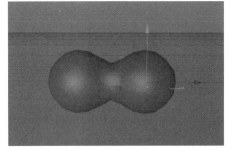

图 3-326

融球工具的"对象"参数面板

"对象"参数面板是融球工具的核心参数面板，用来调整多个对象以融合成新的模型对象，如图 3-327 所示。

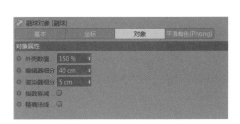

图 3-327

- **外壳数值：** 控制融球的溶解程度和大小，如图 3-328 所示。外壳数值默认为 100%，外壳数值越大，融球连接的地方就越小；外壳数值越小，融球连接的地方就越大，如图 3-329 所示。

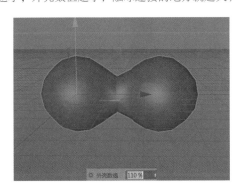

图 3-328

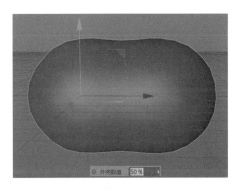

图 3-329

- **编辑器细分：** 影响融球在编辑视图时的细分数。
- **渲染器细分：** 影响融球在渲染视图时的精细程度。

对称工具的作用是镜像物体。执行"主菜单 > 创建 > 造型 > 对称"命令，创建一个对称对象，按住工具栏中的"立方体"图标 🔲 不放，在弹出的窗口中单击"人偶"图标 👤 人偶，创建一个人偶对象，并将人偶对象沿着 X 轴正方向移动 100cm，如图 3-330 所示。

选中人偶对象并拖动到对称对象下方作为其子级，即可以 ZY 平面作为对称轴镜像出一个新的人偶对象，如图 3-331 所示。

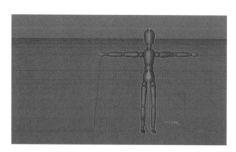
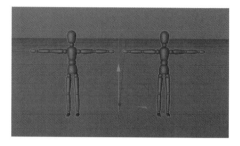

图 3-330

图 3-331

对称工具的"对象"参数面板

"对象"参数面板是对称工具的核心参数面板，用来设置对称的镜像平面，同时带有焊接和公差功能，和前面介绍的连接工具的使用方式是一样的，如图 3-332 所示。

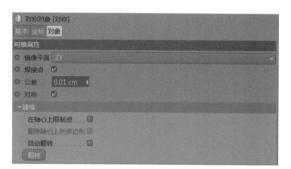

图 3-332

- 镜像平面：以 ZY、XY、XZ 三种平面作为镜像的对称轴，默认创建的是 ZY 平面，如图 3-333 所示。以 XY 平面作为镜像的对称轴，如图 3-334 所示。以 XY 平面作为镜像的对称轴，如图 3-335 所示。

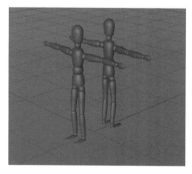
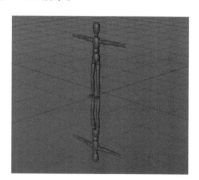

图 3-333

图 3-334

图 3-335

- 焊接点 / 公差：勾选"焊接点"
复选框后，才能在激活"公差"
参数后修改其数值，在公差范围
内的点会被合并在一起，常用于
调节数值，让两个物体连接在一
起。如图 3-336 所示，两个人偶
对象的间距较远，在增大"公差"
数值后，两个人偶对象的手指部分
连接到了一起，如图 3-337 所示。

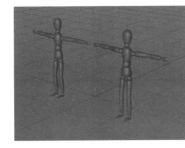

图 3-336

图 3-337

3.5.9 减面

减面工具的作用是减少目标对象的面。执行"主菜单 > 创建 > 造型 > 减面"命令，创建一个减面对象，按住工具栏中的"立方体"图标 不放，在弹出的窗口中单击"地形"图标 ，创建一个地形对象，如图 3-338 所示。选择地形对象，在其右下角的"对象"参数面板中将"尺寸"参数第 2 栏的数值从 100cm 修改为 400cm，增加地形对象的海拔高度，如图 3-339 所示。

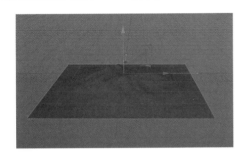

图 3-338

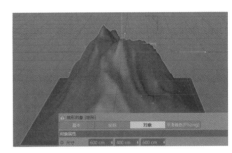

图 3-339

在视图菜单栏中执行"显示 > 光影着色（线条）"命令，将模型的显示方式从"光影着色"模式修改为"光影着色（线条）"模式，以便观察减面工具的作用，如图 3-340 所示。

使用实时选择工具选中地形对象并拖动到减面对象下方作为其子级，使地形对象在减面工具的作用下从一个光滑的模型变成一个低面模型，如图 3-341 所示。

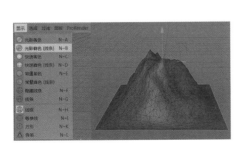

图 3-340

图 3-341

减面工具的"对象"参数面板

"对象"参数面板是减面工具的核心参数面板，用来控制减面程度，以及新生成的模型表面的点、线、面的数量，如图 3-342 所示。

● 减面强度：减面工具最主要的一个功能参数，用于控制减面对象的减面程度，其数值越大，减面对象的面将会越少，如图 3-343 所示。若"减面强度"数值从 90% 增加至 97%，则模型表面的面会大幅度减少，但"减面强度"数值不宜过大，有一个上限，最高为 99%，因为其数值为 100% 时，模型会变成一个平面。

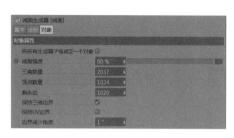

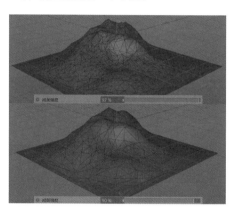

图 3-342

图 3-343

3.5.10 体积生成/体积网格

体积生成工具和体积网格工具需要一起使用，若单独使用，则起不到应有的作用。先将一个模型对象或多个模型对象利用体积生成工具生成体积像素，再用体积网格工具将体积像素生成新的多边形模型对象。

按住工具栏中的"立方体"图标 ⬛ 不放，在弹出的窗口中单击"圆柱"图标 ⬛ 圆柱，创建一个圆柱对象，如图 3-344 所示。单击圆柱对象，在其右下角的"对象"参数面板中将"高度"数值从 200cm 修改为 400cm，增加圆柱的高度，得到的模型如图 3-345 所示。

在"对象"窗口中选中圆柱对象，按住快捷键 Ctrl，当鼠标指针变成一个向上的箭头时松开鼠标左键，

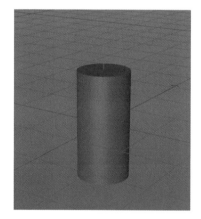

图 3-344

图 3-345

得到一个副本对象圆柱.1，然后选中圆柱.1 对象，将实时选择工具切换为旋转工具，在 XZ 平面旋转 90°，如图 3-346 所示。

按住工具栏中的"实例"图标 ⬛ 不放，在弹出的窗口中单击"体积生成"图标 ⬛ 体积生成，创建一个体积生成对象。按住 Shift 键选中两个圆柱对象并一起拖动到体积生成对象的下方作为其子级，体积生成工具能将所有子级模型从多边形对象转换为体积像素，如图 3-347 所示。

默认生成的体积像素太大，像马赛克一样，这样形成的体积网格不够精细，在"对象"窗口中选中体积生成对象，在右下角的"对象"参数面板中将"体素尺寸"数值从默认的 10cm 修改为 1cm，从而减少体积像素的尺寸，让生成的体积生成对象更加精细，如图 3-348 所示。

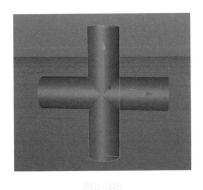
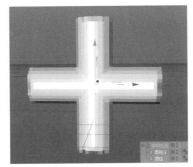
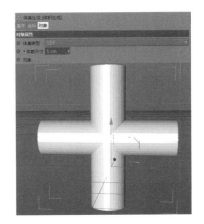

图 3-346　　　　　　　图 3-347　　　　　　　图 3-348

在将"体素尺寸"数值调小之后，体积生成对象更加精细了，但是体积生成对象会变得棱角分明，没有太好的过渡效果。在"对象"窗口中选中体积生成对象，并单击"平滑层"图标 平滑层，为体积生成对象添加一个平滑效果，这样得到的体积生成对象会更加平滑，如图 3-349 所示。

在得到平滑的体积生成对象后，需要将其转换为体积网格对象。在"对象"窗口中使用实时选择工具选中体积生成对象，按住 Alt 键单击工具栏中的"实例"图标 ，在弹出的窗口中单击"体积网格"图标 体积网格，创建一个体积网格对象，这时创建的体积网格对象将直接作为体积生成对象的父级使用，如图 3-350 所示。体积网格工具用于将体积像素重新生成新的多边形对象。

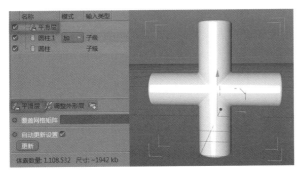
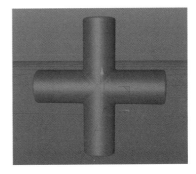

图 3-349　　　　　　　　　　图 3-350

使用体积生成／体积网格工具得到的新模型也是非常精细的，相当于将原来的两个圆柱对象进行了布尔加法运算，但是与布尔运算不同的是，在模型与模型连接的地方，实现了很好的过渡效果，且连接处的布线也是整齐的。

1. 体积生成工具的"对象"参数面板

"对象"参数面板是体积生成工具的核心参数面板，用来控制体积生成对象的类型、体积像素的尺寸，添加调整图层，以及对多个模型对象的体积进行布尔运算，形成新的体积生成对象等，如图 3-351 所示。

- **体素类型**：包括"SDF"和"雾"两种模式，默认为"SDF"模式，用于控制体积生成对象的类型，如图 3-352 所示。"SDF"模式会将体积生成对象转换为不规则的体积像素，"雾"模式会将整个体积生成对象均匀分配为一个一个规整的体积像素；"SDF"模式形成的体积生成对象不规则，而"雾"模式形成的体积生成对象是规则的，如图 3-353 所示。

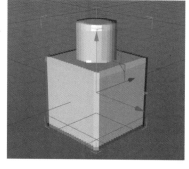
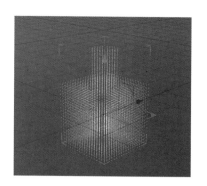

| 图 3-351 | 图 3-352 | 图 3-353 |

- **体素尺寸**：该数值越小，生成的体积生成对象越精细，生成的时间越久。要得到非常精细的体积生成对象，就需要减小"体素尺寸"数值，但是如果该数值太小，如小于 1，计算机的计算时间就会大幅度增加。
- **对象**：在这里可以对子级的模型对象进行布尔运算，有 3 种模式，即"加""减""相交"。"加"模式表示将上下两个模型对象合并为新的体积生成对象，如图 3-354 所示。"减"模式表示将上面模型对象的体积减去下面模型对象的体积，形成新的体积生成对象，如图 3-355 所示。"相交"模式就是将两个模型对象重合的部分形成新的体积生成对象。这类似于布尔运算，需要两个及两个以上的模型对象。
- **平滑层 / 调整外形层**：它们都属于调整层，用于调整体积生成对象的表面平滑程度，如图 3-356 所示。在添加平滑层后，体积生成对象的过渡会更加自然。单击"平滑层"按钮，在新出现的参数面板中修改平滑的程度。单击"调整外形层"按钮，会出现新的参数面板，可以对体积生成对象的外形进行一些调整，如图 3-357 所示。

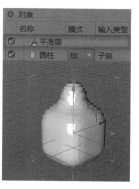

| 图 3-354 | 图 3-355 | 图 3-356 | 图 3-357 |

2. 体积网格工具的"对象"参数面板

"对象"参数面板是体积网格工具的核心参数面板，用来控制体积网格对象的形式，如图 3-358 所示。

图 3-358

- 体素范围阈值：控制体积网格对象的扩展与收缩。该数值越大，形成的体积网格对象就越平滑，如图 3-359 所示。该数值越小，体积收缩的程度就越大，形成的体积网格对象就会更加紧密，如图 3-360 所示。

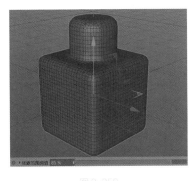

图 3-359

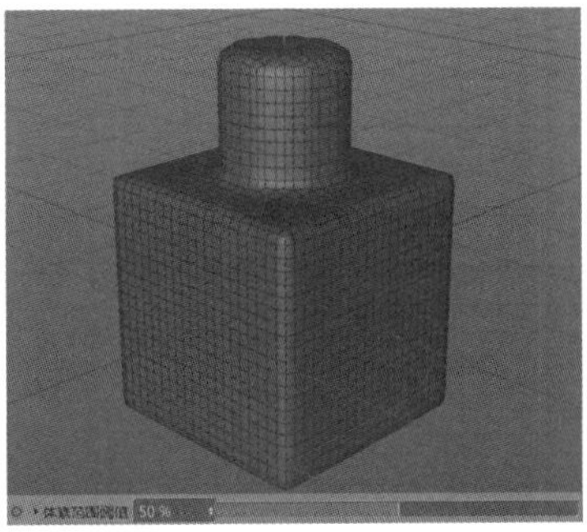

图 3-360

- 自适应：控制体积网格对象表面的精细程度，如图 3-361 所示。当"自适应"数值为 0% 时，体积网格对象表面的分段是非常多的。在逐渐增大"自适应"数值后，如增大至10%，体积网格对象表面的面会大幅度减少，但整体的结构不会发生较大的改变，并且因自适应而减少的分段是一些平整的面或者减少后

图 3-361

图 3-362

不会对模型表面造成太大影响的面，所以在建模过程中可以适当增大"自适应"数值，如图 3-362 所示。

课堂案例 镂空桶制作

实例位置	实例文件 >CH03> 课堂案例：镂空桶制作 .png
素材位置	素材文件 >CH03> 镂空桶制作 .c4d
视频名称	无
技术掌握	造型工具的系统使用

作业要求：本次课堂案例通过一个镂空桶的制作讲解造型工具组在实际建模中的使用流程，效果如图 3-363所示。

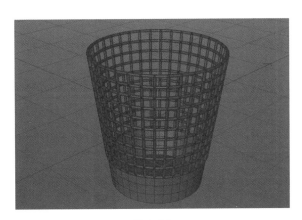

图 3-363

Step 01 按住工具栏中的"立方体"图标  不放，在弹出的窗口中单击"圆柱"图标，创建一个圆柱对象，如图 3-364 所示。

图 3-364

Step 02 在界面右上角的"对象"窗口中选中圆柱对象，在界面右下角的"对象"参数面板中设置圆柱对象的"半径"数值为 70cm，并设置圆柱对象的"高度分段"数值为 14，得到的圆柱模型如图 3-365 所示。

Step 03 选中圆柱对象，按快捷键 C 将其转换为可编辑对象，选择所有的点并单击鼠标右键，执行"优化"命令，将圆柱对象焊接为一体的，如图 3-366 所示。

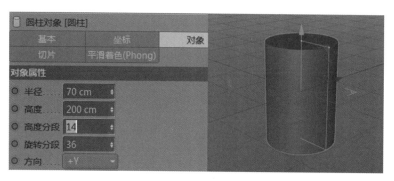

图 3-365

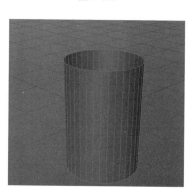

图 3-366

Step 04 使用实时选择工具选中顶部的面，如图 3-367 所示，按 Delete 键将其删除，如图 3-368 所示。

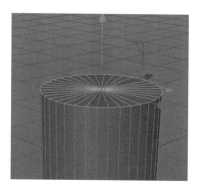

图 3-367

图 3-368

Step 05 切换为循环选择工具，选中顶部的一圈循环边，如图 3-369 所示。使用缩放工具将其放大，如图 3-370 所示。

图 3-369

图 3-370

Step 06 继续在边模式下，使用循环／路径切割工具在模型表面增加 12 条线段，如图 3-371 所示。

Step 07 使用循环选择工具选择从下往上的第 4 圈循环边，如图 3-372 所示，使用填充工具选中上面的面，如图 3-373 所示。

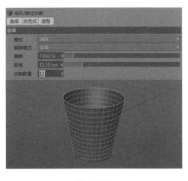

图 3-371

图 3-372

图 3-373

Step 08 选中所需面后，执行"分裂"命令，得到一个新的圆柱 .1 对象，将圆柱对象上选择的面删除，如图 3-374 所示。为圆柱 .1 对象添加一个父级晶格对象，新的模型对象会变成晶格状，如图 3-375 所示。

Step 09 选中晶格对象，在"对象"参数面板中修改"球体半径"数值为 2cm，将晶格对象的小球半径和圆柱半径调整为一致的，即可得到需要的镂空桶模型，如图 3-376 所示。

图 3-374

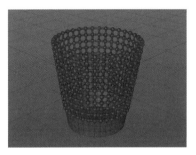

图 3-375

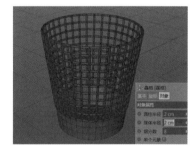

图 3-376

课堂练习 中秋月饼模型制作

实例位置	实例文件 >CH03> 课堂练习：中秋月饼模型制作 .png
素材位置	素材文件 >CH03> 中秋月饼模型制作 .c4d
视频名称	无
技术掌握	体积建模工具的使用

扫码观看视频

作业要求：本次课堂练习通过中秋月饼模型的制作讲解体积生成工具和体积网格工具在实际建模中的使用流程，效果如图 3-377 所示。

图 3-377

Step 01 按住工具栏中的"立方体"图标 🔲 不放，在弹出的窗口中单击"圆柱"图标 🔲 圆柱，创建一个圆柱对象，如图 3-378 所示。选中圆柱对象，界面右下角会出现圆柱对象的"对象"参数面板，在"对象"参数面板中将圆柱对象的"半径"数值从默认的 50cm 修改为 200cm，将"高度"数值从默认的 200cm 修改为 50cm，如图 3-379 所示。

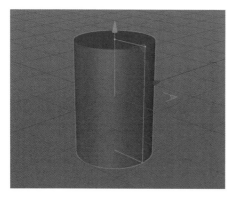

图 3-378

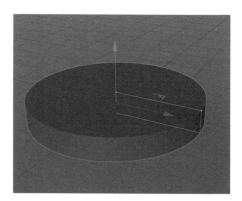

图 3-379

Step 02 使用实时选择工具选中圆柱对象，按快捷键 C 将其转换为可编辑对象，在点模式下单击鼠标右键，执行"优化"命令，目的是将所有的点合并在一起。因为圆柱这个模型相对来说比较特殊，在默认情况下被转换为可编辑对象后，其上下两个面和侧面是分开的，没有连接在一起，所以需要优化一下，如图 3-380 所示。

Step 03 单击"面模式"图标 ⬛，进入面模式，使用实时选择工具选中顶面，如图 3-381 所示。在选中顶面的情况下单击鼠标右键，执行"内部挤压"命令，按住鼠标左键不放向左拖动，注意右下角内部挤压工具的"对象"参数面板中的"偏移"数值为 26cm，如图 3-382 所示。

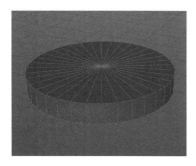

图 3-380

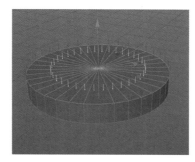

图 3-381

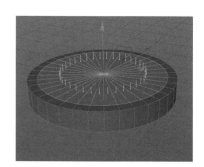

图 3-382

Step 04 在选中内部挤压的面的情况下，移动绿色 Y 轴（注意坐标窗口的 Y 轴数值），将其从 25cm 处移动到 50cm 处，即把内部挤压的面向上偏移 25cm，如图 3-383 所示。

Step 05 进入边模式，在按住 Shift 键的情况下，使用实时选择工具加选间隔的边，如图 3-384 所示，选中之后切换为缩放工具，在 XZ 平面对边进行缩放，如图 3-385 所示。

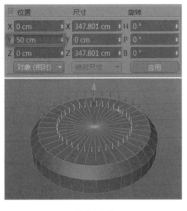

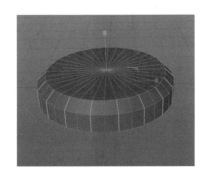

图 3-383   图 3-384   图 3-385

Step 06 按住"画笔"图标 ✐ 不放，在弹出的窗口中单击"文本"图标 🅣 文本，创建一个文本样条对象。在"对象"窗口中选中文本样条对象，界面右下角会出现文本样条对象的"对象"参数面板，在"对象"参数面板的"文本"输入框中将原本的文本内容修改为"圆"，并在"字体"下拉列表中将默认的"微软雅黑"修改为"宋体"，如图 3-386 所示。

Step 07 使用实时选择工具选中文本样条对象，先切换为旋转工具，将文本样条对象旋转 90°，再切换为移动工具，将其移动到圆柱对象的正上方，如图 3-387 所示。

Step 08 使用实时选择工具选中文本样条对象，按住 Alt 键单击工具栏中的"细分曲面"图标 🎨，在弹出的窗口中单击"挤压"图标 🔲 挤压，创建一个挤压对象，这时创建的挤压对象将直接作为文本样条对象的父级使用。选中挤压对象，在"对象"参数面板中将 Z 轴方向的默认"挤压"数值从 20 修改为 0。因为对文本样条对象进行了旋转，所以要设置 Y 轴的"挤压"数值后才有挤压效果，将 Y 轴的"挤压"数值设置为 -20cm，如图 3-388 所示。

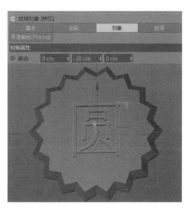

图 3-386   图 3-387   图 3-388

Step 09 按住工具栏中的"画笔"图标 ✐ 不放，在弹出的窗口中单击"花瓣"图标 ❀ 花瓣，创建一个花瓣样条对象，使用实时选择工具选中花瓣样条对象，先切换为旋转工具 ◎，将花瓣样条对象旋转 90°，再切换为移动工具，将其移动到圆柱对象的正上方，如图 3-389 所示。

Step 10 使用实时选择工具选中花瓣样条对象，在界面右下角的"对象"参数面板中将花瓣样条对象的"内部半径"数值设置为 115cm，"外部半径"数值设置为 153cm，"花瓣"数值设置为 16，如图 3-390 所示。

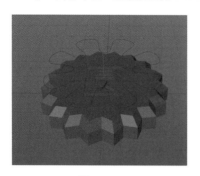
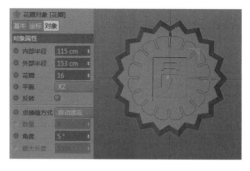

图 3-389   图 3-390

Step 11 使用实时选择工具选中花瓣样条对象，按住 Alt 键单击工具栏中的"细分曲面"图标 ◉，在弹出的窗口中单击"挤压"图标 ⬛ 挤压，创建一个挤压对象，这时创建的挤压对象将直接作为花瓣样条对象的父级使用。选中挤压对象，在界面右下角的"对象"参数面板中将 Z 轴方向的默认"挤压"数值从 20 修改为 0。因为对花瓣样条对象进行了旋转，所以要设置 Y 轴的"挤压"数值后才有挤压效果，将 Y 轴的"挤压"数值设置为 –20cm，并将其沿着 Y 轴负方向偏移一定距离，如图 3-391 所示。

Step 12 在"对象"窗口中选中圆柱对象，在边模式下执行"循环 / 路径切割"命令，在模型的 3 个转折位置附近增加 3 条循环硬边，如图 3-392 所示。按住 Alt 键单击工具栏中的"细分曲面"图标 ◉，再创建一个细分曲面对象，这时创建的细分曲面对象将直接作为圆柱对象的父级使用，如图 3-393 所示。

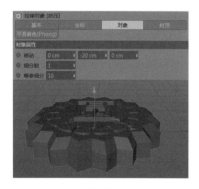
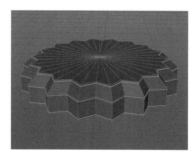

图 3-391   图 3-392   图 3-393

Step 13 按住工具栏中的"实例"图标 ▣ 不放，在弹出的窗口中单击"体积生成"图标 ▣ 体积生成，创建一个体积生成对象，按住 Shift 键选中两个挤压对象和细分曲面圆柱对象一起拖动到体积生成对象的下方作为其子级，如图 3-394 所示。

Step 14 选中体积生成对象，在"对象"参数面板中将文本样条对象的"挤压"模式从默认的"加"修改为"减"，将文本样条对象生成的体积减去，如图 3-395 所示。

Step 15 默认生成的体积像素太大，像马赛克一样，这样形成的体积网格不够精细，在"对象"窗口中选中体积生成对象，在"对象"参数面板中将"体素尺寸"数值从默认的 10cm 修改为 4cm，从而减小体积像素的尺寸，让生成的体积生成对象更加精细，如图 3-396 所示。

图 3-394   图 3-395   图 3-396

Step 16 在将"体素尺寸"数值调小之后，体积生成对象更加精细了，但是体积生成对象会变得棱角分明，没有太好的过渡效果。在"对象"窗口中选中体积生成对象，单击"平滑层"图标 平滑层 ，为体积生成对象添加一个平滑效果，并将平滑效果的"强度"数值调整为 25%，这样得到的体积生成对象会更加平滑，如图 3-397 所示。

Step 17 在得到平滑的体积生成对象后，需要将其转换为体积网格对象。在"对象"窗口中使用实时选择工具选中体积生成对象，按住 Alt 键单击工具栏中的"实例"图标 ，在弹出的窗口中单击"体积网格"图标 体积网格 ，创建一个体积网格对象，这时创建的体积网格对象将直接作为体积生成对象的父级使用，如图 3-398 所示。

Step 18 此时已经得到了较好的体积网格对象，在"对象"窗口中选中体积网格对象，在"对象"参数面板中将"体素范围阈值"数值从默认的 50% 修改为 40%，让体积网格对象更加圆润，这样一个中秋月饼模型就制作完成了，如图 3-399 所示。

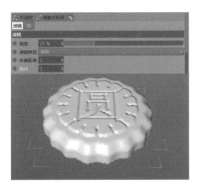

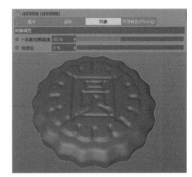

图 3-397   图 3-398   图 3-399

课后习题 印章制作

实例位置	实例文件 >CH03> 课后习题：印章制作 .png	
素材位置	素材文件 >CH03> 印章制作 .c4d	
视频名称	无	
技术掌握	体积建模工具的使用	

作业要求：本次课后习题通过一个印章的制作着重讲解两个体积建模工具的使用，效果如图 3-400 所示。

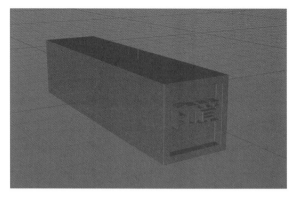

图 3-400

Step 01 创建一个立方体对象，修改其 X 轴方向的长度，将其变成一个长方体对象，如图 3-401 所示。

Step 02 将长方体对象转换为可编辑对象后，选择一个顶面进行内部挤压，如图 3-402 所示。

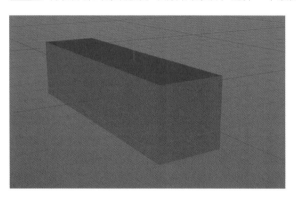

图 3-401

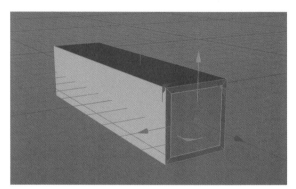

图 3-402

Step 03 将顶面向内挤压出一定的边框距离后，使用挤压工具将顶面向内挤压出一个凹槽，如图 3-403 所示。

Step 04 创建一个文本样条对象，并自行选择文本字体样式，配合挤压工具将文本样条对象挤压出一定厚度，需要注意文本挤压的厚度应比第 1 步挤压的凹槽厚度略大，并将文本对象移动到凹槽中心即可，如图 3-404 所示。

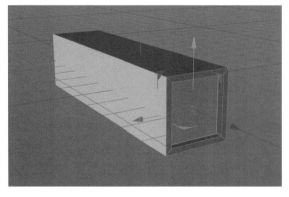

图 3-403

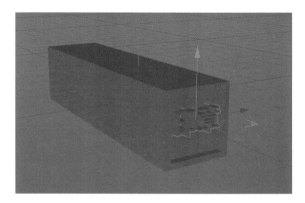

图 3-404

Step 05 创建体积生成对象，将长方体对象和"印章"文本对象一起作为体积生成对象的子级。为了得到更精细的模型，调整体积生成对象的"体素尺寸"数值为 1，完成效果如图 3-405 和图 3-406 所示。

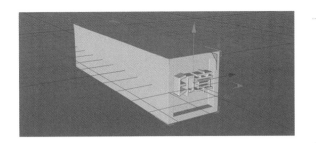

图 3-405

图 3-406

Step 06 使用体积网格工具将体积生成对象转换为实体模型，单击视图窗口任意空白处查看最终的模型效果，如图 3-407 所示。

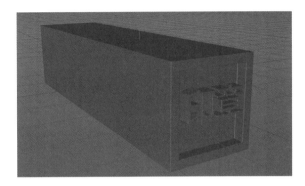

图 3-407

常用变形器

C4D 的变形器是种类最多的建模辅助工具，图标统一显示为蓝色，共包含 29 种变形器，分别是扭曲、膨胀、斜切、锥化、螺旋、FFD、网格、挤压 & 伸展、融解、爆炸、爆炸 FX、破碎、修正、颤动、变形、收缩包裹、球化、表面、包裹、样条、导轨、样条约束、摄像机、碰撞、置换、公式、风力、平滑、倒角。变形器用于对模型对象进行变形操作。

与 NURBS 工具和造型工具不同，变形器用于对模型进行局部或整体的调整，例如，对模型进行扭曲、斜切、螺旋、爆炸等操作，在模型的基础上进行一些变形操作。

执行"创建 > 变形器"命令，可以创建各类变形器对象，或者按住工具栏中的"扭曲"图标 不放，会弹出变形器窗口，单击图标即可创建相应的变形器对象，如图 3-408 所示。

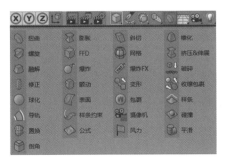

图 3-408

扭曲变形器的作用是对目标模型对象进行不同程度的弯曲。按住工具栏中的"立方体"图标  不放，在弹出的窗口中单击"立方体"图标 ，创建一个立方体对象。

执行"主菜单 > 创建 > 变形器 > 扭曲"命令，创建一个扭曲对象。也可以使用另一种方式，即在"对象"窗口中选中立方体对象，按住 Shift 键单击工具栏中的"扭曲"图标 ，在弹出的窗口中单击"扭曲"图标 ，创建一个扭曲对象，这时创建的扭曲对象将直接作为立方体对象的子级使用，如图 3-409 所示，使用后一种方式的好处在于，可以直接让扭曲对象适配目标模型的体积大小。

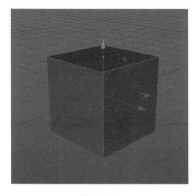

图 3-409

现在立方体对象并没有发生变形，在"对象"窗口中选中扭曲对象，在界面右下角的"对象"参数面板中将"强度"数值从 0° 修改为 50°，立方体对象就会发生一些变形，如图 3-410 所示。

但是扭曲变形器没有对模型对象产生理想的影响，若需要扭曲变形器对模型对象产生理想的作用，则模型对象需要有足够多的分段。在立方体对象的"对象"参数面板中将立方体对象的"分段 Y"数值从 1 修改为 10，立方体对象会在扭曲变形器的作用下发生相应变形，如图 3-411 所示。

图 3-410

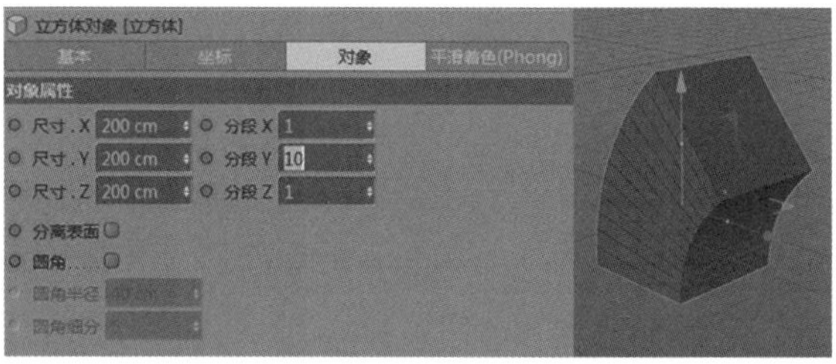

图 3-411

1. "对象"参数面板

"对象"参数面板是扭曲变形器的核心参数面板，用来控制扭曲的强度、变形的尺寸，以及变形器的模式等，如图 3-412 所示。

- 尺寸：可以更改扭曲的效果范围，如图 3-413 所示。蓝色的线框范围代表扭曲的效果范围，"尺寸"数值在 3 个轴向上都可以修改，其数值越大，扭曲的效果范围就越大。

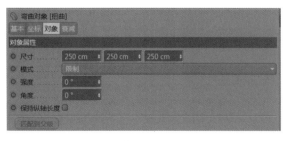

图 3-412

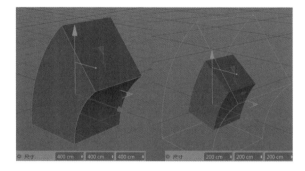

图 3-413

- 模式：包括"限制""框内""无限 3 种，默认情况下为"限制"。"限制"模式表示模型对象在有限的范围内产生扭曲效果，如图 3-414 所示。"框内"模式表示模型对象在扭曲框内才能产生扭曲效果，如图 3-415 所示。"无限"模式表示模型对象不受扭曲框的限制，在三维空间里的任何地方都受到扭曲变形器的作用，如图 3-416 所示。

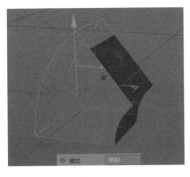 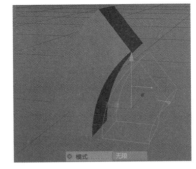 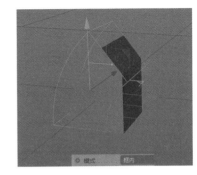

图 3-414　　　　　　　　　　图 3-415　　　　　　　　　　图 3-416

- 强度：控制扭曲的强度。如图 3-417 所示，"强度"数值从 0°增大到 40°时，扭曲变形器会将目标模型对象扭曲 40°。扭曲的强度没有上限。
- 角度：控制扭曲的角度变化。如图 3-418 所示，若角度为 0°，只会在一个平面上进行扭曲，当增大角度后，扭曲的方向有一定角度的偏移。

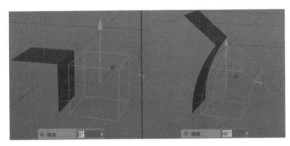 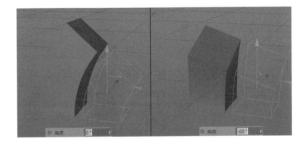

图 3-417　　　　　　　　　　　　　　图 3-418

- 保持纵轴长度：对一个模型对象进行正常扭曲时，模型对象在扭曲的方向上会有一定程度的拉伸，即模型对象会变得更长。勾选该复选框后，扭曲变形器将始终保持模型对象原有的轴长度，如图 3-419 所示。
- 匹配到父级：单击该按钮后，扭曲变形器会自动适配模型对象的大小，并以浅紫色线框的形式将模型对象刚好包裹住。一般使用 Shift 键创建的变形器已经自动匹配到了父级对象。

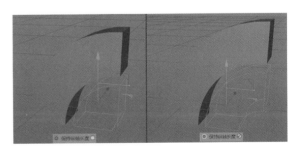

图 3-419

2. "衰减"参数面板

衰减是 C4D R20 新增加的一个功能，也是非常强大的一个功能，可以通过域场的方式对变形器进行范围控制。单击"衰减"图标 衰减 ，可以切换到"衰减"参数面板，如图 3-420 所示。

图 3-420

- 线性域：包含 14 种域场。域场用来控制扭曲的效果范围，如图 3-421 所示。默认域场为"线性域"，在线性域存在的情况下，一个长方体对象被扭曲 180°，按住"线性域"图标不放，会弹出域场选择窗口。添加一个球形域，将球形域放大后移动到左侧位置，只有球形域内的长方形区域才会发生扭曲变形，如图 3-422 所示。

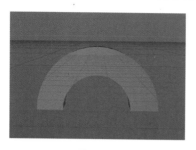 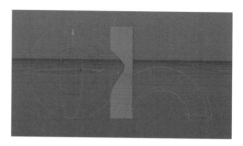

图 3-421   图 3-422

- 实体：包含 9 种将其他元素转换为实体的工具。
- 限制：包含 14 种域场工具，用于进一步控制域的相关属性。

3.6.2 膨胀

膨胀变形器的作用是让模型对象进行膨胀或收缩的变化。

创建一个圆柱对象，在"对象"窗口中选中圆柱对象，按住 Shift 键单击工具栏中的"扭曲"图标 🔘，在弹出的窗口中单击"膨胀"图标，创建一个膨胀对象，这时创建的膨胀对象将直接作为圆柱对象的子级使用，如图 3-423 所示。

在圆柱对象的"对象"参数面板中将圆柱中 Y 轴上的"分段"数值从 1 修改为 20，在视图菜单栏中执行"显示 > 光影着色（线条）"命令，将模型的显示方式从"光影着色"模式修改为"光影着色（线条）"模式，以便观察膨胀变形器的作用，如图 3-424 所示。

在"对象"窗口中使用实时选择工具选中膨胀对象，在界面右下角的"对象"参数面板中将"强度"数值从 0° 修改为 100°，圆柱对象就在膨胀变形器的作用下变成了坛子形状，如图 3-425 所示。

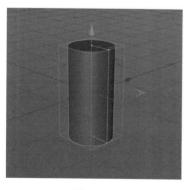 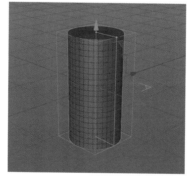 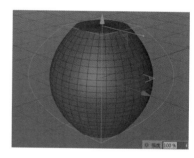

图 3-423   图 3-424   图 3-425

💡 **提示**

使用每一个变形器时都要注意模型对象的分段：分段太少，则变形器没有效果，而分段越多，则变形器的效果越明显，并且分段越多，模型的弯曲转折过渡效果会越好。

1."对象"参数面板

"对象"参数面板是膨胀变形器的核心参数面板,用来控制膨胀对象的尺寸、膨胀的模式、膨胀的强度、膨胀的弯曲程度和圆角效果等,如图 3-426 所示。

- 尺寸:更改膨胀对象在 3 个轴向上的尺寸,该数值越大,膨胀的范围就越大。
- 模式:包括"限制""框内""无限"3 种。"限制"模式表示模型对象在有限的范围内产生膨胀效果。"框内"模式表示模型对象在膨胀框内才能产生膨胀效果。"无限"模式表示模型对象不受膨胀框的限制。变形器的模式都是一致的,功能也是一致的。
- 强度:控制膨胀的强度。将"强度"数值从 50°增大至 150°,膨胀的目标模型对象将变得更加鼓起,如图 3-427 所示。膨胀的强度没有上限,当膨胀强度非常大或者接近无限大时,目标模型对象看起来像一个平面。

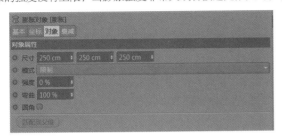
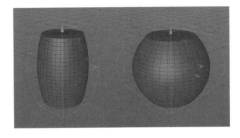

图 3-426

图 3-427

- 弯曲:控制膨胀的弯曲程度。弯曲会以膨胀的圆弧上的中心点位置为基准,将圆弧分为两部分,再对每一部分进行单独的膨胀,如图 3-428 所示。
- 圆角:在正常情况下,使用膨胀变形器膨胀起来的部分是一个圆弧,勾选"圆角"复选框后,可以让膨胀的区域两端形成缓入的曲线,保持一个圆角的状态,用于膨胀的二次定向造型,如图 3-429 所示。

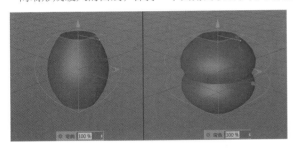
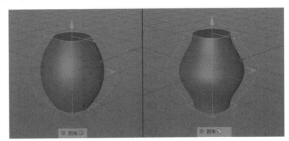

图 3-428

图 3-429

- 匹配到父级:单击该按钮后,膨胀变形器会自动适配模型对象的大小,并以浅紫色线框的形式将模型对象刚好包裹住。一般使用 Shift 键创建的变形器已经自动匹配到了父级对象。

2."衰减"参数面板

所有变形器的"衰减"参数面板的功能都是一样的,即通过域场的方式进一步控制变形器,后续不再赘述。一般而言,变形器使用域场较少,而运动图形工具使用域场较多。

3.6.3 斜切

斜切变形器的作用是让模型对象产生一个倾斜的变化。

创建一个文本样条对象,在"对象"窗口中选中文本样条对象,界面右下角会出现文本样条对象的"对象"参数面板,在"对象"参数面板的"文本"输入框中,将原本的文本内容修改为"这就是街舞",并在"字体"下拉列表中将默认的"微软雅黑"修改为"庞门正道标题体",如图 3-430 所示。

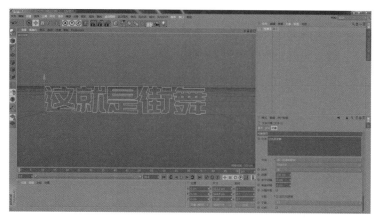

图 3-430

按住 Shift 键单击工具栏中的"扭曲"图标 ，在弹出的窗口中单击"斜切"图标 斜切，创建一个斜切对象，创建的斜切对象将直接作为文本样条对象的子级使用，如图 3-431 所示。

在"对象"窗口中使用实时选择工具选中斜切对象，在界面右下角的"对象"参数面板中将"强度"数值从 0°修改为 30°，将"弯曲"数值从 100% 修改为 0%，"这就是街舞"5 个字就会朝右进行一个 30°的角度倾斜，如图 3-432 所示。

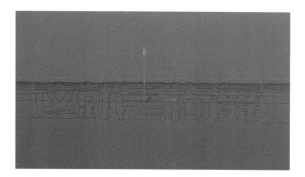

图 3-431

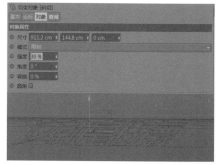

图 3-432

在"对象"窗口中选中文本样条对象，按住 Alt 键单击工具栏中的"细分曲面"图标 ，在弹出的窗口中单击"挤压"图标 挤压，创建一个挤压对象。创建的挤压对象将直接作为文本样条对象的父级。将文本样条对象转换为一个三维对象，如图 3-433 所示。

图 3-433

"对象"参数面板

"对象"参数面板是斜切变形器的核心参数面板，用来控制斜切对象的尺寸、斜切的强度、斜切的模式、斜切的角度、斜切的弯曲程度和圆角效果等，如图 3-434 所示。

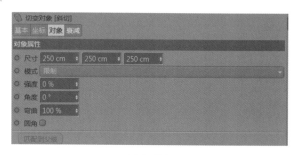

图 3-434

- 尺寸：改变斜切对象的尺寸。
- 模式：包括"限制""框内""无限"3种。"限制"模式表示模型对象在有限的范围内产生斜切效果。"框内"模式表示模型对象在斜切框内才能产生斜切效果。"无限"模式表示模型对象不受斜切框的限制。
- 强度：控制斜切的强度。将"角度"数值设置为0°，"弯曲"数值设置为100%，并将"强度"数值从100%增大至200%，模型对象会倾斜得更厉害。斜切的强度没有上限，当斜切的强度接近无限大时，模型对象看起来像一个平面，如图3-435所示。
- 角度：控制斜切的角度变化。将"弯曲"数值设置为0%，"强度"数值设置为100%，当"角度"数值为0°时，只会在一个平面上进行斜切，当增大"角度"数值为40°时，目标对象会在垂直于原来斜切方向的方向上进行一定角度的偏移，如图3-436所示。

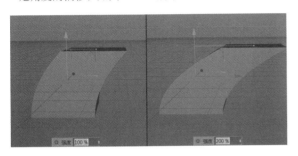
图3-435

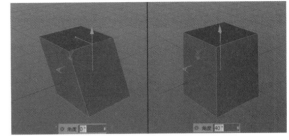
图3-436

- 弯曲：控制斜切的弯曲程度。默认"弯曲"数值为100%，此时斜切对象在竖直方向上的边会有一定程度的弯曲，形成弧线。当"弯曲"数值被修改为0%时，竖直方向上的边会成为一条直线，如图3-437所示。
- 圆角：在正常情况下，斜切变形器倾斜的部分若有弯曲强度，则会是一个圆弧；若没有弯曲强度，则会是一条直线。在"弯曲"数值为100%的情况下勾选"圆角"复选框，能让竖直方向的弧线有一个缓入缓出的效果，形成一个圆角，如图3-438所示。

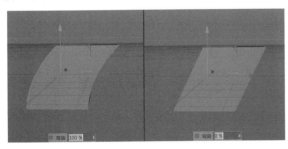
图3-437　　　　　　　　　　　　　　图3-438

- 匹配到父级：单击该按钮，斜切变形器会自动适配模型对象的大小，并以浅紫色线框的形式将模型对象刚好包裹住。一般使用Shift键创建的变形器已经自动匹配到了父级对象。

3.6.4 锥化

锥化变形器的作用是让模型对象的两端缩小或者放大以形成锥形。

创建一个圆柱对象，按住键盘上的Shift键单击工具栏中的"扭曲"图标 ，在弹出的窗口中单击"锥化"图标 锥化，创建一个锥化对象。创建的锥化对象将直接作为圆柱对象的子级使用，如图3-439所示。

在"对象"窗口中使用实时选择工具选中锥化对象，在界面右下角的"对象"参数面板中将"强度"数值从0%修改为99%，同时保持"弯曲"数值为100%，圆柱对象就会在锥化变形器的作用下变成一个圆锥，如图3-440所示。

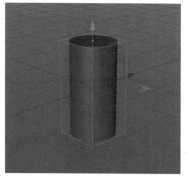

图 3-439   图 3-440

"对象"参数面板

　　"对象"参数面板是锥化变形器的核心参数面板,用来控制锥化对象的尺寸、锥化的强度、锥化的模式、锥化的弯曲程度和圆角效果等,如图 3-441 所示。

图 3-441

- 尺寸:改变锥化对象的尺寸。
- 模式:包括"限制""框内""无限"3 种。"限制"模式表示模型对象在有限的范围内产生锥化效果。"框内"模式表示模型对象在锥化框内才能产生锥化效果。"无限"模式表示模型对象不受锥化框的限制。
- 强度:控制锥化的强度。将"弯曲"数值设置为 100%,并将"强度"数值从 -100% 增大至 50%,模型对象的顶端部分在强度为负值时会向外放大,为正值时会向内缩小,如图 3-442 所示。当"强度"数值超过 100% 时,模型对象的顶端部分会形成一个极点后向外放大,变成一个沙漏形状。
- 弯曲:控制锥化的弯曲程度。默认"弯曲"数值为 100%,此时锥化对象在竖直方向上的边有一定程度的弯曲,形成弧线。当"弯曲"数值被修改为 0% 时,竖直方向上的边会成为一条直线,如图 3-443 所示。需要注意的是,若想要弯曲起到应有的作用,则模型在竖直方向上需有分段,这里的圆柱对象的"高度分段"数值统一为 10。

图 3-442

图 3-443

- 圆角:在正常情况下,锥化变形器锥化的部分若有弯曲强度,则会是一个圆弧。在"弯曲"数值为 100% 的情况下勾选"圆角"复选框后,能让竖直方向的弧线有一个缓入的效果,形成一个圆角,如图 3-444 所示。
- 匹配到父级:单击该按钮后,锥化变形器会自动适配模型对象的大小,并以浅紫色线框的形式将模型对象刚好包裹住。一般使用 Shift 键创建的变形器已经自动匹配到了父级对象。

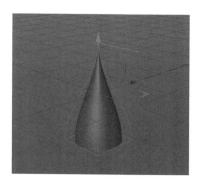

图 3-444

3.6.5 螺旋

螺旋变形器的作用是让模型对象产生螺旋的效果。

创建一个立方体对象，在"对象"窗口中使用实时选择工具选中立方体对象，在"对象"参数面板中将"尺寸 .Y"数值从 200cm 修改为500cm，"分段 Y"数值从 1 修改为 30，如图 3-445 所示。

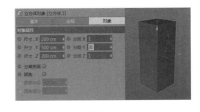

图 3-445

在"对象"窗口中使用实时选择工具选中立方体对象，按住 Shift 键单击工具栏中的"扭曲"图标 ，在弹出的窗口中单击"螺旋"图标 螺旋，创建一个螺旋对象，创建的螺旋对象将直接作为圆柱对象的子级使用，如图 3-446 所示。

在"对象"窗口中选中螺旋对象，在"对象"参数面板中将"角度"数值从 0° 修改为 240°，立方体对象就会在螺旋变形器的作用下形成螺纹，如图 3-447 所示。

图 3-446   图 3-447

"对象"参数面板

"对象"参数面板是螺旋变形器的核心参数面板，用来控制螺旋对象的大小、螺旋的角度、螺旋的模式等，如图 3-448 所示。

- 尺寸：改变螺旋对象的大小。
- 模式：包括"限制""框内""无限"3 种。"限制"模式表示模型对象在有限的范围内产生螺旋效果。"框内"模式表示模型对象在螺旋框内才能产生螺旋效果。"无限"模式表示模型对象不受螺旋框的限制。
- 角度：控制螺旋的角度。如图 3-449 所示，当"角度"数值从 90° 增大至 180° 时，模型对象的螺旋圈数会增加，当该值为 90° 时，会形成一圈螺纹；当该值为 180° 时，会形成两圈螺纹。螺旋角度没有上限，需要根据目标对象的高度及高度分段数来设置合适的角度以达到理想的效果。

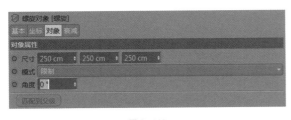

图 3-448

图 3-449

- 匹配到父级：单击该按钮后，螺旋变形器会自动适配模型对象的大小，并以浅紫色线框的形式将模型对象刚好包裹住。一般使用 Shift 键创建的变形器已经自动匹配到了父级对象。

收缩包裹变形器的作用是让一个分段足够多的模型对象通过收缩包裹的方式产生形态变化以无限接近另一个模型对象。

创建一个立方体对象，在"对象"窗口中使用实时选择工具选中立方体对象，按快捷键C将其转换为可编辑对象，在面模式下选择所有的面，如图3-450所示。

在全选6个面的情况下，执行"内部挤压"命令，按住鼠标左键不放向左拖动，在"对象"参数面板中观察到偏移距离为40cm时，如图3-451所示，按Delete键将6个面删除，得到一个六面镂空的立方体对象，如图3-452所示。

图3-450

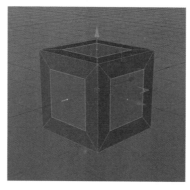

图3-451

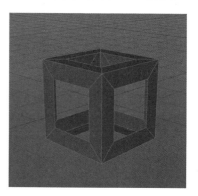

图3-452

在"对象"窗口中使用实时选择工具选中立方体对象，按住Shift键单击工具栏中的"扭曲"图标 ，在弹出的窗口中单击"收缩包裹"图标 收缩包裹 ，创建一个收缩包裹对象。创建的收缩包裹对象将直接作为立方体对象的子级使用，但是现在立方体并没有发生任何变化，如图3-453所示。

收缩包裹变形器的使用需要创建一个新的物体作为目标对象。创建一个球体对象，在"对象"窗口中使用实时选择工具选中球体对象，并在"对象"参数面板中将"半径"数值从100cm修改为200cm，如图3-454所示。

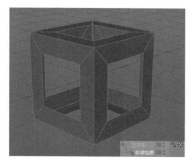

图3-453

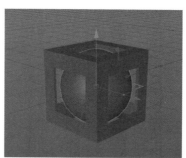

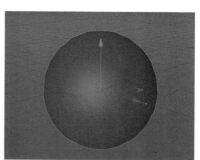

图3-454

在"对象"窗口中使用实时选择工具选中收缩包裹对象，并在"对象"参数面板中将球体对象拖动到"目标对象"栏中，如图3-455所示。

图3-455

在"对象"窗口中使用实时选择工具选中球体对象，按住 Alt 键双击后面的两个圆形图标 ⬤，直至图标颜色变为红色 ⬤，将球体对象的"编辑器可见"和"渲染器可见"关闭，会发现原来的立方体对象向外扩展了，如图 3-456 所示。

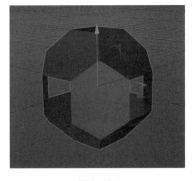

图3-456

"对象"参数面板

"对象"参数面板是收缩包裹变形器的核心参数面板，用来指定收缩包裹变形器的目标对象、收缩包裹的模式、收缩包裹的强度和最大距离等，如图 3-457 所示。

- 目标对象：收缩包裹变形器需要设置一个目标对象，也可以将其理解成目标变形对象，即想要父级的模型对象最终成为什么形态的模型，但也只是大致的形态相似，若目标对象很复杂，细节很多，则原来的模型对象在收缩包裹变形器的作用下也达不到应有的效果。
- 模式：设置收缩包裹的方向，包含"沿着法线""目标轴""来源轴"3 个模式，用得最多的是"沿着法线"模式，即沿着垂直于原来模型对象所有面的一个矢量方向进行相应的变形。
- 强度：控制收缩包裹的细节变化。如图 3-458 所示，将一个球体对象作为目标对象，使一个立方体对象在收缩包裹变形器的作用下逐渐变成球体对象。"强度"数值越大，立方体对象就越接近球体对象。需要注意的是，立方体对象需要有很多分段，若分段太少，则即使"强度"数值为 100% 也不会特别接近球体对象，因为形成一个球体对象需要的分段比形成立方体对象需要的分段多。

图3-457

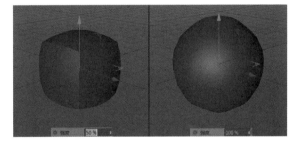

图3-458

- 最大距离：控制收缩包裹的距离，默认为 1000cm，不常用的一个参数。

3.6.7 球化

球化变形器的作用是让模型对象变成一个球体对象。如果只是为了得到一个球体对象，则可以直接创建一个球体对象。但是使用球化变形器形成一个球体对象有一个动态过程，这也是变形器的一个应用方向。

创建一个宝石对象，在"对象"窗口中使用实时选择工具选中宝石对象，在"对象"参数面板中将"分段"数值从 1 修改为 10，如图 3-459 所示。

在视图菜单栏中执行"显示 > 光影着色（线条）"命令，将模型的显示方式从"光影着色"模式更改为"光影着色（线条）"模式，以便观察模型表面的线段，如图 3-460 所示。

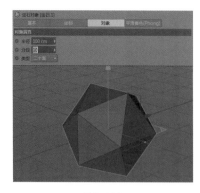

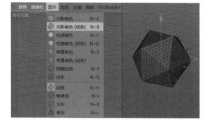

图 3-459　　　　　　　　　　　　　　　　　图 3-460

在"对象"窗口中使用实时选择工具选中宝石对象，按住 Shift 键单击工具栏中的"扭曲"图标 ■，在弹出的窗口中单击"球化"图标 ● 球化，创建一个球化对象，创建的球化对象将直接作为宝石对象的子级使用，如图 3-461 所示。

默认创建的球化对象有 50% 的强度，此时宝石对象已经有了一些球化效果，在"对象"窗口中使用实时选择工具选中球化对象，在"对象"参数面板中将"强度"数值从 50% 修改为 100%，宝石对象就会在球化变形器的作用下完全变成一个球体对象，如图 3-462 所示。

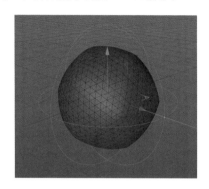

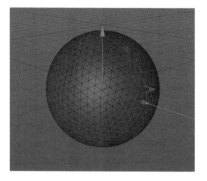

图 3-461　　　　　　　　　　　　　　　　　图 3-462

"对象"参数面板

"对象"参数面板是球化变形器的核心参数面板，用来控制球化对象的半径大小和强度大小等，如图 3-463 所示。

图 3-463

- 半径：控制球化对象的半径大小。"半径"数值越大，最终形成的球体对象半径越大；"半径"数值越小，最终形成的球体对象半径越小。
- 强度：控制球化的强度大小。"强度"数值越大，目标对象的球化效果越好。当"强度"数值为 100% 时，目标对象会被完全球化。需要注意的是，目标对象的表面分段要足够多才能形成一个球体对象。
- 匹配到父级：单击该按钮后，球化变形器会自动适配模型对象的大小，并以浅紫色线框的形式将模型对象刚好包裹住。一般使用 Shift 键创建的变形器已经自动匹配到了父级对象。

3.6.8 样条约束

样条约束变形器的作用是将目标模型对象约束到一个样条路径对象上，并且目标模型对象可以在样条路径对象上移动，常用来制作路径动画。

按住工具栏中的"画笔"图标 ▨ 不放，在弹出的窗口中单击"螺旋"图标 ◙ 螺旋，创建一个螺旋样条对象。

在"对象"窗口中选中螺旋样条对象，界面右下角会出现螺旋样条对象的"对象"参数面板，先将"平面"从 XY 修改为 XZ，再将"高度"数值从 200cm 修改为 0cm，接着将"起始半径"数值从 50cm 修改为 678cm，将螺旋样条对象变成一个平面逐渐缩小的样条对象，如图 3-464 所示。

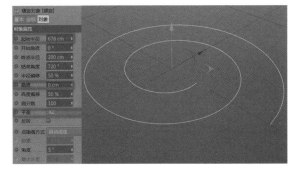

图 3-464

创建一个立方体对象，并在"对象"窗口中选中立方体对象，在界面右下角的"对象"参数面板中，先将立方体对象的"尺寸 .X"数值尺寸从默认的 200cm 修改为 160cm，"尺寸 .Y"数值从默认的 200cm 修改为 1000cm，"尺寸 .Z"数值从默认的 200cm 修改为 30cm，再将"分段 Y"数值从 1 修改为 100，如图 3-465 所示。

在"对象"窗口中先使用实时选择工具选择立方体对象，再按住 Shift 键单击工具栏中的"扭曲"图标 ◪，在弹出的窗口中单击"样条约束"图标 ▨ 样条约束，创建一个样条约束对象，这时创建的样条约束对象将直接作为螺旋样条对象的子级使用，如图 3-466 所示。在"对象"窗口中使用实时选择工具选中样条约束对象，在"对象"参数面板中将螺旋样条对象拖动到"样条"栏中，如图 3-467 所示。

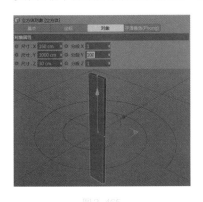

图 3-465

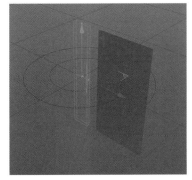

图 3-466

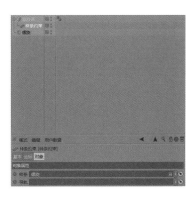

图 3-467

上面得到的结果是不对的，因为样条约束的方向不对，在"对象"窗口中选中样条约束对象，并在界面右下角的"对象"参数面板中将"轴向"从默认的 +X 修改为 +Y，即可得到一个将立方体对象约束到螺旋样条对象的正确模型，如图 3-468 所示。

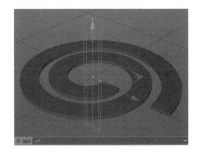

图 3-468

"对象"参数面板

  "对象"参数面板是样条约束变形器的核心参数面板,用来控制样条约束的相关参数,如样条对象、样条约束的方向、样条约束的强度,被约束对象的偏移和起点、终点,以及被约束对象两端的尺寸和旋转等,如图3-469所示。

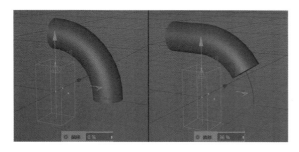

图3-469

- 样条:设置一个目标样条对象。每一个被约束的模型对象都需要指定一个样条对象作为被约束的路径。

- 轴向:设置样条约束的方向,共有6个方向,分别是 ±X、±Y、±Z。+X代表模型对象的 X 轴作为约束路径的中心轴,−X 与 +X 表示模型被约束的方向相反,另外 4 个轴向方向也是如此,只是方向不同。

- 强度:控制样条约束变形器对模型的约束强度。"强度"数值范围是 0~100%,"强度"数值越大,目标对象被约束到样条路径的结果就越完整,默认为 100%,一般都需要 100% 强度完整约束。

- 偏移:控制模型对象在样条路径上的偏移程度。如图3-470所示,一个圆柱对象被约束到一段弧形上,通过调整"偏移"数值可以让圆柱对象在弧形路径上移动。

- 起点/终点:设置模型对象在样条路径上的位置。例如,一个圆柱对象被约束到一段弧形上,当把"起点"数值从0%修改为50%时,圆柱对象将从自身长度50%的位置开始被约束,另外50%的部分会消失,"终点"数值的作用也是如此,如图3-471所示。

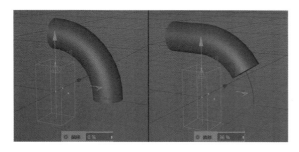

图3-470

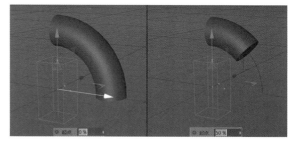

图3-471

- 模式:包括"适合样条"与"保持长度"两种模式。"适合样条"模式表示模型对象是适配样条长度的。如果模型对象较短,样条对象较长,那么模型对象会被自动拉长以完整适配样条的长度。而"保持长度"是当模型对象较短,样条对象较长时,为了保持模型对象不被拉长而设置的模式。在设置此模式后,模型对象的长度不会发生变化,相应的样条路径不能被完全利用,如图3-472所示。

- 尺寸/旋转:通过曲线来控制模型对象和样条对象的尺寸与旋转。按住 Ctrl 键在网格区域内的蓝色线条上单击可以创建新的点,将创建的点竖直向上偏移,约束对象的中间部分会被放大,相应地调整两边的点,并向下移动,模型对象两端部分会被缩小,如图3-473所示。旋转操作也是一样的,可以通过曲线来控制整个模型对象的旋转情况。

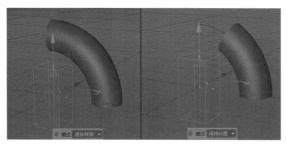

图3-472

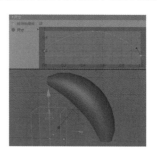

图3-473

3.6.9 碰撞

碰撞变形器的作用是让被碰撞模型对象被其他碰撞模型对象通过碰撞的形式进行体积的加减，以改变被碰撞模型对象的表面形态。

创建一个平面对象，在"对象"窗口中选中平面对象，界面右下角会出现平面对象的"对象"参数面板，在"对象"参数面板中将"宽度分段"和"高度分段"数值都从20修改为60，并在视图菜单栏将显示方式设置为"光影着色（线条）"模式，用于观察平面表面的分段，如图3-474所示。

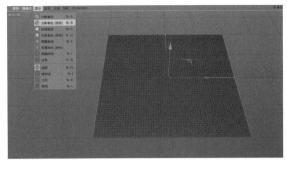

图 3-474

创建一个圆环对象，在"对象"窗口中选中圆环对象，在"对象"参数面板中将"圆环半径"数值从200cm修改为60cm，将"导管半径"数值从默认的50cm修改为20cm，如图3-475所示。

在"对象"窗口中使用实时选择工具选中平面对象，按住Shift键单击工具栏中的"扭曲"图标 ，在弹出的窗口中单击"碰撞"图标 碰撞 ，创建一个碰撞变形器。创建的碰撞变形器将直接作为平面对象的子级使用，但是它现在没有任何作用。选中碰撞变形器，在"对象"参数面板中将解析器的模式从默认的"交错"修改为"内部（强度）"，并将圆环对象拖动到"对象"栏中。平面对象在圆环对象的碰撞下，表现形态会发生改变——鼓起一个圆环，同时鼓起来的部分的精细程度取决于平面表面的分段，分段越多，碰撞的体积解算越精细，并且会使用更多的计算机资源，如图3-476所示。

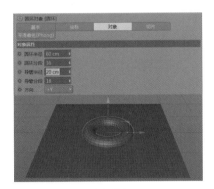

图 3-475

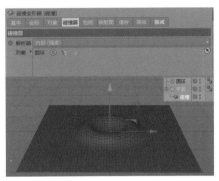

图 3-476

3.6.10 置换

置换变形器的作用是通过黑白纹理贴图的形式改变模型对象表面形态，即用黑白纹理贴图将一个平面置换出不同高度的形态，形成相应的形状。

创建一个平面对象，在"对象"窗口中选中平面对象，界面右下角会出现平面对象的"对象"参数面板，在"对象"参数面板中将"宽度分段"和"高度分段"数值都从20修改为100。在使用置换变形器时，被置换对象的表面分段一定要足够多，在视图菜单栏将显示方式设置为"光影着色（线条）"模式，用于观察平面表面的分段，如图3-477所示。

在"对象"窗口中使用实时工具选中平面对象，按住Shift键单击"扭曲"图标 ，在弹出的窗口中单击"置换"图标 置换 ，创建一个置换对象。创建的置换对象将直接作为平面对象的子级使用，但是它现在没有任何作用。选中置换对象，在"着色"参数面板中单击"着色器"后面的按钮 ，在弹出的下拉列表中选择"噪波"选项，平面对象在噪波的影响下会置换出高低不平的形态，如图3-478所示。

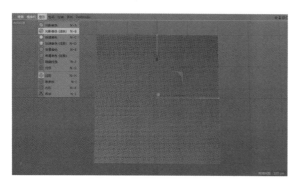

图 3-477 图 3-478

单击"着色器"后面的"噪波"按钮进入"噪波着色器"面板，在噪波区域把默认的噪波类型从"湍流"改为"单元"，置换的形式也会发生相应的变化，如图 3-479 所示。

现在的置换效果不是很平滑，可以添加一个细分曲面对象。在"对象"窗口中选中平面对象的情况下，按住 Alt 键单击工具栏中的"细分曲面"图标 ，创建一个细分曲面对象。创建的细分曲面对象将直接作为平面对象的父级使用，如图 3-480 所示。

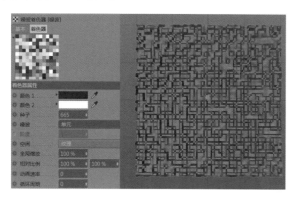

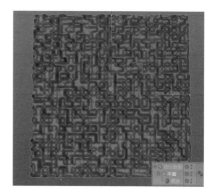

图 3-479 图 3-480

"对象"参数面板

"对象"参数面板是置换变形器的核心参数面板，用来控制置换的强度、置换的高度和置换的类型等，如图 3-481 所示。

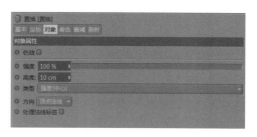

图 3-481

- 强度：控制置换的强度，数值范围为 –100% ~ 100%，数值的正负代表置换的方向。当置换的"强度"数值为 0 时，如果在平面对象上置换，平面对象不会产生凹凸变形。
- 高度：控制置换的高度。当一个平面对象被置换时，默认高度为 10cm。当把高度增加到 140cm 时，置换的平面对象将发生大幅度的高度提升。这里的平面置换对象都添加了细分曲面效果，如图 3-482 所示。

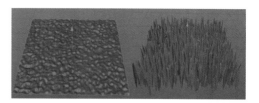

图 3-482

- 类型：控制置换的类型，包含"强度（中心）""红色 / 绿色""RGB（XYZ Tangent）""RGB（XYZ Object）""RGB（XYZ 全局）"等，一般默认为"强度（中心）"。"强度（中心）"类型是最常用的，其他类型不常用。

3.6.11 倒角

倒角变形器的作用是对目标模型对象的边或面进行倒角，常用来给模型对象增加圆角效果。与直接在编辑状态的边模式下给边倒角不同，倒角变形器会对模型对象上所有的边添加倒角效果，更加高效。

创建一个立方体对象，单击编辑模式工具栏的"转为可编辑对象"图标 ，将其转换为可编辑对象，进入面模式，选择所有的面，如图 3-483 所示。

在选中所有面的情况下，执行"内部挤压"命令，按住鼠标左键不放向左拖动，当界面右下角的"对象"参数面板中"偏移"数值为 30 时即可停止拖动，如图 3-484 所示。执行"挤压"命令，按住鼠标左键不放向右拖动，当界面右下角的"对象"参数面板中"偏移"数值为 120cm 时停止拖动，如图 3-485 所示。

在选中立方体对象的情况下，按住 Shift 键单击工具栏中的"扭曲"图标 ，在弹出的窗口中单击"倒角"图标 ，创建一个倒角变形器。创建的倒角变形器将直接作为立方体对象的子级使用。在进行倒角之后，立方体对象边缘部分的结构在灯光的作用下会有高光效果，如图 3-486 所示。

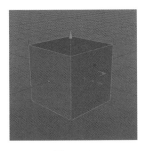 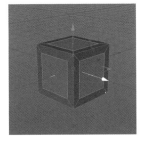 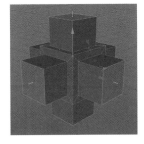 

图 3-483 　　　　　　　图 3-484 　　　　　　　图 3-485 　　　　　　　图 3-486

"选项"参数面板

"选项"参数面板是倒角变形器的核心参数面板，用来控制倒角的方式，以及倒角的大小和细分数等。该面板中有很多参数，常用的参数却较少，如图 3-487 所示。

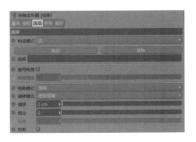

图 3-487

- 倒角模式：包含"实体"和"倒角"两种模式。如图 3-488 所示，对一个立方体对象使用倒角变形器后，设置"倒角模式"为"倒角"，立方体对象的边会偏移，并且会改变模型的结构。如果设置"倒角模式"为"实体"，则边不会偏移，会形成两条新的边并向两侧滑动，不会改变模型的结构，会形成较多的分段。

- 偏移：控制倒角的大小，如图 3-489 所示。将"偏移"数值从 10cm 增加到 50cm，倒角会变得更大，相应地，周围的面会变小。

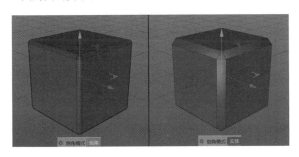

图 3-488

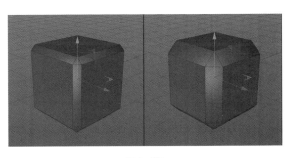

图 3-489

● 细分：控制倒角的细分数。细分数越多，形成的倒角越圆滑，如图 3-490 所示。将倒角的"偏移"数值设置为 10cm，并将"细分"数值从 3 增加到 7，形成的倒角更加圆滑，过渡效果更好。但是细分数不是越多越好的，只需在视觉范围内达到圆滑过渡效果即可，若细分数太多，则占据的计算机资源会较多。

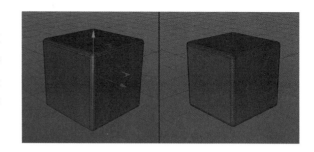

图 3-490

课堂案例 莫比乌斯环制作

实例位置	实例文件 >CH03> 课堂案例：莫比乌斯环制作 .png
素材位置	素材文件 >CH03> 莫比乌斯环 .c4d
视频名称	无
技术掌握	变形器的使用

作业要求：本次课堂案例通过一个莫比乌斯环的制作讲解变形器在实际建模中的使用，效果如图 3-491 所示。

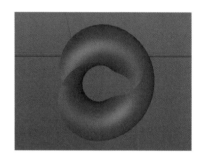

图 3-491

Step 01 创建一个圆柱对象，如图 3-492 所示。

Step 02 首先在视图菜单栏中将显示方式切换为"光影着色（线条）"模式，以便观察模型，然后在"对象"窗口中选中圆柱对象，在"对象"参数面板中将圆柱的"高度"数值修改为 400cm，"高度分段"数值修改为 40，并且取消勾选"封顶"参数面板中的"封顶"复选框，如图 3-493 所示。

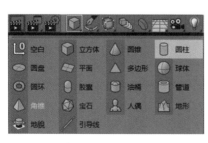

图 3-492

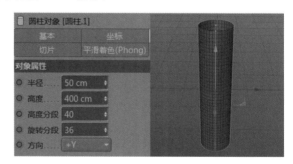

图 3-493

Step 03 按快捷键 C 将圆柱对象转换为可编辑对象，在边模式下使用循环选择工具选择两条对边，如图 3-494 所示。切换为填充选择工具，选择左侧部分，如图 3-495 所示。

Step 04 将左侧部分删除后，如图 3-496 所示。在选中圆柱对象的情况下，按住 Shift 键单击工具栏中的"扭曲"图标 ⬛，在弹出的窗口中单击"螺旋"图标 ⬛ **螺旋**，创建一个螺旋对象。创建的螺旋对象将直接作为圆柱对象的子级使用。调整螺旋对象的"强度"数值为 360° ，将圆柱对象进行螺旋变形，如图 3-497 所示。

 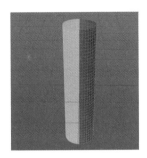  

图 3-494　　　　　　　　　图 3-495　　　　　　　　　图 3-496　　　　　　　　　图 3-497

Step 05 再次选中圆柱对象，按住 Shift 键单击工具栏中的"扭曲"图标 ⬛，在弹出的窗口中单击"扭曲"图标 ⬛ **扭曲**，创建一个扭曲对象。创建的扭曲对象将直接作为圆柱对象的子级使用。将扭曲对象拖动到螺旋对象的下方，因为变形器的使用是有先后顺序的，所以上面的变形器先起作用，如图 3-498 所示。

Step 06 选中扭曲对象，在界面右下角的"坐标"参数面板中将"R.H"数值调整为 90° ，在"对象"参数面板中将扭曲对象的"强度"数值修改为 360° ，即可将模型对象扭曲一圈，如图 3-499 所示。

Step 07 切换回模型模式，并在视图菜单栏的"显示"菜单中执行"光影着色"命令，一个莫比乌斯环就创建完成了，如图 3-500 所示。

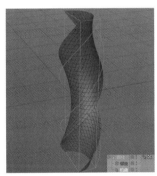 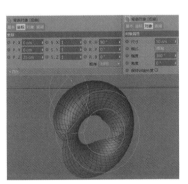 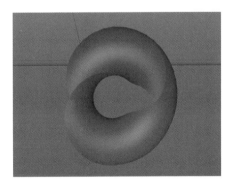

图 3-498　　　　　　　　　　　　图 3-499　　　　　　　　　　　　图 3-500

课堂练习　气球制作

实例位置	实例文件 >CH03>课堂练习：气球制作 .png
素材位置	素材文件 >CH03>气球制作 .c4d
视频名称	气球制作 .mp4
技术掌握	变形器的使用

作业要求：本次课堂练习通过制作一个气球继续讲解变形器的相关知识，效果如图 3-501 所示。

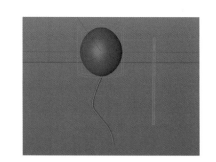

图 3-501

Step 01 执行"主菜单 > 创建 > 对象 > 球体"命令，创建一个球体对象，如图 3-502 所示。

Step 02 在"对象"窗口中选中球体对象，按住 Shift 键单击工具栏中的"扭曲"图标 🔘，在弹出的窗口中单击"膨胀"图标 🗼 膨胀，创建一个膨胀对象。这时创建的膨胀对象将直接作为球体对象的子级使用，如图 3-503 所示。

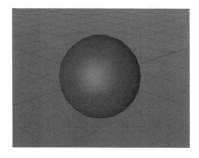

图 3-502

图 3-503

Step 03 增大膨胀对象的"强度"数值为 10%，默认膨胀对象的方向是水平方向，如图 3-504 所示。单击"旋转"图标 🔘 切换为旋转工具，将膨胀对象顺时针旋转 90°，如图 3-505 所示，让膨胀对象在竖直方向起作用。

Step 04 单击鼠标中键进入四视图窗口，在正视图中单击鼠标中键进入完全正视图，使用画笔工具画出一条 S 曲线，并按空格键结束路径绘制，如图 3-506 所示。

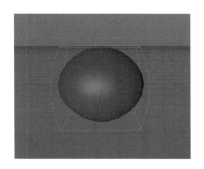

图 3-504

图 3-505

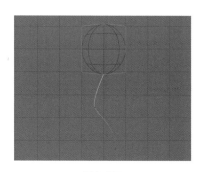

图 3-506

Step 05 执行"主菜单 > 创建 > 对象 > 圆柱"命令，创建一个圆柱对象，在"对象"窗口中选中圆柱对象，在界面右下角的"对象"参数面板中将圆柱对象的"半径"数值修改为 5cm，"高度"数值修改为 400cm，"高度分段"数值修改为 20，如图 3-507 所示。

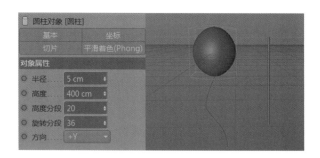

图 3-507

Step 06 执行"主菜单 > 创建 > 变形器 > 样条约束"命令，创建一个样条约束对象，将样条约束对象拖动到圆柱对象下方作为圆柱对象的子级，如图 3-508 所示。

Step 07 在"对象"窗口中选中样条约束对象，将刚才绘制的曲线路径拖动到样条约束对象的"对象"参数面板中的"样条"栏，如图 3-509 所示。样条约束变形器的使用需要一个目标样条对象，这里将圆柱对象约束到了 S 曲线样条路径上。

Step 08 现在圆柱对象所约束的轴向不对，导致出现了不正确的效果。将样条约束对象的"对象"参数面板中的"轴向"修改为 +Y，即可得到正确的约束效果，一个飘动的气球就做好了，如图 3-510 所示。

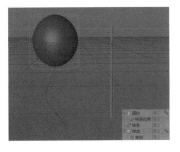

图 3-508

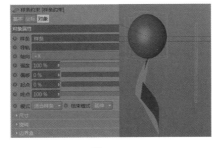

图 3-509

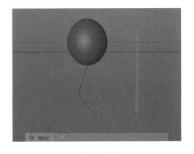

图 3-510

课后习题 螺旋通道制作

实例位置	实例文件 >CH03> 课后习题：螺旋通道制作 .png
素材位置	素材文件 >CH03> 螺旋通道制作 .c4d
视频名称	无
技术掌握	样条约束工具的使用

　　作业要求：本次课后习题通过制作一个螺旋通道来着重讲解样条约束工具的使用，效果如图 3-511 所示。样条约束工具是一个使用频率较高且效果突出的工具。

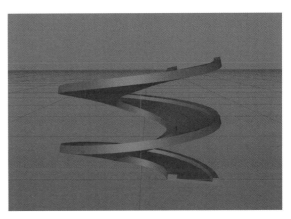

图 3-511

Step 01 创建一个立方体对象，修改"尺寸.X"数值为 1800cm，使其变成一个长方体对象，如图 3-512 所示。

图 3-512

Step 02 将长方体对象转换为可编辑对象，使用循环路径 / 切割工具在表面切出 3 条线，如图 3-513 所示。选择图 3-514 所示的 3 个面，并将它们删除。

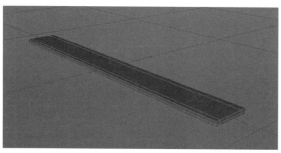

图 3-513

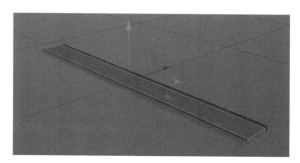

图 3-514

Step 03 删除目标面之后，使用桥接工具将相应的面连接起来，形成一个凹槽结构，如图 3-515 所示。使用样条约束变形器将其约束到一条路径上，为了使变形器有更好的作用效果，这里需要增加模型表面的分段数，如图 3-516 所示。

图 3-515

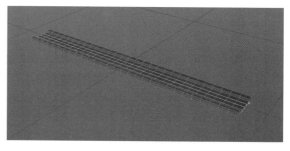

图 3-516

Step 04 创建一个螺旋样条对象，略微增加螺旋样条对象的"高度"数值为 400cm，如图 3-517 所示。

Step 05 创建一个样条约束对象作为长方体对象的子级，并将螺旋样条对象拖动到"样条"栏中，从而直接将模型对象约束到螺旋样条对象上，如图 3-518 所示。

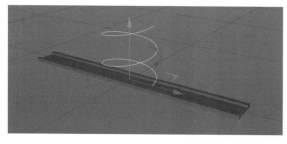

图 3-517

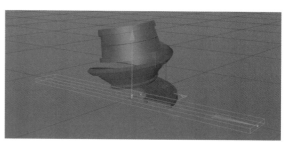

图 3-518

Step 06 由于直接约束的形态不是我们需要的效果，这里需要在样条约束对象的"对象"参数面板中修改相应的"上行矢量"和"Banking"数值（即模型在样条上旋转的角度）。针对不同的模型长度和螺旋高度，修改的参数会不同，这里提供一个参考参数，可以得到正确的螺旋通道，如图3-519所示。

Step 07 将变形器的"编辑器可见"关闭，单独查看模型效果，如图3-520所示。

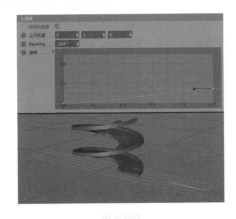

图 3-519

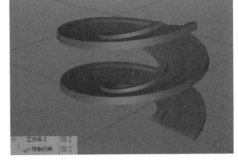

图 3-520

综合练习　创意金属字D制作

实例位置	实例文件 >CH03> 综合练习：创意金属字 D 制作 .png
素材位置	素材文件 >CH03> 创意金属字 D 制作 .c4d
视频名称	无
技术掌握	建模工具的综合使用

扫码观看视频

作业要求：本次综合练习通过制作一个创意金属字 D 讲解建模的基础工具、NURBS 工具，以及造型工具和变形器的使用，并通过各种工具的配合使用制作一个创意模型，训练学生建模的综合能力，效果如图 3-521 所示。

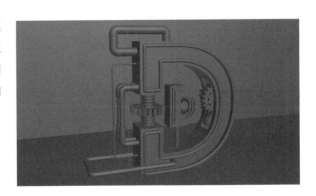

图 3-521

Step 01 执行"主菜单 > 创建 > 样条 > 文本"命令，创建一个文本样条对象，在"对象"窗口中选中文本样条对象，在"对象"参数面板中将文本内容修改为 D，如图 3-522 所示。

Step 02 执行"主菜单 > 创建 > 样条 > 矩形"命令，创建一个矩形样条对象，先单击鼠标中键进入四视图窗口，再进入完全正视图，然后在"对象"窗口中选中矩形样条对象，在"对象"参数面板中将矩形样条对象的"宽度"数值设置为 40cm，"高度"数值设置为 60cm，并使用移动工具将矩形样条对象移动到如图 3-523 所示的位置。

Step 03 执行"主菜单 > 创建 > 造型 > 样条布尔"命令，创建一个样条布尔对象，在"对象"窗口中按住 Shift 键加选文本样条对象和矩形样条对象，并将它们一起拖动到样条布尔对象下面作为其子级。注意，文本样条对象需要被放在矩形样条对象的上方。在添加样条布尔对象后，两个样条对象会变成一个样条对象，如图 3-524 所示。

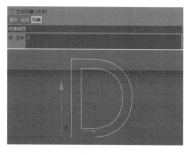
图 3-522

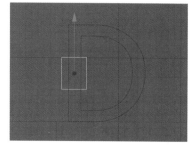
图 3-523

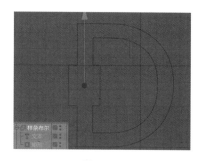
图 3-524

Step 04 在默认情况下，样条布尔对象的模式是相加，在"对象"窗口中选中样条布尔对象，在"对象"参数面板中将布尔模式从"A 加 B"修改为"A 减 B"，文本样条对象就会把矩形样条对象减去，如图 3-525 所示。

Step 05 执行"主菜单 > 创建 > 生成器 > 挤压"命令，创建一个挤压对象，将样条布尔对象拖动到挤压对象下面作为其子级。样条布尔对象在添加挤压效果后有了厚度，如图 3-526 所示。

Step 06 在"对象"窗口中选中挤压对象，在"对象"参数面板中将 Z 轴的挤压深度修改为 35cm，将"封顶"参数面板中的"顶端"和"末端"设置为"圆角封顶"，并将"圆角类型"修改为"雕刻"，得到一个双面内凹的三维 D 字模型对象，如图 3-527 所示。

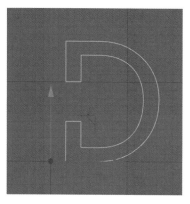
图 3-525

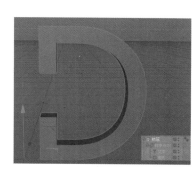
图 3-526

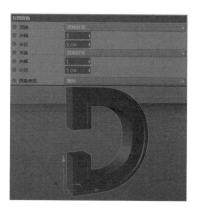
图 3-527

Step 07 执行"主菜单 > 创建 > 对象 > 圆柱"命令，创建一个圆柱对象，在"对象"窗口中选中圆柱对象，在"对象"参数面板中修改圆柱对象的"半径"数值为 10cm，"高度"数值为 100cm，并将其移动到如图 3-528 所示的位置。

Step 08 执行"主菜单 > 创建 > 对象 > 圆柱"命令，创建一个圆柱.1 对象，在"对象"窗口中选中圆柱.1 对象，在"对象"参数面板中修改圆柱.1 对象的"半径"数值为 40cm，"高度"数值为 20cm，并将其移动到如图 3-529 所示的位置。

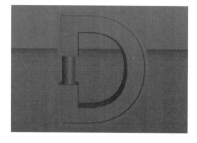
图 3-528

图 3-529

Step 09 执行"主菜单 > 创建 > 造型 > 连接"命令，创建一个连接对象，按住 Shift 键选中圆柱对象和圆柱.1 对象并将它们一起拖动到连接对象下方作为其子级。执行"主菜单 > 创建 > 造型 > 布尔"命令，创建一个布尔对象，在"对象"窗口中按住 Shift 键选中挤压对象和连接对象并将它们一起拖动到布尔对象下方作为其子级，注意将挤压对象放在连接对象的上方，如图 3-530 所示。先使用连接工具将两个圆柱对象连接为一个整体，再使用布尔工具将圆柱对象的体积从三维 D 字模型对象上减去。

Step 10 执行"主菜单 > 创建 > 对象 > 圆柱"命令，创建一个圆柱对象，在"对象"窗口中选中圆柱对象，在界面右下角的"对象"参数面板中修改圆柱对象的"半径"数值为 17cm，"高度"数值为 100cm，并将其移动到如图 3-531 所示的位置。

Step 11 执行"主菜单 > 创建 > 样条 > 螺旋"命令，创建一个螺旋对象，在"对象"窗口中选中螺旋对象，在"对象"参数面板中将"平面"修改为 XZ，"起始半径""终点半径"数值修改为 8.5cm，"高度"数值修改为 40cm，再增加"结束角度"数值为 4000°以增加螺旋对象的圈数，最后将其移动到如图 3-532 所示的位置。

图 3-530

图 3-531

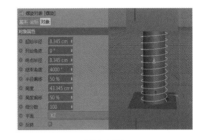
图 3-532

Step 12 先执行"主菜单 > 创建 > 生成器 > 扫描"命令，创建一个扫描对象，再创建一个圆环对象，将圆环对象的"半径"数值修改为 1cm，在"对象"窗口中选中半径为 1cm 的圆环对象和上一步创建的圆柱对象并将它们一起拖动到扫描对象下面作为其子级，得到一个螺旋管道，如图 3-533 所示。

Step 13 在"对象"窗口中选中第 1 步创建的文本样条对象 D，按住 Ctrl 键拖动以复制一个文本样条对象，双击得到的文本样条对象，修改其名称为"文本 1"，将文本 1 样条对象缩小并移动到如图 3-534 所示的位置。

Step 14 创建一个挤压对象，修改挤压对象的名称为"挤压 1"，并将其作为文本 1 样条对象的父级，在挤压 1 对象的"对象"参数面板中将 Z 轴的挤压厚度设置为 20cm，在"封顶"参数面板中将"顶端""末端"设置为"圆角封顶"，"圆角类型"设置为"二步幅"，效果如图 3-535 所示。

图 3-533

图 3-534

图 3-535

Step 15 在"对象"窗口中选中之前的扫描对象和圆柱对象，按快捷键 Alt+G 将两个对象打包为一个组，并命名为"螺旋管道"。选中螺旋管道 对象并按住 Ctrl 键拖动以复制一个副本对象螺旋管道.1，将螺旋管道.1 对 象缩小后移动到挤压 1 对象下方，并且在缩小螺旋管道.1 对象后适当调整 子级螺旋对象的高度，如图 3-536 所示。

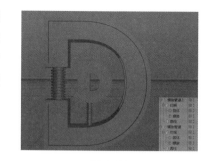

图 3-536

Step 16 执行"主菜单 > 创建 > 样条 > 齿轮"命令，创建一个齿轮对象，并将齿轮对象缩小，具体参数如图 3-537 所示。同时在"对象"参数面板中将"平面"修改为 XZ，在"嵌体"参数面板中将"半径"数值修改为 12cm，并将其移动到螺旋管道对象的中心位置。

Step 17 创建一个挤压对象作为齿轮对象的父级，修改其名称为"挤压齿轮"，将齿轮挤压出厚度，挤压的"厚度"数值为 8cm，如图 3-538 所示。

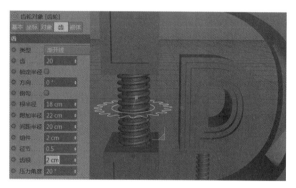

图 3-537

图 3-538

Step 18 在"对象"窗口中选中挤压齿轮对象，按住 Ctrl 键拖动以复制一个挤压齿轮.1 对象，将挤压齿轮.1 对象旋转 90° 后缩小并移动至小 D 文本对象的中心位置，注意缩小挤压齿轮.1 对象后，需要将挤压齿轮.1 对象的挤压厚度进行一定的修改，并适当减少子级的齿轮样条对象的嵌体半径，如图 3-539 所示。

Step 19 继续复制出两个副本对象，即挤压齿轮.2 和挤压齿轮.3，将这两个挤压齿轮对象移动到大 D 文本对象右侧矩形镂空的位置，小的挤压齿轮对象需要在"对象"参数面板中将齿的数量减少，同时可以简单修改挤压齿轮对象本身齿轮样条对象的类型，将嵌体的类型从"无"修改为"拱形"，得到新的齿轮对象，如图 3-540 所示。

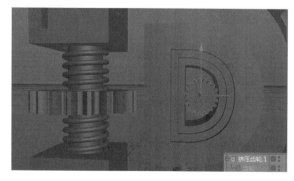

图 3-539

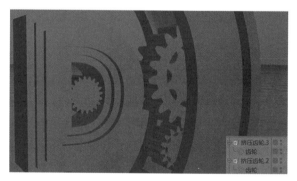

图 3-540

Step 20 在"对象"窗口中选中之前的样条布尔对象，按住 Ctrl 键拖动鼠标以复制一个副本对象，并命名为"样条布尔 1"，将其沿着 Z 轴负方向偏移 2cm，如图 3-541 所示。

Step 21 在"对象"窗口中选中样条布尔 1 对象，执行"连接对象 + 删除"命令，样条布尔 1 对象就变成了可编辑样条对象——样条布尔 1.1，如图 3-542 所示。

Step 22 在"对象"窗口中选中样条布尔 1.1 对象，单击"点模式"图标 ![icon]，进入点模式，选中位于直角处的点，执行"倒角"命令，按住鼠标左键不放向右拖动，将选中的点倒成一个圆角，如图 3-543 所示。

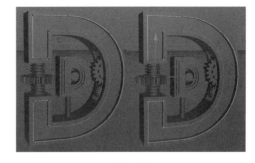

图 3-541　　　　　　　　　　图 3-542　　　　　　　　　　图 3-543

Step 23 先创建一个扫描对象，并命名为"扫描 D"，再创建一个半径为 2cm 的圆环对象，在"对象"窗口中将 2cm 的圆环对象和样条布尔 1.1 对象选中并一起拖动到扫描对象下面作为其子级，如图 3-544 所示。

Step 24 单击鼠标中键进入四视图窗口，在正视图中再次单击鼠标中键进入完全正视图，在工具栏中单击"画笔"图标 ![icon]，切换为画笔工具，绘制一段样条对象并命名为"绘制样条"，如图 3-545 所示。

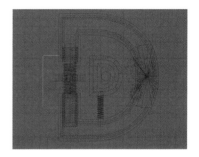

图 3-544　　　　　　　　　　图 3-545

Step 25 在"对象"窗口中选中绘制样条对象，进入点模式，使用实时选择工具选中直角处的两个点，如图 3-546 所示。单击鼠标右键，执行"倒角"命令，并设置倒角半径为 5cm，如图 3-547 所示。

Step 26 先创建一个扫描对象，并命名为"侧面管道"，再创建一个半径为 3cm 的圆环对象，在"对象"窗口中将这个圆环对象和绘制样条对象选中并一起拖动到侧面管道对象下面作为其子级，然后选中侧面管道对象，将其沿着 Z 轴正方向偏移几厘米，如图 3-548 所示。

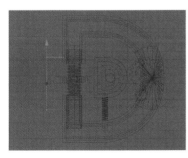
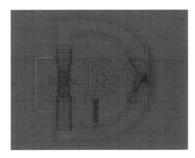

图 3-546　　　　　　　　　　图 3-547　　　　　　　　　　图 3-548

Step 27 在"对象"窗口中选中侧面管道对象，按住 Ctrl 键拖动鼠标以复制一个副本对象，并命名为"侧面管道.1"。将侧面管道.1 对象的子级圆环对象的半径增大 1cm，并选中侧面管道.1 对象，在界面右下角的"对象"参数面板中将"结束生长"数值从 100% 修改为 30%，如图 3-549 所示，得到一段更粗、更短的管道。

Step 28 重复上一步的操作，得到侧面管道.2 对象，不同的是，在侧面管道.2 对象的"对象"参数面板中将"开始生长"数值修改为 90%，"结束生长"数值修改为 60%，如图 3-550 所示。

Step 29 在"对象"窗口中选中这 3 个侧面管道对象，按快捷键 Alt+G 将这 3 个对象编为一个组，并命名为"侧面管道合集"。选中侧面管道合集对象，执行"主菜单 > 创建 > 造型 > 实例"命令，创建一个实例对象。选中实例对象并将其沿着蓝色 Z 轴正方向移动一段距离，如图 3-551 所示。使用实例工具的好处在于，若继续对侧面管道合集对象下面的 3 个子级对象进行任意编辑操作，则实例对象也会跟着发生相应的改变。

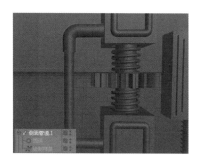

图 3-549

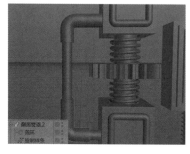

图 3-550

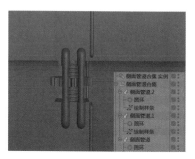

图 3-551

Step 30 单击鼠标中键进入四视图窗口，在正视图中再次单击鼠标中键进入完全正视图，在工具栏中单击"画笔"图标 ，切换为画笔工具，绘制一段样条对象并命名为"绘制样条 2"，如图 3-552 所示。给绘制样条 2 对象的直角处添加倒角效果后，先创建一个扫描对象并命名为"细管"，再创建一个半径为 1cm 的圆环对象，并将这个圆环对象和绘制样条 2 对象一起拖动到细管对象下面作为其子级，如图 3-553 所示。

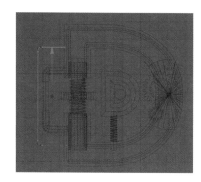

图 3-552

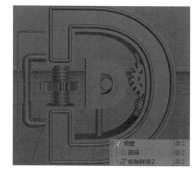

图 3-553

Step 31 进入完全正视图，执行"主菜单 > 创建 > 样条 > 矩形"命令，创建两个矩形样条对象，分别命名为"矩形 1"和"矩形 2"。同时，在它们各自的"对象"参数面板中，修改矩形 1 对象的"宽度"数值为 66cm，"高度"数值为 25cm，"圆角半径"数值为 5cm，如图 3-554 所示；修改矩形 2 对象的"宽度"数值为 105cm，"高度"数值为 50cm，"圆角半径"数值为 4cm，如图 3-555 所示。

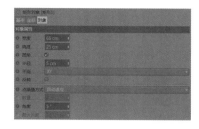

图 3-554

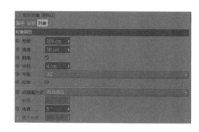

图 3-555

Step 32　在正视图中将矩形 1 对象移动到如图 3-556 所示的位置。在顶视图中将矩形 2 对象移动到如图 3-557 所示的位置，同时修改矩形 2 对象的"平面"为 XZ。

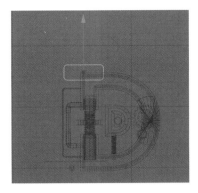

图 3-556

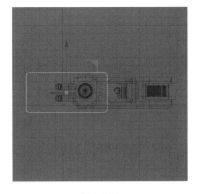

图 3-557

Step 33　创建两个扫描对象，并命名为"扫描矩形 1"和"扫描矩形 2"。扫描矩形 1 对象用一个半径为 5cm 的圆环和矩形 1 对象扫描，扫描矩形 2 对象用一个半径为 4cm 的圆环和矩形 2 对象扫描，如图 3-558 所示。

Step 34　执行"主菜单 > 创建 > 对象 > 平面"命令，创建一个平面对象。先将平面对象横向拉长，并在界面右下角的"对象"参数面板中将"宽度分段"和"高度分段"数值都修改为 1，然后单击"转为可编辑对象"图标 ，将平面对象转换为可编辑对象。选择一条边竖直向上移动，形成一个 L 形转折面作为背景板，在视图窗口稍微旋转一个角度，以侧斜的角度观察整个模型对象，整个创意金属字 D 就制作完成了，如图 3-559 所示。

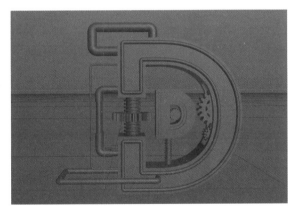

图 3-558

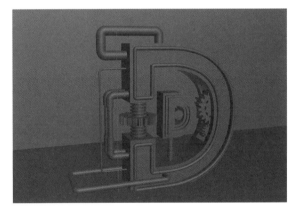

图 3-559

3.7 本章小结

　　本章详细讲解了 C4D 中的建模部分，包括最基础的点、线、面编辑工具，NURBS 工具、造型工具、常用变形器的使用，以及 C4D R20 新增加的功能——体积建模。

　　总的来说，建模的核心就是点、线、面的编辑处理，各类工具通常起一个辅助的作用。我们需要熟悉每个工具的具体作用才能熟练地构建不同种类的模型。而体积建模是一种全新的建模方式，它将不同的模型对象以布尔的方式运算，以体积像素的形式生成，再到建立网格、优化网格，这对于创意类模型的快速建立有很大帮助，需要我们着重掌握。

Chapter

04

第 04 章

灯光

在三维图像设计的视觉表现中，灯光非常重要，如果没有灯光，三维图像将无法呈现出任何的视觉效果。灯光不仅可以满足基本的照明需求，还可以通过模拟真实世界的光来调整整个画面的基调和氛围，宏观地控制整体的画面效果。

C4D R20

学习重点

• 详细了解 C4D 的基础灯光工具
• 详细了解 C4D 的打光方式

工具名称	工具图标	工具作用	重要程度
灯光		以一个点光源照亮物体与环境	中
点光		以锥形聚光的方式照亮物体与环境	高
目标聚光灯		以锥形聚光的方式照亮指定物体与环境	高
区域光		以区域范围的方式照亮物体与环境	高
日光		模拟真实的太阳光照射效果	中
PBR灯光		PBR 渲染器使用的灯光，和区域光类似	低

C4D 拥有很多用于光影制作的工具。通过使用这些工具，我们可以制作出各种各样的图像作品，如图 4-1 所示。

图 4-1

4.1 灯光类型

C4D 提供了多种灯光类型。执行"主菜单 > 创建 > 灯光"命令，可以创建各种类型的灯光对象，或者按住工具栏中的"灯光"图标 不放，会弹出一个灯光窗口，共包含 8 种灯光，分别是灯光、点光、目标聚光灯、区域光、IES 灯、无限光、日光、PBR 灯光，如图 4-2 所示。单击任意一个图标，即可创建相应类型的灯光对象。

图 4-2

4.1.1 灯光

灯光也称为点光源或泛光灯，在三维图像的制作中是较常用的灯光类型，其光源为一个点，光线向四面八方发射，类似于现实世界中的灯泡发光。

创建6个球体对象，并将它们以上下、左右、前后的方式摆放在三维空间中。创建一个灯光对象，将点光源放置在6个球体对象的正中间，球体表面由于灯光的照射产生了明暗变化，如图4-3所示。为了进一步观察，单击工具栏中的"渲染预览"图标 ■，查看点光源的灯光效果，如图4-4所示。

图4-3

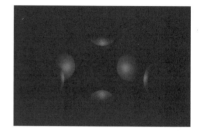

图4-4

4.1.2 点光/目标聚光灯

点光其实就是聚光灯。聚光灯和目标聚光灯的灯光效果都是光线向一个方向呈锥形传播，即灯光对象外形呈圆锥状，类似于现实中的舞台光束。两者的区别在于，聚光灯的灯光方向需要手动调整，而目标聚光灯的灯光方向始终朝向一个目标对象。聚光灯和目标聚光灯也是常用的灯光类型。

创建一个平面对象，在"对象"窗口中选中平面对象，在界面右下角的"对象"参数面板中将平面对象的"宽度分段"和"高度分段"数值从默认的20修改为1，将"高度"数值从默认的400cm修改为800cm，如图4-5所示。

按快捷键C将平面对象转换为可编辑对象。在边模式下，使用实时选择工具选中一条边，如图4-6所示，按住Ctrl键将其沿着Y轴移动一段距离，使平面变成一个L形面，如图4-7所示。

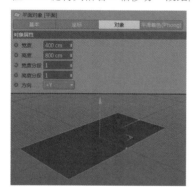

图4-5

图4-6

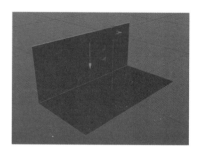

图4-7

在边模式下，使用实时选择工具选中转折处的边，如图4-8所示。执行"倒角"命令，注意在"倒角"参数面板中将"细分"数值设置为5，"偏移"数值设置为40cm，得到一个转折为圆角的L形面作为背景板，如图4-9所示。

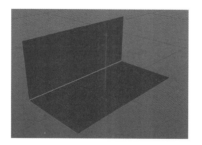

图4-8

图4-9

先创建一个球体对象，并将其放在 L 形面上，再创建一个聚光灯对象，通过坐标轴的移动和旋转工具的使用，让灯光朝向球体对象。球体对象和球体对象周围的区域会在聚光灯的照射下变亮，而没有被聚光灯照射到的区域会呈现一片黑暗，如图 4-10 所示。为了进一步观察，单击"渲染预览"图标 ，查看聚光灯的灯光效果，如图 4-11 所示。

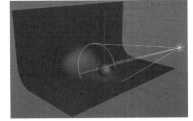

图 4-10

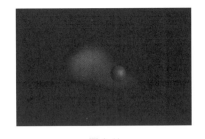

图 4-11

创建聚光灯对象之后，在界面右上角的"对象"窗口中选中聚光灯对象，聚灯光对象上会出现 5 个黄色圆点，如图 4-12 所示。单击黄色圆点并拖曳可以改变聚光灯的大小。单击最右侧的一个黄色圆点，该圆点会以白色高亮显示，若单击该圆点后，按住鼠标左键不放向右拖动，聚光灯的灯口半径会变大，聚光灯的照射范围也会相应增大。圆环上的 4 个圆点作用一样，都是增大聚光灯的灯口半径，而中心的圆点可以改变聚光灯照射距离的长短，如图 4-13 所示。

如果创建的是目标聚光灯对象，则在创建目标聚光灯对象后，"对象"窗口中还会出现一个灯光.目标.1 对象，如图 4-14 所示。

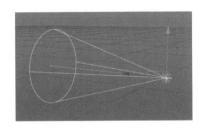

图 4-12

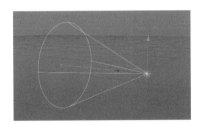

图 4-13

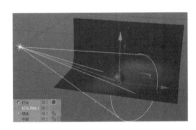

图 4-14

移动灯光.目标.1 对象，可以改变目标聚光灯的照射方向，这里将视图旋转至侧面，如图 4-15 所示。默认创建的灯光.目标.1 对象在坐标原点处，将灯光.目标.1 对象沿着 Y 轴向上偏移一段距离后，会发现原本在斜下方向照射球体对象的目标聚光灯随着灯光.目标.1 对象的向上移动也会发生相应的移动，逐渐变成水平朝向，如图 4-16 所示。

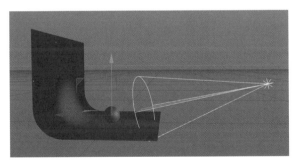

图 4-15

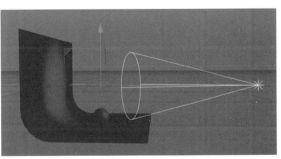

图 4-16

4.1.3 区域光

区域光的灯光效果是光线沿着一个区域向周围各个方向发射，形成一个有规则的照射平面，且光源柔和均匀。区域光接近于现实世界中的很多发光源，如霓虹灯店招、电子屏幕等区域性发光源，在三维图像制作中常用来模拟从窗户透过的太阳光，在产品表现中被当作反光板，也是常用的灯光类型。

继续使用上述创建的 L 形面，再创建一个球体对象、一个圆锥对象、一个立方体对象，并通过简单的位置偏移将 3 个对象在 L 形面上一字排开，搭建一个简单的几何体场景，如图 4-17 所示。

创建一个区域光对象，在正常情况下，创建的区域光对象是一个正方形。可以调整区域光上面的黄色圆点，将正方形区域光拉长为一个长方形区域光，目的是让区域光照射的面积更广。接下来可以通过位置的偏移和灯光的旋转让灯光正对 L 形面的竖直面，几何体表面在区域光的照射下就有了光影变化，如图 4-18 所示。单击"渲染预览"图标，查看区域光的灯光效果，如图 4-19 所示。

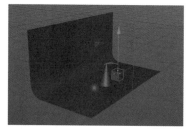
图 4-17

图 4-18

图 4-19

4.1.4 IES灯

在介绍 IES 灯前，先了解一个概念，即光域网。光域网是灯光的一种物理性质，用于确定光在空气中的发散方式。不同的灯光在空气中的发散方式是不一样的，如手电筒，它会发散出一个光束，还有一些壁灯和台灯，它们发出的光又是另外一种形状。这种发散方式的不同是灯光自身特性的不同造成的，而灯光所呈现出来的那些不同形状的图案是光域网造成的。

而在三维软件中，如果给灯光指定一个特殊的文件，就可以产生与现实生活中相同的发散效果。这种特殊的文件的标准格式是 IES，在很多地方都可以下载。

光域网是一种关于光源亮度分布的三维表现形式，存储于 IES 文件中。这种文件通常可以从灯光的制造厂商处获得，格式主要有 IES、LTLI 或 CIBSE 等。

IES 灯需要有 IES 文件才能使用。IES 文件存储了光源亮度分布的形式。

在 C4D 中创建 IES 灯对象时，会弹出一个窗口，需要加载一个 IES 文件才能使用。除此之外，软件也自带了很多 IES 文件，执行"窗口 > 内容浏览器 > 查找"命令，在搜索框内输入 IES，可以直接搜索 IES 文件，如图 4-20所示。注意，在安装软件时需要安装自带的预置文件，或者在线更新预置文件，才能搜索到下面的 IES 文件。

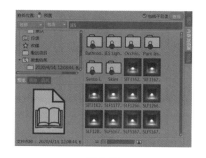
图 4-20

使用这些 IES 文件时，需要任意创建一个灯光对象，并在"对象"窗口中选中灯光对象，执行"灯光属性面板 > 常规 > 类型 > 选择 IES"命令，将原本的灯光对象转换为一个 IES 灯对象，如图 4-21 所示。

单击"光度"按钮 光度 ，切换到"光度"参数面板，此时"光度数据"和"文件名"参数被激活，如果不是 IES 灯，则这里的"光度数据"和"文件名"参数会是灰色的不可选状态。激活这两个参数后，可以添加相应的 IES 文件，如图 4-22 所示。

打开"内容浏览器"窗口，直接在搜索栏中输入 IES，并单击"查找"按钮 查找 ，即可搜索到软件安装的 IES 文件预设。IES 文件预设有很多，如图 4-23 所示。

图 4-21　　　　　　　　　　图 4-22　　　　　　　　　　图 4-23

选择一个 IES 文件，按住鼠标左键不放直接将 IES 文件拖动到"光度数据"下面的"文件名"栏中，即可产生相应的光照效果，如图 4-24 所示。

创建一个平面对象，并将其转换为可编辑对象。选中一条边并竖直移动，形成一个 L 形面。将创建的 IES 灯对象移动到 L 形面的竖直面上，就会发现 IES 灯产生了效果，灯光呈现一个半圆锥发射状，如图 4-25 所示。单击"渲染预览"图标 ，查看该 IES 灯的灯光效果，如图 4-26 所示。

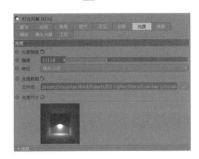

图 4-24　　　　　　　　　　图 4-25　　　　　　　　　　图 4-26

4.1.5　无限光

无限光也称为远光灯，其发射的光线是沿着某个特定的方向平行传播的，没有距离上的衰减。

在 L 形面的基础上创建 3 个立方体对象，并将它们等间距排列，再创建一个无限光对象，让灯光正对 L 形面的竖直面。可以发现，3 个立方体的一个面和 L 形面的竖直面在无限光的照射下已经变亮，而且亮度是一样的。这是因为无限光是平行光，灯光是没有距离上的衰减的，这也是无限光和区域光的一个区别。区域光的灯光越远离中心，其强度越低，如图 4-27 所示。单击"渲染预览"图标 ，查看无限光的灯光效果，如图 4-28 所示。

图 4-27　　　　　　　　　　　　　　图 4-28

4.1.6　日光

日光用来模拟现实世界中的太阳光。我们可以通过调节"经度"和"纬度"参数来控制日光对象的位置，从而模拟一天 24 小时的光照效果。

单击"日光"图标 ☀日光，即可创建日光对象。在创建日光对象后，我们不能对其进行相应的移动、旋转操作，并且很多参数面板中的参数设置也不能改变。单击日光对象后面的"日光"图标 ☀，才能进行相应的编辑操作。参数面板如图 4-29 所示。

图 4-29

默认创建的日光对象处于北纬53°、东经 14° 的位置，如图 4-30 所示。可以按照现实世界的经/纬度来控制日光对象的方向，将北纬数值改为 90°，日光对象会从一个傍晚偏暖色的光照效果变成一个正午偏冷色的光照效果，如图 4-31 所示。

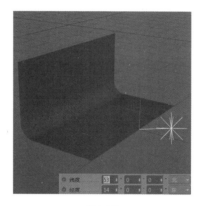

图 4-30

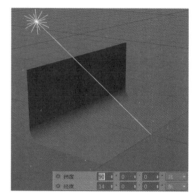

图 4-31

4.1.7　PBR灯光

PBR 灯光本质上是区域光，用于在 ProRender 渲染器中起光照作用。首先单击"渲染设置"图标 🔧，在弹出的"渲染设置"窗口中将"渲染器"切换为 ProRender 渲染器，如图 4-32 所示。

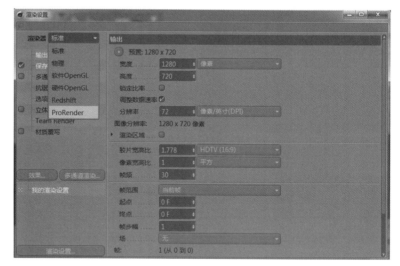

图 4-32

然后在视图菜单栏中执行
"ProRender > 开始 ProRender"
命令，即可将默认渲染器转换为
ProRender 渲染器，如图 4-33 所
示。先创建一个立方体对象作为渲
染参考物，再创建一个 PBR 灯光
对象，单击"渲染预览"图标 ，
进一步查看 PBR 灯光的灯光效果，
如图 4-34 所示。

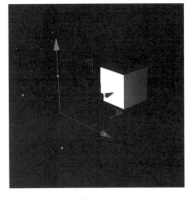

图 4-33   图 4-34

PBR 灯光就是普通的灯光，在
被创建后，和区域光一样都是一个
正方形灯光。不同的是，区域光使用默认的标准渲染器，而 PBR 灯光需要在 ProRender 渲染器中才能得到正确
的显示效果。

灯光参数详解

4.2

前面介绍了灯光类型，现在介绍灯光参数。灯光在三维图像或动态设计中是十分重要的，
虽然常用的灯光类型只有几种，但是灯光的参数非常多，只有对灯光的每一个参数都进行深
入的了解，才能制作出好的图像。

创建一个灯光对象后，在"对象"窗口中选中相应的灯光对象，界面右下角的"对象"
参数面板会显示该灯光对象的参数，如图 4-35 所示。各种类型的灯光对象的大部分参数都
是相同的，这里以最常用的区域光对象为例进行详细介绍。

图 4-35

4.2.1 常规

"常规"参数面板用于设置灯光的基本属性，如颜色、强度、类型和投影等，如图 4-36 所示。

- 颜色：通过 HSV 的颜色条来控制灯光的颜色，默认为白色。白色是应用最多的灯光颜色。
- 使用色温 / 色温：勾选"使用色温"复选框后，下面的"色温"参数才会被激活，从灰色不可选状态变为黑色可
  选状态。当"色温"数值为 6500 时，表示常温；当"色温"数值超过 6500 时，灯光的颜色会偏冷，其数值越大，
  灯光颜色越接近于蓝色；当"色温"数值低于 6500 时，灯光的颜色会偏暖，其数值越小，灯光颜色越接近于红色。

- 强度：设置灯光的照射强度，其数值可以超过100%，没有上限。这里有一个球体对象，其正前方有一个区域光对象，将灯光的"强度"数值依次设置为10%、50%、100%、200%，产生的效果变化如图4-37所示。"强度"数值越大，代表灯光强度越大，灯光越亮。需要注意，灯光的"强度"数值不宜过大，如果过大，则容易产生曝光效果。

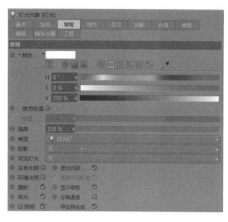

图 4-36

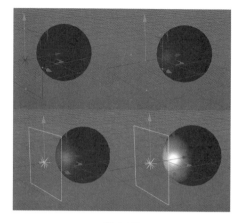

图 4-37

- 类型：除了直接创建相应的灯光类型，也可以在这里更改灯光类型，共有9种灯光类型，包括特殊的IES灯，如图4-38所示。此处的灯光类型和灯光窗口中的略有不同，如聚光灯有更细致的分类。
- 投影："投影"是灯光的一个比较重要的参数，包含"无""阴影贴图（软阴影）""光线跟踪（强烈）""区域"4个选项，可以形成4种模式的阴影，如图4-39所示。其中"区域"选项对应的投影效果是最好的，拥有柔和的过渡效果，但是相应的计算时间会更长。

图 4-38

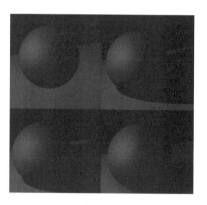

图 4-39

- 可见灯光：需要将灯光的"类型"修改为"聚光灯"方可激活，用于设置场景中的灯光是否可见和可见的类型，包含"无""可见""正向测定体积""反向测定体积"4个选项。其中，"正向测定体积"和"反向测定体积"选项常用来实现体积光。
- 没有光照：勾选该复选框后，场景中将不显示灯光的光照效果；取消勾选该复选框后，区域光的光照效果消失，球体对象只受到默认灯光的照射，但是在渲染时，球体对象会受到区域光的照射，如图4-40所示。

图 4-40

- 显示光照：默认勾选，视图中会显示灯光控制器的线框，即灯光的白色显示框和尺寸调节黄色圆点。
- 环境光照：通常光线的照射角度决定了物体对象表面被照亮的程度。勾选该复选框后，物体所有表面都将具备相同的亮度。
- 显示可见灯光：默认勾选，视图中会显示可见灯光的线框，选择线框上的黄色圆点并拖曳可以放大线框。
- 漫射：默认勾选。取消勾选该复选框后，当灯光照射在某个物体上时，该物体的颜色将被忽略，但高光部分会被照亮。球体对象在区域光的照射下只有高光区域，没有漫射照明的效果，如图 4-41 所示。
- 显示修剪：勾选该复选框后，可以显示对灯光进行的修剪。
- 高光：默认勾选。取消勾选该复选框后，当灯光投射到场景中的物体时将不会产生高光效果。球体对象在区域光的照射下只有漫射照明的效果，没有高光区域，如图 4-42 所示。

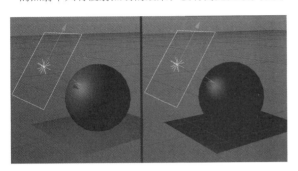

图 4-41

图 4-42

- 分离通道：勾选该复选框后，在渲染场景时，漫射、高光和阴影将被分离出来并创建为单独的图层。
- GI 照明：全局光照照明。取消勾选该复选框后，场景中的物体将不会在其他物体上产生反射光线。
- 导出到合成：默认勾选。

4.2.2 细节

"细节"参数面板的参数很多，常用于调节灯光对象的尺寸、形状及衰减等属性。其中的参数会因为灯光对象不同而略有不同，但主要的参数都类似。区域光对象的"细节"参数面板如图 4-43 所示。

- 外部半径：调整灯光的半径。在正常情况下，创建的区域光对象是正方形的，且"外部半径"数值越大，区域光对象越大。在选择区域光对象的情况下，可以使用缩放工具实现灯光对象的放大和缩小，但通过参数调节的方式会更加精准。
- 宽高比：灯光宽度和高度的比值，用于调整灯光的外形。
- 对比：当光线照射到物体上时，物体上的明暗变化会产生过渡效果。该参数用于控制明暗过渡的对比度，其数值越大，物体表面的亮面和暗面反差就越大。
- 投影轮廓：当灯光的"强度"参数为负值时，渲染时可以看到投影的轮廓。
- 形状：除了默认的矩形形状，区域光对象还提供了多种灯光形状。共包含 9 种形状，具体如图 4-44 所示。

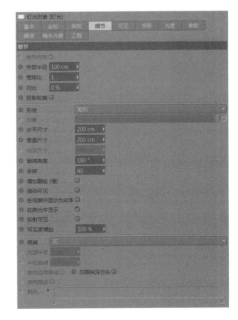

图 4-43

- 衰减：在现实世界中，根据物理的相关原理，光线随着传播距离的增大会产生衰减的现象，即随着光线照射的距离越来越远，灯光会越来越暗，因此有衰减的灯光才是真实的灯光。该参数包含"无""平方倒数（物理精度）""线性""步幅""倒数立方限制"5种类型，其中较常用的是"线性""平方倒数（物理精度）"两种类型。区域光对象的"平方倒数（物理精度）"衰减类型呈一个球体形状向四周衰减，效果如图 4-45 所示，球体对象在开启了"平方倒数（物理精度）"衰减类型的区域光的照射下，表面产生了很好的光影过渡效果，这样的光影效果更加真实。
- 内部半径 / 半径衰减：用于定义衰减的半径。只有选择"线性"衰减类型，这两个参数才会被激活。衰减球体中会出现一个内部球体，用于进一步控制灯光的强弱，可以对灯光进行二次衰减控制，适用于对细节有要求的灯光环境，如图 4-46 所示。

图 4-44

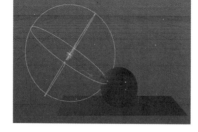

图 4-45

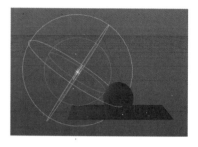

图 4-46

- 着色边缘衰减：只对聚光灯对象有效。勾选该复选框后，可以调整渐变颜色。可以观察启用和禁用该参数的区别。
- 仅限纵深方向：勾选该复选框后，光线将只沿着 Z 轴正方向发射。
- 使用渐变 / 颜色：用于设置衰减过程中的渐变颜色。这里设置一个粉色到紫色的渐变效果，如图 4-47 所示。球体对象和平面对象在区域光的照射下呈现出一个粉色到紫色的光影变化，原本的高光区域变成了粉色，灯光衰减后较暗的区域变成了紫色。

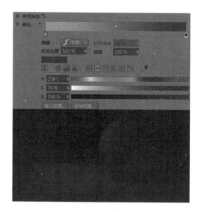

图 4-47

4.2.3 可见

　　"可见"参数面板可以用于控制灯光的衰减、外部距离和内部距离，还可以用于添加一些特殊效果，如尘埃、抖动等。"可见"参数面板的参数众多，但是在实际三维图像制作中应用偏少，这里只进行简单介绍，如图 4-48 所示。

图 4-48

- 使用衰减 / 衰减：勾选该复选框后，"衰减"参数才会被激活，灯光将会按照百分比的数值从光源起点到终点进行衰减。一般在"细节"参数面板中设置了衰减类型后，这里的参数保持默认设置即可。
- 使用边缘衰减：只对聚光灯对象有效，控制可见光的边缘进行衰减。
- 着色边缘衰减：只对聚光灯对象有效。勾选该复选框后，内部的颜色将会向外部呈放射状传播。
- 内部距离 / 外部距离："内部距离"参数用于控制内部颜色的传播距离，"外部距离"参数用于控制可见光的可见范围。
- 相对比例：控制灯光在 X、Y、Z 轴上的可见范围。

- 采样属性：该参数与体积光有关，用于设置可见光的体积阴影被渲染计算的精细度。
- 亮度：调整可见光的亮度。
- 尘埃：使可见光的亮度变得模糊。
- 使用渐变 / 颜色：为可见光添加渐变颜色。
- 附加：勾选该复选框后，如果场景中存在多个光源，则光源将会被叠加到一起。
- 适合亮度：防止可见光曝光过度。勾选该复选框后，可见光的亮度会被削减至曝光效果消失。

4.2.4 投影

"投影"参数面板是比较重要的一个参数面板。因为现实世界中有光就会有影子，所以影子的存在会让场景更加真实，让模型对象更加立体。投影包含 "无" "阴影贴图（软阴影）" "光线跟踪（强烈）" "区域" 4 种类型，和 "常规" 参数面板中的 "投影" 参数是有联系的。如果在 "常规" 参数面板中设置了投影类型，则这里的投影类型会随之改变；如果在 "投影" 参数面板中更改了投影类型，则 "常规" 参数面板中的投影类型也会随之更改。

- 密度：改变投影的强度。投影的密度百分比越大，形成的影子就越厚实。相应地，降低投影的密度百分比，形成的影子就会变虚、变淡，如图 4-49 所示。
- 颜色：设置投影的颜色。将颜色改为蓝色后，投影就变成了蓝色。但是由于颜色是浅色的，看起来没有和地面贴合，因此一般不会更改投影的颜色，即使更改也需要改为深色的，这样物体和投影连接的地方才会更贴合，如图 4-50 所示。

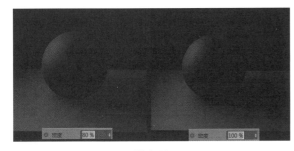

图 4-49

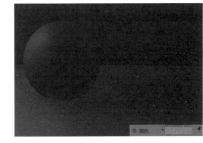

图 4-50

- 透明：如果对象材质设置了透明或 Alpha 通道，则需要勾选该复选框。勾选该复选框后，透明物体才会产生相应的投影，否则透明物体将不会在地面产生投影。
- 修剪改变：勾选该复选框后，在 "常规" 参数面板中设置的 "修剪" 参数会被应用到阴影投射和照明中。
- 采样精度 / 最小采样值 / 最大取样值：这 3 个参数用于控制区域投影的精度，且数值越大，产生的阴影越精确。

4.2.5 光度

"光度"参数面板常用于为 IES 灯添加 IES 文件，如图 4-51 所示。创建一个灯光对象并将其更改为 IES 灯对象后， "光度强度" 参数才可以被激活。激活 "光度强度" 参数后，在 "文件名" 栏添加不同的 IES 灯光文件，即可创建不同的 IES 灯对象。前面已经对 IES 灯进行了讲解，此处不再赘述。

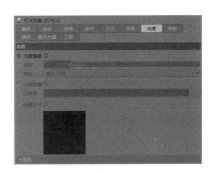

图 4-51

4.2.6 焦散

焦散是指当光线穿过一个透明物体时，由于物体表面不平整，光线折射没有平行发生，从而出现了漫折射，即投影表面出现光子分散。"焦散"参数面板如图 4-52 所示。

在 C4D 中，如果想要渲染灯光的焦散效果，则需要单击"渲染设置"图标 ，在弹出的"渲染设置"窗口中选择"效果 > 焦散"选项，添加焦散效果，同时在右侧的"焦散"面板中勾选"表面焦散"复选框，如图 4-53 所示。

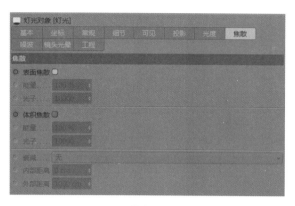

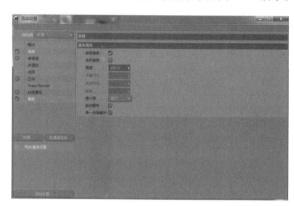

图 4-52

图 4-53

创建一个平面对象和一个球体对象，将球体对象简单地放置在平面对象上，当球体对象被赋予一个玻璃材质后，在区域光的照射下，单击"渲染预览"图标 ，即可查看焦散的渲染效果。由于球体对象表面不平滑，灯光照射之后产生了漫射效果，在地面上投射出较亮的亮光区域，这块区域就代表焦散效果，如图 4-54 所示。

- 表面焦散：激活表面焦散效果。
- 能量：设置表面焦散光子的初始总能量，主要用于控制焦散效果的亮度，同时能影响每一个光子反射和折射的最大值。"能量"数值越大，产生的焦散效果会越亮，如图 4-55 所示。

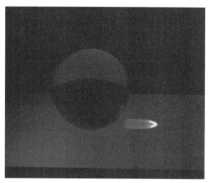

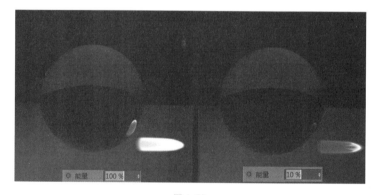

图 4-54

图 4-55

- 光子：影响焦散效果的精确度，其数值越高，焦散效果越精确。光子的数量越多，焦散区域就越密集，相应地，渲染时间也会增加。一般其数值为 10000 ～ 10000000 时最佳。若光子的数量太多，则由于焦散区域不会扩大，而密度会增大，最后会形成一整块白色区域。
- 体积焦散：用于设置体积光的焦散效果。

4.2.7 噪波

噪波可以为灯光添加一些特殊的光照效果，是由黑色、白色、灰色3个颜色组成的不规则图案。通过为灯光添加噪波，我们可以让灯光产生有明暗变化的照明效果。区域光是以平面形式均匀发光的灯光类型，添加噪波后，黑色的部分不发光，白色的部分发光，灰色的部分发弱光，可以实现变化丰富的照明效果。噪波类型共包含"无""光照""可见""两者"4种，如图4-56所示。

- 无：噪波不起作用。
- 光照：选择该选项后，光源的周围会出现一些不规则的噪波，这些不规则的噪波会随着光线的传播照射在物体上。添加了噪波的区域光照射在球体对象和平面对象上，使它们的表面产生类似于污垢的脏旧效果，让光影更具层次感，更加丰富，如图4-57所示。

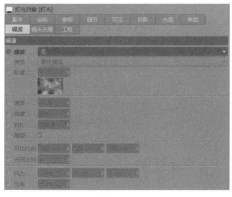
图 4-56

图 4-57

- 可见：选择该选项后，噪波不会照射到物体上，但会影响可见光，让可见光模拟烟雾效果。
- 两者：上面两种模式可以同时出现。
- 类型：包含"噪波""柔性湍流""刚性湍流""波状湍流"4种噪波模式。这些噪波模式主要用于更改黑白灰不规则图案的组合方式。

4.2.8 镜头光晕

"镜头光晕"参数面板用于模拟现实世界中摄像机镜头所产生的光影效果，可以渲染画面的气氛。在平面软件中制作图形时，它常常作为后期处理工具出现；在三维软件中制作模型时，它也可以直接用来改善画面的效果，如图4-58所示。

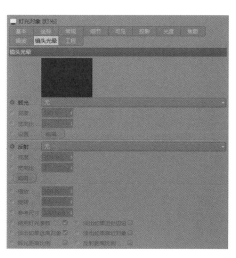
图 4-58

- 辉光：包含多种类型，可以为灯光设置一个镜头光晕的类型。软件内置了非常多的辉光类型，从不同颜色到不同形状都有，基本能满足日常使用，除了自带的辉光类型，还可以自定义想要的辉光类型，如图4-59所示。
- 亮度：设置所选辉光的亮度。该数值越高，辉光越亮，默认为100%，可以超出100%，但不宜过高，因为过高会产生曝光效果。
- 宽高比：设置所选辉光的宽度和高度的比例。
- 设置/编辑：单击"编辑"按钮，可以打开"辉光编辑器"对话框，对辉光的相关参数进行设置。在这里可以修改辉光元素的类型、尺寸，以及辉光元素的各种参数、辉光形状和颜色等，如图4-60所示。

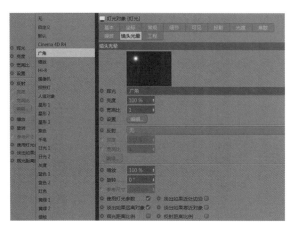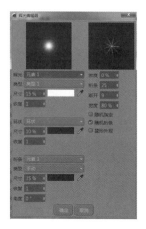

图 4-59   图 4-60

- 反射：为镜头光晕设置一个镜头光斑。结合"辉光"参数可以搭配出多种不同的效果，包含多种类型，如图4-61所示。
- 亮度：设置反射辉光的亮度。该数值越高，反射辉光越亮，默认为100%，可以超出100%，但不宜过高，因为过高会产生曝光效果。
- 宽高比：设置反射辉光的宽度和高度的比例。
- 编辑：单击"编辑"按钮，可以打开"镜头光斑编辑器"对话框，对反射辉光的相关参数进行设置，在这里可以设置反射辉光元素的类型、位置、尺寸和颜色等，如图4-62所示。

图 4-61

- 缩放：同时调节镜头光晕和镜头光斑的尺寸。该数值越大，辉光和反射辉光的尺寸越大，默认为100%，可以超出100%，但不宜过高，因为过高会产生中心区域曝光效果，如图4-63所示。
- 旋转：只能用于调节镜头光晕的角度。

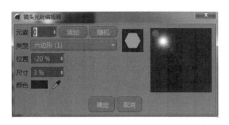

图 4-62   图 4-63

4.2.9 工程

灯光的工程排除是一个非常强大的功能。在现实世界中，当存在多个灯光时，场景的阴影、高光反射将会变得非常复杂，而在三维软件中，由于参数可控，可以人为排除一些不需要的灯光、反射效果和投影效果等。"工程"参数面板如图4-64所示。

图4-64

首先创建一个平面对象和两个球体对象，并将两个球体对象一字排开以搭建一个基础场景，然后创建一个区域光对象，并将其放置在左侧，此时两个球体对象和平面对象在区域光的照射下都有高光区域，以及亮面和暗面，如图4-65所示。

如果只需要区域光对左侧的球体对象起光照作用，则可以在"对象"窗口中选中区域光对象，在界面右下角的"工程"参数面板中将球体.1对象拖动到排除对象栏中，就会发现右侧的球体变成了黑色，不受区域光的漫射、反射和投影的影响，如图4-66所示。

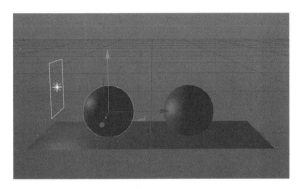

图4-65

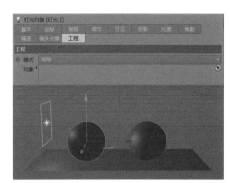

图4-66

默认的排除操作会将漫射、高光反射、阴影都排除，我们也可以单独排除其中某一个参数。在排除对象栏的对象后面有3个图标，■代表漫射，■代表高光，■代表阴影。此时单击第1个图标，表示区域光不排除球体.1对象的漫射，单击"渲染到图片查看器"图标■，查看排除后的灯光效果，如图4-67所示。

如果单击第2个图标，将其从■变成■，则表示区域光不排除球体.1对象的高光，单击"渲染到图片查看器"图标■，查看排除后的灯光效果，如图4-68所示。

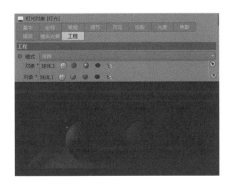

图4-67

图4-68

4.3 布光知识

在三维图像设计中，考虑到灯光类型、灯光位置、照射角度、灯光角度、灯光衰减、灯光效果等，每一个设计师对每一个场景的布光可能都有所不同，但本质上都要遵循一些布光原则。

主光源：一般来说，主光源会被放置在对象斜上方 45° 的位置，即常说的四分之一光。主光源的作用是在场景内生成阴影和高光，以及照亮绝大部分区域。

辅助光源：辅助光源用来填充场景的黑暗和阴影区域。主光源在场景中是最引人注意的光源，而辅助光源的光线可以弥补主光源照射不到的区域。一般辅助光源不会生成阴影，否则场景中有多个阴影看起来会不自然。

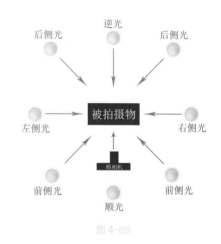

辅助光源可以不止一盏，一般被放置在主光源相对的位置，颜色可以与主光源的颜色形成对比，亮度需要比主光源弱，从而形成主次关系。

背景光 / 轮廓光：在布置好主光源和辅助光源后，需要强调物体的轮廓时可以加入背景光来将物体和背景分开。它们经常被放置在四分之三关键光的正对面，对物体产生很弱的反射高光效果。

顺光 / 逆光 / 侧光 / 顶光 / 底光：这些光不是相对物体位置而言的，而是需要参考摄像机的照射方向，如图 4-69 所示。

图 4-69

课堂案例 产品布光

实例位置	实例文件 >CH04> 课堂案例：产品布光 .png
素材位置	素材文件 >CH04> 产品布光 .c4d
视频名称	无
技术掌握	布光

扫码观看视频

作业要求：本次课堂案例通过一个口红模型的布光操作来讲解常见的灯光在实际工作中的应用，效果如图 4-70 所示。

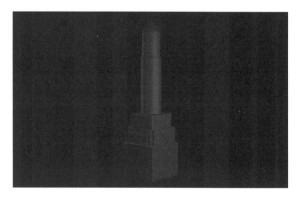

图 4-70

Step 01 打开本书提供的口红模型工程文件，如图 4-71 所示。

Step 02 创建一个区域光对象，单击鼠标中键进入四视图窗口，在正视图和右视图中移动区域光对象，在顶视图中旋转区域光对象，并将区域光对象放置在目标位置上，让其斜对口红模型，在产品斜方向作为主光源，如图 4-72 所示。

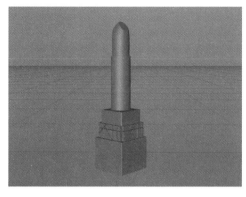
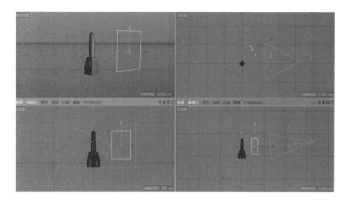

图 4-71　　　　　　　　　　　　　　　　　　　　图 4-72

Step 03 在正常情况下，创建的区域光对象较亮，模型表面没有细致的明暗变化。选中区域光对象，在界面右下角找到区域光对象的"细节"参数面板，将衰减类型修改为"平方倒数（物理精度）"，如图 4-73 所示。

Step 04 单击"渲染预览"图标 ▦，查看主光源对口红模型的效果。可以发现，在主光源开启衰减之后，口红模型的一侧区域有了高光、亮面、暗面，各光源层之间的过渡都非常柔和，这是较好的光影效果，如图 4-74 所示。

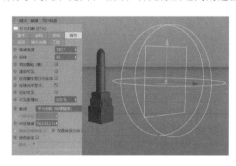

图 4-73　　　　　　　　　　　　　　　　　　　　图 4-74

Step 05 创建一个区域光.1 对象，将其移动到口红模型的另一斜方向作为辅助光源。辅助光源可以相对主光源而言缩小一点。同时，将辅助光源的"强度"数值降低至 70%，并在辅助光源的"细节"参数面板中将衰减类型也修改为"平方倒数（物理精度）"，如图 4-75 所示。

Step 06 单击"渲染预览"图标 ▦，查看辅助光源对口红模型的照明效果。可以发现，在增加了辅助光源后，左侧区域将不会特别暗，而且辅助光源的灯光强度比主光源的灯光强度低，这让左侧看起来比右侧稍暗一些，进一步丰富了光影的层次感，如图 4-76 所示。

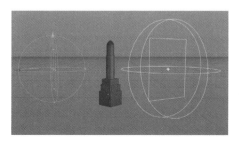
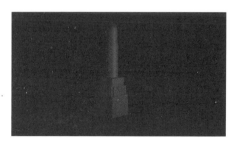

图 4-75　　　　　　　　　　　　　　　　　　　　图 4-76

Step 07 创建一个区域光.2对象，调节区域光.2对象上的小黄点，改变灯光的形状，形成细长的长方形，并放置在口红模型后方作为背景轮廓光。如果产品是放置在一个场景中的，背景光用于照亮场景，则将主体对象和场景分离可以得到更好的立体效果，即对产品打光，而背景光则用来照亮产品的边缘以形成高亮轮廓边，如图4-77所示。

Step 08 单击"渲染预览"图标 ▇，查看布光效果。可以发现，在添加了背景光后，口红模型的边缘部分会高亮显示，也可以将其称为轮廓边，而有了轮廓边，口红模型就会和黑暗的背景分离，从而变得更加立体，如图4-78所示。

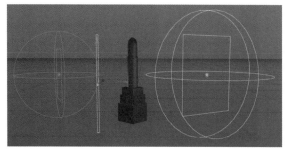

图 4-77

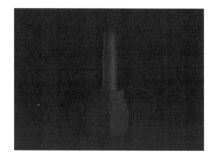

图 4-78

课堂练习 三点布光

实例位置	实例文件 >CH04> 课堂练习：三点布光.png	
素材位置	素材文件 >CH04> 三点布光.c4d	
视频名称	无	
技术掌握	布光	

扫码观看视频

作业要求：三点布光是三维图像设计中经典的布光方法，比较容易理解。在绝大多数场景下，使用三点布光都能得到较好的光影关系。首先要确定主光源的位置与强度，其次要决定辅助光源的强度与角度，最后布置背景光，同时灯光应当主次分明，互相补充。本次课堂练习着重讲解布光技巧，效果如图4-79所示。

图 4-79

Step 01 创建一个L形面，并创建3个立方体对象——两个圆柱对象和一个球体对象。对立方体对象进行相应的参数调节，使两个立方体对象变成长方体对象并放大。将两个圆柱对象组成一个十字形放在立方体对象上，并且对立方体对象和圆柱对象都添加圆角效果，如图4-80所示。

图 4-80

Step02 首先创建一个区域光对象并放置在场景的右上方，然后将区域光对象旋转一定角度，让其斜对场景产生照明效果，同时将其作为场景的主光源。场景在主光源的照射下大部分区域变亮，如图 4-81 所示。

Step03 在三维图像制作中，一般场景的投影由主光源来控制。选中区域光对象，在界面右下角的"投影"参数面板中将投影类型从默认的"无"更改为"区域"，单击"渲染预览"图标 ，查看添加投影后的效果，如图 4-82 所示。

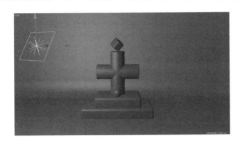

图 4-81

图 4-82

Step04 为主光源添加投影后，右侧的区域显得有些暗。创建一个区域光对象并放置在场景的左上方作为辅助光源，将辅助光源缩放得小一些，以便和主光源有形状上的区分，如图 4-83 所示。

Step05 现在场景左侧和右侧的光照亮度差不多，是因为两侧的灯光强度是一样的。一般而言，辅助光源的强度要比主光源的强度低，因为辅助光源只是起一个辅助照明的作用，让未被主光源照射的黑暗区域亮起来，所以这里将辅助光源的灯光强度从 100% 降低至 60%。单击"渲染预览"图标 ，查看降低辅助光源灯光强度后的效果。可以明显看到，右侧投影区域没有那么暗了，光影关系显得更好了，如图 4-84 所示。

图 4-83

图 4-84

Step06 主体部分的光影关系差不多到位了，但是在视觉表现中，背景显得太暗了，而且主体模型对象和 L 形面没有明显的区分。这时可以创建一个区域光对象，将其放置在主体模型对象上面作为背景光，朝向 L 形面的竖直面，如图 4-85 所示。

Step07 单击"渲染预览"图标 ，查看灯光效果，如图 4-86 所示。

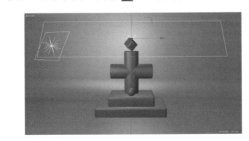

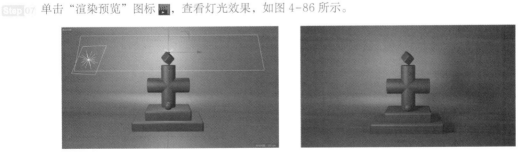

图 4-85

图 4-86

相比只有主光源和辅助光源而言，添加背景光后的场景更亮，而且由于背景被照得更亮，主体模型对象和背景墙也被分离，形成了较好的轮廓高亮边，使得主体模型对象的立体感更强。

这就是最常用的三点布光：一个主光源照亮场景，一个辅助光源照亮较暗的区域，一个背景光分离主体对象和场景。这只是针对简单的场景，当场景变得复杂时，可能会需要多个辅助光源和背景光，它们的添加原理都是一致的。

课后习题 石膏人像布光

实例位置	实例文件 >CH04> 课后习题：石膏人像布光.png
素材位置	素材文件 >CH04> 石膏人像布光.c4d
视频名称	无
技术掌握	三点布光

作业要求：本次课后习题准备了一个模型，要求读者利用本书提供的石膏人像工程文件进行布光训练，并多加练习，巩固所学的知识，效果如图 4-87 所示。

图 4-87

Step 01 打开本书提供的石膏人像工程文件，其中包含一个石膏头像模型，如图 4-88 所示。

Step 02 创建一个区域光对象作为辅助光源，并将其放置在模型对象头顶的后上方，如图 4-89 所示。在"常规"参数面板中设置灯光颜色为蓝色，效果如图 4-90所示。

图 4-88

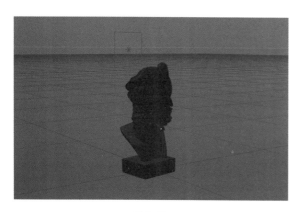

图 4-89

图 4-90

Step 03 创建一个区域光对象作为主光源，并将其放置在模型对象下方，方向朝上。在"常规"参数面板中设置灯光颜色为红色，从而在色彩上与辅助光源形成一个冷暖对比。在"细节"参数面板中设置衰减类型为"平方倒数（物理精度）"。同时，主光源的灯光强度相较辅助光源而言要强，如图 4-91 所示。

Step 04 单击"渲染预览"图标，查看灯光效果，如图 4-92 所示。

图 4-91

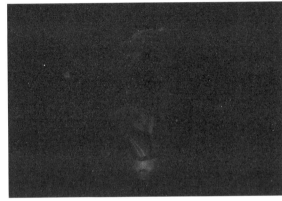

图 4-92

三点布光是最常用的灯光布置方法，但是在很多时候，一盏灯光或两盏灯光也能满足视觉需求，所以具体的灯光数量需要根据画面要求来确定，不是绝对的。

本章小结

本章详细讲解了 C4D 中的灯光工具及相应的参数，常用的三点布光技巧，以及布光的原则。除了这些常见的布光方法，读者也可以自行尝试新的布光方法，因为布光方法不是固定的，有时候为了满足艺术和商业需求，也会使用一些特殊的布光方法。

除此之外，软件中的灯光设置越复杂，渲染所花费的时间会越长，管理起来也会更复杂。在有些情况下，还可以使用贴图来模拟光源，而不使用实际灯光，从而减少渲染时间。

Chapter

05

第 05 章

材质与UV贴图

材质设置在三维图像创作中也是重要的环节，直接影响最终图像呈现效果的好坏。人们常说的质感就是通过设置纹理、灯光和光影等元素对物体本身的视觉形态进行真实再现，且还原度越高，质感越好。

C4D R20

学习重点

• 详细了解 C4D 材质的使用
• 详细了解并学会调节 C4D 的自带基础材质
• 详细了解并学会使用 C4D 的 UV 贴图功能

工具名称	工具图标	工具作用	重要程度
天空		配合HDR贴图提供真实的环境	高
物理天空		模拟自然的物理天空环境	中
纹理		显示模型的 UV 纹理透视方式	高
模型		显示模型的点、线、面组成的结构	高

5.1 材质编辑器重要通道讲解

首先双击材质窗口的空白区域，创建一个默认材质球，然后双击该材质球，弹出"材质编辑器"窗口。该窗口左侧是材质预览区和材质通道，右侧是材质的相关参数面板和调节面板，如图 5-1 所示。材质包含 12 个通道，且在调节一个材质时，可以使用的通道数量非常多，但有些通道是不常用的，如"辉光""环境"通道，而"颜色""发光""透明""反射""凹凸""法线""Alpha""置换"通道是较重要且较常用的通道，需要着重掌握。

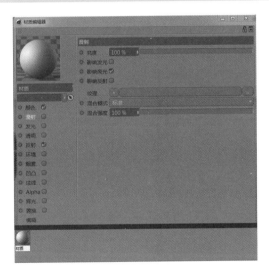

图 5-1

5.1.1 颜色

颜色是指物体的固有色，而固有色是指物体在白光之下呈现的颜色。固有色不存在于客观世界中，一切物体的颜色都是光的作用结果，是不同物体对光的吸收与反射现象。

勾选"颜色"通道后，"颜色"通道会以白色高亮显示，并在右侧弹出"颜色"通道的相关参数面板，可以对颜色进行进一步调节。

- 颜色：在右侧的"颜色"栏可以随意控制物体的固有色，只需单击H（色相）/S（饱和度）/V（明度）相应的地方即可。将H数值调节为35°，S数值调节为76%，V数值调节为80%，可以得到一个橘黄色的材质球，如果对色条熟悉，也可以直接单击相应的颜色条来修改颜色，如图5-2所示。

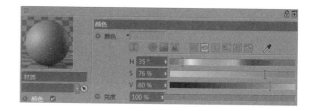

图5-2

- 亮度：可以调整固有色整体的明暗度，只需直接输入百分比数值或者拖动滑块即可。一般不会在这里调节固有色的亮度，而是直接通过HSV中的V（明度）来调节。
- 纹理：单击纹理后面的三角按钮 ，会弹出一个下拉菜单，可以添加纹理、噪波和渐变等效果。
- 纹理属性：单击按钮 ，会弹出一个文件窗口，可以添加贴图作为物体的外表颜色。任意添加一张图形纹理，材质球会将该图形纹理作为固有色。固有色可以为颜色，也可以为图形纹理或图形图案等，如图5-3所示。
- 清除：清除当前所添加的纹理效果或其他效果。
- 加载图像：加载任意图像来控制材质通道。
- 创建纹理：执行该命令，会弹出"新建纹理"窗口，用于创建自定义的纹理。
- 复制着色器/粘贴着色器：用于将通道中的纹理贴图复制、粘贴到其他通道中。当一张图形纹理或者某一种纹理效果需要被多次使用时，就可以使用"复制着色器""粘贴着色器"命令。
- 加载预置/保存预置：可以将设置好的参数做成预置保存到计算机中，方便下次直接加载使用。
- 噪波：执行该命令，可以进入噪波属性设置面板，并调整噪波的相关参数。在添加噪波后，图形纹理变成不规则的黑白灰图形，如图5-4所示。

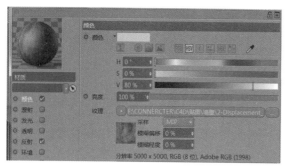

图5-3   图5-4

- 渐变：执行该命令，可以进入渐变属性设置面板。移动滑块或者双击滑块可以更改渐变颜色，如图5-5所示。单击黑色滑块，会弹出"颜色拾取器"对话框。调节成粉色后，单击"确定"按钮，就会由默认的黑白渐变效果变成粉白渐变效果，如图5-6所示。

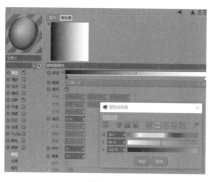

图5-5

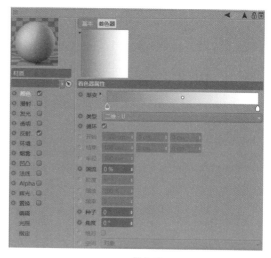

图5-6

- 菲涅耳：当物体透明或表面光滑时，物体表面垂直于法线的部分反射较弱。
- 颜色：通过修改 HSV 的数值来控制材质的颜色属性。
- 图层：执行该命令，进入图层属性设置面板。
- 着色：执行该命令，进入着色属性设置面板。默认添加着色效果后，材质球会变成黑色，如图 5-7 所示。单击"纹理"后面的三角按钮 ，可以添加纹理效果，若添加一个颜色纹理，则材质球会变成黄色，如图 5-8 所示。

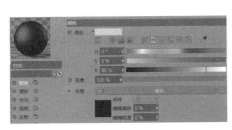
图 5-7

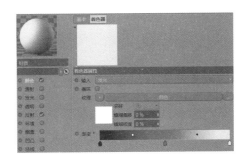
图 5-8

- 背面：执行该命令，进入背面属性设置面板。单击"纹理"后面的三角按钮，可以添加各种纹理效果，并配合"色阶"等命令调节纹理的效果。
- 融合：执行该命令，进入融合属性设置面板，可以选择不同的融合模式。融合模式用于混合两个纹理层。使用"正片叠底""屏幕""添加""减去"等多种融合模式将两个纹理层融合，可以得到一个新的纹理效果，如图 5-9 所示。
- 过滤器：执行该命令，进入过滤器属性设置面板。单击"纹理"后面的三角按钮，可以添加图形纹理。在添加过滤器后，可以对图形纹理的色调、饱和度、明度、亮度、对比度等进行调节，如果添加的图像纹理颜色不是理想的颜色，则可以用过滤器修正图形纹理的颜色参数，如图 5-10 所示。

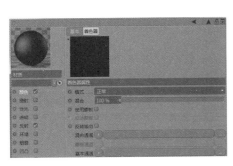
图 5-9

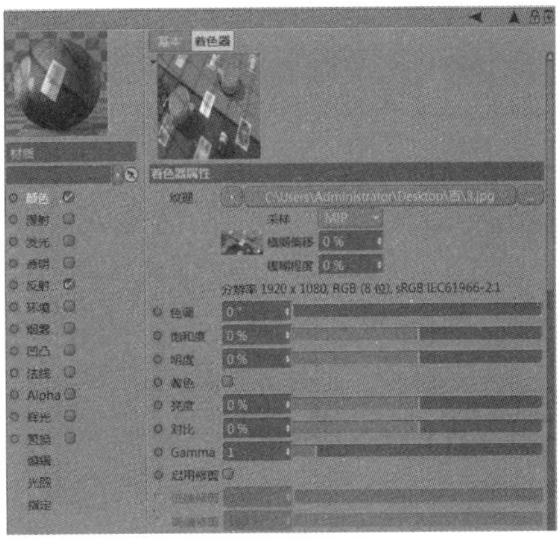

图 5-10

- Mograph：此纹理分为多个着色器。
- 效果：提供多种效果，常用效果有"各向异性""次表面散射"等。
- 表面：提供多种物体仿真纹理。
- 多边形毛发：模拟毛发的一种纹理。进入其属性面板后，可对颜色、高光等进行调节。

5.1.2 漫射

　　漫射是指投射在粗糙表面上的光向各个方向反射的现象。勾选"漫射"通道后，右侧会出现相应的参数面板，可以在此调节漫射的亮度，设置是否影响发光、高光、反射等，如图 5-11 所示。

　　给两个球体对象赋予相同的红色材质球，并为第 2 个材质球设置"漫射"通道后，直接输入数值或者拖动滑块来调节漫射的亮度，可以将漫射的"亮度"数值降低至 50%。单击"渲染预览"图标 ，查看两个材质球的区别。可以发现，第 2 个球体对象的红色更暗，也就是说，颜色相同时漫射的亮度差异会直接影响材质的效果，如图 5-12 所示。

 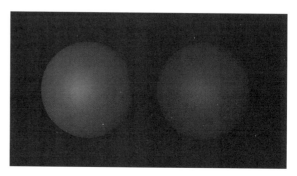

图 5-11　　　　　　　　　　　　　　　　　　　　图 5-12

5.1.3 发光

　　"发光"通道用于使目标对象发光，如果材质是自发光属性，则常用来表现自发光现象，但不能用作发光源，需要开启全局光照才能有真正的发光效果。勾选"发光"通道后，在右侧的参数面板中可以修改发光的颜色和发光的亮度等，如图 5-13 所示。

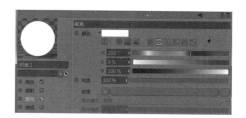

图 5-13

　　给一个管道扫描文本对象赋予发光材质，将发光的颜色修改为蓝色，并增加"亮度"数值为 200%，如图 5-14 所示。单击"渲染预览"图标 ，查看发光的效果，文本变成了发光文本，如图 5-15 所示。发光材质也可以用来制作霓虹灯等。虽然设置的发光颜色为蓝色，但是在增加"亮度"数值后灯光颜色会偏绿，这也是需要注意的，因为在增加"亮度"数值后有色灯光会出现一定的偏色。

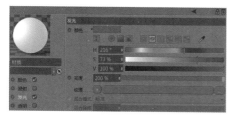 

图 5-14　　　　　　　　　　　　　　　　　　　　图 5-15

5.1.4 透明

　　物体的透明度可以由颜色的明度信息和亮度定义。纯透明的物体不需要使用"颜色"通道。"透明"通道通常用来制作玻璃材质、水材质、SSS 材质等。勾选"透明"通道后，在右侧的参数面板中可以修改颜色、亮度、折射率预设等，如图 5-16 所示。

　　透明材质比较重要的一个参数是"折射率"。折射率的大小决定了这是一个什么样的透明材质，例如，水、玻璃、牛奶这些透明物体的折射率都是不同的。软件提供了很多预设，默认自定义折射率为 1，在将"折射率预设"修改为"玻璃"后，如图 5-17 所示，透明材质就变成了一个玻璃材质。

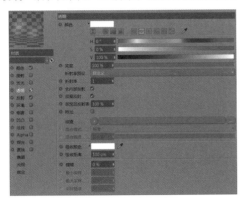

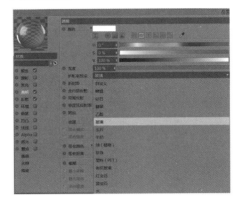

图 5-16　　　　　　　　　　　　　　　　　图 5-17

　　另外一个比较重要的参数就是"吸收颜色"。在上面的 HSV 颜色条中修改颜色时，透明材质不会发生变化，因为玻璃颜色是通过吸收、反射、透过不同波长的光线来呈现不同颜色的，需要通过下面的"吸收颜色"参数来修改。如图 5-18 所示，将"吸收颜色"从白色修改为红色，透明白色玻璃就变成了红色玻璃。

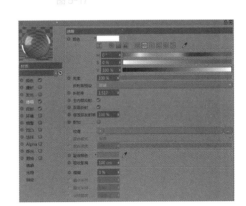

图 5-18

5.1.5 反射

　　"反射"通道是比较重要的一个通道，大部分材质都需要调节"反射"通道的相关参数设置。该通道用于控制物体表面的反射强度，可以通过颜色来控制，或者通过亮度来控制，甚至还可以通过添加纹理贴图或效果来控制反射强度和内容。勾选"反射"通道后，可以看到右侧参数面板中的参数非常多，如图 5-19 所示。

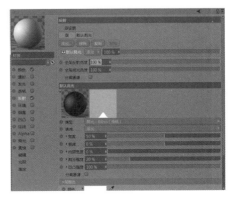

图 5-19

"反射"通道通过层来控制不同的反射效果,但是默认的参数层反射效果不好。一般先单击"添加"按钮,添加一个GGX反射,如图5-20所示,然后在"菲涅耳"下拉列表中选择"绝缘体"选项,就能得到较好的反射材质,如图5-21所示。

图 5-20

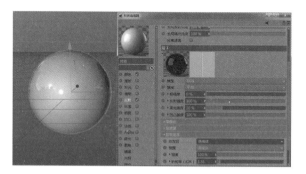

图 5-21

常用的材质大致可分为绝缘体和导体。导体就是常说的金属材质,将"菲涅耳"修改为"导体",并将下面的"预置"设置为"铝",如图5-22所示,即可得到一个镜面不锈钢铝材质。

图 5-22

5.1.6 烟雾

"烟雾"通道常配合"环境"通道使用,可以在环境中营造烟雾笼罩的氛围。勾选"烟雾"通道后,在右侧的参数面板中可以调节烟雾的颜色、亮度和距离等参数,如图5-23所示。

首先创建一个立方体对象和一个球体对象,并将球体对象缩小至立方体内部,然后创建一个材质球,勾选"烟雾"通道,保持默认的相关参数设置,将材质赋予立方体对象。单击"渲染预览"图标 ,查看烟雾效果。立方体对象在被赋予烟雾材质后,整个立方体就变成了烟雾体积,同时球体对象在烟雾中若隐若现,如图5-24所示。

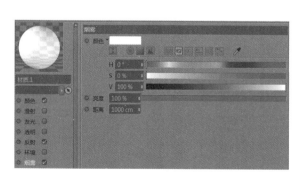

图 5-23

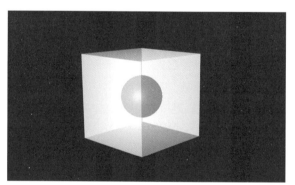

图 5-24

5.1.7 凹凸

"凹凸"通道也是常用的一个通道,是以贴图的黑白信息来定义凹凸的强度的。这个通道只是实现视觉上的凹凸,没有实现真正意义上的凹凸。勾选"凹凸"通道后,在右侧的参数面板中可以调整凹凸的强度,以及添加纹理贴图来控制凹凸效果,如图 5-25 所示。

创建一个球体对象,并对其赋予一个基础材质,将材质的"凹凸"通道勾选上,在"纹理"栏添加一个噪波效果,进入噪波属性设置面板,将默认噪波类型修改为"气体",单击"渲染预览"图标 ▓,查看凹凸效果。球体对象在添加了气体噪波后,表面增加了丰富的不规则纹理,类似于划痕墙面的凹凸效果,如图 5-26 所示。

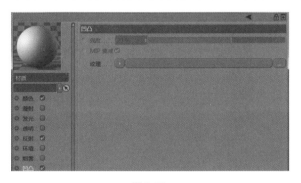

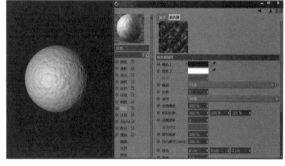

图 5-25   图 5-26

5.1.8 法线

"法线"通道和"凹凸"通道的作用是一样的,都是用于为模型对象增加表面凸起或凹陷的效果,只是两者的应用方式不同。"法线"通道通常需要加载法线贴图。法线贴图包含材质表面的凹凸信息,由高模烘焙生成,用于低模显示高模的效果。勾选"法线"通道后,在右侧的参数面板中可以调节法线的强度、法线贴图的算法模式,以及添加纹理贴图来控制法线的凹凸效果,如图 5-27 所示。

创建一个球体对象,并对其赋予一个基础材质,将材质的"法线"通道勾选上,在"纹理"栏添加一张石砖法线贴图,单击"渲染预览"图标 ▓,查看凹凸效果。在添加了石砖法线贴图后,球体表面有了石砖的凹痕,而且石砖墙面上的很多砖块细节都体现出来了,让材质显得更加真实。"法线"通道相较"凹凸"通道而言拥有更多的细节体现,如果需要非常多的细节体现,则常常需要将两个通道一起使用,如图 5-28 所示。

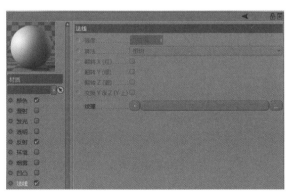

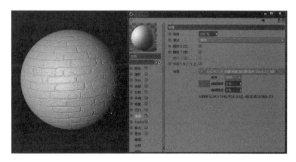

图 5-27   图 5-28

5.1.9 Alpha

"Alpha"通道也是一个常用的通道，以黑白贴图的形式对物体进行镂空处理，纯黑表示全透明，纯白表示全保留。勾选"Alpha"通道后，在右侧的参数面板中可以确定通道是否反向、是否需要图像 Alpha，以及添加纹理贴图来控制镂空的区域，如图 5-29 所示。

创建一个平面对象，并对其赋予一个基础材质，将材质的"Alpha"通道勾选上，在"纹理"栏单击按钮 ，添加一个棋盘效果，进入棋盘属性设置面板，将"U 频率"和"V 频率"从默认的 1 修改为 4，单击"渲染预览"图标 ，查看镂空效果。平面对象在添加了黑白的棋盘后，黑色部分全部透明，白色部分全部显示，如图 5-30 所示。

图 5-29

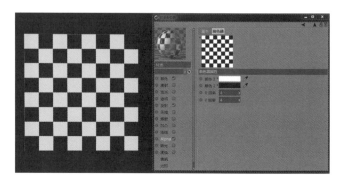

图 5-30

5.1.10 辉光

"辉光"通道属于后期通道，可以用于添加辉光效果，不常用。勾选"辉光"通道后，在右侧的参数面板中可以修改辉光的颜色、亮度、内部强度、外部强度、半径、随机和频率等，如图 5-31 所示。

创建一个球体对象，并对其赋予一个基础材质，将材质的"辉光"通道勾选上，取消勾选"材质颜色"复选框。如果不取消勾选"材质颜色"复选框，则"辉光"通道将会以"颜色"通道的颜色发光。只有取消勾选该复选框后，才可以在"辉光"通道的相关参数面板中修改颜色。这里修改"颜色"为绿色，单击"渲染预览"图标 ，查看辉光的效果，则球体对象除了发光还会产生辉光效果，如图 5-32 所示。

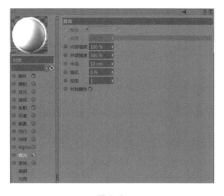

图 5-31

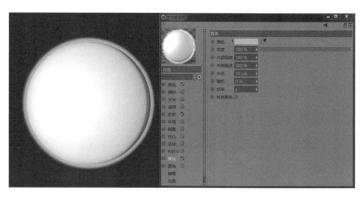

图 5-32

5.1.11 置换

"置换"通道也是常用的通道,与"凹凸"通道和"法线"通道是一类通道。它们的区别在于,"置换"通道是通过黑白贴图的形式让物体实现真实凹凸效果的,即会改变模型对象的结构,而"凹凸"通道等只是通过贴图渲染的方式让结构看起来有凹凸效果。

勾选"置换"通道后,在右侧的参数面板中可以修改置换的强度、高度,以及添加纹理贴图来控制置换的区域,还可以对置换效果进行一些细分、圆滑方面的处理。大部分参数默认为灰色不可用状态,需要添加纹理贴图后才会被激活,如图 5-33 所示。

创建一个平面对象,将平面对象的"宽度分段"和"高度分段"数值设置为 200,因为分段越多,后面置换效果的细节程度越高。对平面对象赋予一个基础材质,将

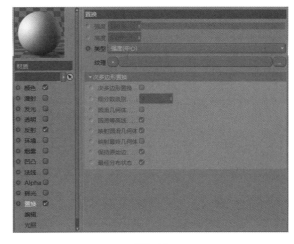

图 5-33

材质的"置换"通道勾选上,在"纹理"栏添加一个噪波效果,进入噪波属性设置面板,将"类型"修改为"单元",增加置换的高度为 10cm,单击"渲染预览"图标 ▓,查看置换效果。平面在添加单元噪波置换效果后,表面凸起了很多小方块,如图 5-34 所示。

最常见的方式还是通过添加纹理贴图来控制置换效果。添加一张芯片黑白贴图,单击"渲染预览"图标 ▓,查看置换效果。平面对象在添加芯片黑白贴图并置换后,表面凸起了很多纹理,类型于电路板的结构,如图 5-35 所示。

图 5-34

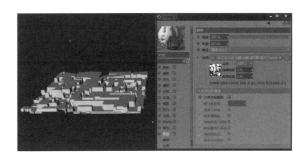

图 5-35

5.2 常用材质调节

材质是多种多样的,有复杂的,有简单的,但是无论多么复杂的材质都是通过一个个基础材质演变而来的。下面就介绍几种常用的基础材质调节方式。

5.2.1 调节反射材质

Step 01 执行"主菜单 > 创建 > 场景 > 天空"命令，创建一个天空对象，双击材质窗口的空白区域，新建一个材质并将其赋予天空对象，从而模拟一个真实的现实环境。默认创建的天空对象是灰色的，还需要对其添加 HDR 贴图，如图 5-36 所示。

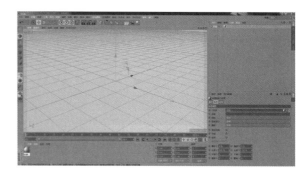

图 5-36

Step 02 双击材质球，取消勾选"颜色"和"反射"通道，并勾选"发光"通道。取消勾选"颜色"通道和"反射"通道是为了不让"颜色"通道默认的白色影响发光的颜色，这里只需要一个单纯的发光材质，如图 5-37 所示。

Step 03 打开界面右上角的"内容浏览器"窗口，在搜索栏中搜索 HDR，若安装或者更新了软件预置，则在搜索后会出现很多 HDR 贴图，每一张 HDR 贴图都是在现实世界中实拍的环境，非常真实，如图 5-38 所示。

图 5-37

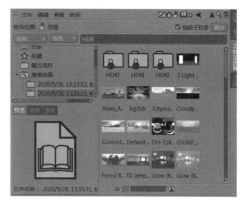

图 5-38

Step 04 选择一张 HDR 贴图，这里选择 Default HDR（一个公园城市场景），并将其拖动到材质球的"发光"通道的"纹理"栏，即可得到一个真实的发光场景，如图 5-39 所示。

Step 05 现在 HDR 贴图的环境看起来很模糊，双击材质球，单击"编辑"标签，在右侧的参数面板中将"纹理预览尺寸"数值调大，如从默认的参数设置修改为 4096×4096，提高图形的分辨率。这样一来，HDR 环境在编辑操作时会更清晰。实际上，如果不提高分辨率，最终渲染时也没有问题，这样调节只是提高了编辑操作的显示分辨率，如图 5-40 所示。

图 5-39

图 5-40

至此，一个真实的现实环境就创建完成了。在三维图像制作的渲染环节中，灯光是十分重要的，模拟真实的现实环境也是必不可少的，尤其是在制作一些写实的图像时。

HDR 贴图配合天空对象是最常用的方法，可以模拟出一个真实的现实环境。在这个真实的现实环境中，都是最自然的太阳光，接下来的材质调节都将在这个场景中进行。

在上述场景中，扫描一个酒杯模型作为材质对象，创建一个基础材质并将其赋予酒杯对象，将材质的"颜色"和"反射"通道勾选上，在"颜色"通道的参数面板中将 V（明度）修改为 12%，设置"颜色"为黑色，在"反射"通道的参数面板中单击"添加"按钮 添加... ，添加一个 GGX 反射类型，增加"粗糙度"数值至 6%，在"层菲涅耳"下面的"菲涅耳"下拉列表中选择"绝缘体"选项，在"预置"下拉列表中任意选择一个选项，单击"渲染预览"图标 ，查看常见的反射材质效果，如图 5-41 所示。

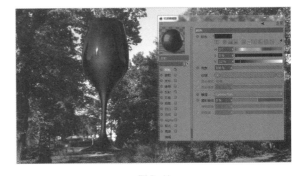

图 5-41

5.2.2 调节金属材质

在上述场景中，扫描一个酒杯模型作为材质对象，创建一个基础材质并将其赋予酒杯对象，将材质的"反射"通道勾选上，在"反射"通道的参数面板中单击"添加"按钮 添加... ，添加一个 GGX 反射类型，增加"粗糙度"数值至 8%，在"层菲涅耳"下面的"菲涅耳"下拉列表中选择"导体"选项，在"预置"下拉列表中选择"金"选项，单击"渲染预览"图标 ，查看常见的金属材质效果，如图 5-42 所示。

图 5-42

5.2.3 调节发光材质

在上述场景中，扫描一个酒杯模型作为材质对象，创建一个基础材质并将其赋予酒杯对象，将材质的"发光"通道勾选上，取消勾选"反射"通道，保持勾选"颜色"通道，通过改变 H、S、V 的数值调节出一个淡蓝色，单击"渲染预览"图标 ，查看常见的发光材质效果，如图 5-43 所示。

图 5-43

5.2.4 调节透明材质

在上述场景中，扫描一个酒杯模型作为材质对象，创建一个基础材质并将其赋予酒杯对象，将材质的"透明"通道勾选上，将"折射率预设"修改为"水"，单击"渲染预览"图标 ，查看常见的透明材质效果，如图 5-44 所示。

图 5-44

5.2.5 调节SSS材质

在上述场景中，扫描一个酒杯模型作为材质对象，创建一个基础材质并将其赋予酒杯对象，将材质的"发光"通道勾选上，取消勾选"反射"通道和"颜色"通道，在"纹理"栏添加一个次表面散射效果，进入次表面散射属性设置面板将"预置"修改为"苹果"，同时将"路径长度"数值修改为 1cm。"路径长度"是次表面散射属性设置面板中最重要的一个参数，"路径长度"数值越小，光穿过模型对象的效果就越好，次表面散射效果就越好，模型对象就越通透，单击"渲染预览"图标 ，查看常见的 SSS 材质效果，如图 5-45 所示。

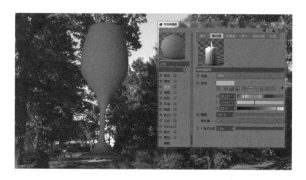

图 5-45

纹理投射与UV贴图

在材质表现中，除了调节材质的各种通道的参数，还可以通过真实的贴图信息将材质赋予模型对象，这种方式高效、快捷，不需要过多地调节通道的参数，只需要配合 UV 贴图，即可实现精确的贴图效果。

对每一个对象指定材质后，在"对象"窗口中会出现一个"纹理标签"图标 ，单击"纹理标签"图标，可以在视图窗口右下角打开标签属性面板。在这里可以修改纹理标签的名称、选集区域、投射方式、投射显示、材质是否双面、混合纹理、平铺和连续等，如图 5-46 所示。

- 选集：选择一个可编辑对象上的点、线、面，执行"选择 > 设置选集"命令，就能设置相应的点选集、线选集和面选集。这里选择一个圆柱对象上的 9 个面来设置面选集，并在设置面选集后，创建一个红色和白色基础材质并一起指定给圆柱对象。单击红色材质球，把面选集拖动到红色材质纹理标签属性面板的"选集"栏中，这样面选集的区域将显示为红色材质，而其他部分将显示为白色材质，常用于给一个模型指定不同的材质，如图 5-47 所示。

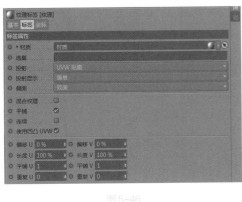

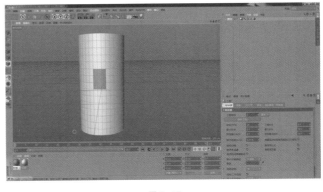

图 5-46   图 5-47

- 投射：当材质的"颜色"通道包含纹理贴图后，可以通过投射来设置贴图在对象上的投射方式。投射方式共有9种，常用的是"平直""立方体""UVW 贴图"这 3 种方式，其他的投射方式不常用，如图 5-48 所示。

  ➢ 球状：将纹理贴图以球状投射在对象上，适合球体对象。创建一个基础材质，在"颜色"通道的参数面板中添加棋盘，进入棋盘属性设置面板，将"U 频率"和"V 频率"都修改为 2，并将材质指定给一个球体对象，单击"纹理"图标 ，查看贴图的投射方式，可以发现，棋盘纹理被均匀地投射在球体对象上，如图 5-49 所示。

  ➢ 柱状：将纹理贴图以柱状形式投射在对象上，适合圆柱类对象。2×2 的棋盘纹理会被均匀分布在圆柱的侧面和上 / 下面，如图 5-50 所示。

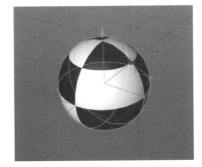

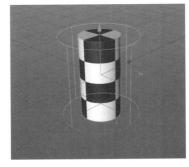

图 5-48   图 5-49   图 5-50

  ➢ 平直：将纹理贴图以平面形式投射在对象上，适合平面对象。有时候，默认的"平直"投射方式是不正确的，如图 5-51 所示。默认的平直纹理贴图是水平的，如果平面对象是竖直的，则需要单击"纹理"图标 ，将纹理贴图旋转 90°，才能得到纹理和平面匹配的效果，如图 5-52 所示。

  ➢ 立方体：将纹理贴图以立方体形式投射在对象上，是使用最多的一种投射方式。"立方体"投射方式不仅适合立方体类模型对象，还适合绝大多数模型对象，因为它是从前后、左右、上下 6 个方向进行投射的，能得到均匀的纹理投射效果，如图 5-53 所示。

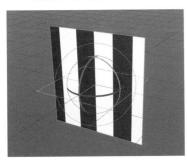

图 5-51   图 5-52   图 5-53

➢ 前沿：该投射方式是将纹理贴图从视图的视角投射到对象上，且投射的贴图会随着视角的变换而变换。如果将一张纹理贴图以"前沿"投射方式投射到一个人偶对象上，则随着摄像机的转动，人偶对象正面和侧面的纹理效果是不同的，是变化的，如图5-54所示。而使用其他投射方式实现的纹理效果都是固定在模型对象上的。

➢ 空间：将2×2的棋盘纹理以"空间"投射方式投射到一个立方体对象上，纹理会一分为二且发生倾斜，这就是"空间"投射方式的效果，不常用，如图5-55所示。

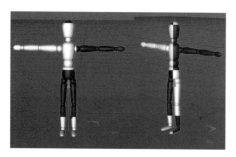

图5-54   图5-55

➢ UVW贴图：在将材质指定给一个对象后，默认使用的都是"UVW贴图"投射方式。这里以一个宝石对象、一个胶囊对象和一个圆锥对象为例，以"UVW贴图"投射方式为它们指定一个2×2的棋盘材质，会发现宝石对象的纹理错乱，而胶囊对象和圆锥对象的纹理是正确、均匀的，如图5-56所示。这是因为规则的模型对象采用"UVW贴图"投射方式通常会得到正确的效果，而不规则的模型对象采用"UVW贴图"投射方式将得不到正确的效果，需要被转换为可编辑对象，因为每一个可编辑对象都有UVW坐标，对模型对象展开UV面板，在UV面板中绘制贴图就能得到正确的效果。

➢ 收缩包裹：该投射方式是把纹理的中心固定到一点，并将余下的纹理拉伸以覆盖对象，如图5-57所示。

图5-56   图5-57

➢ 摄像机贴图：创建一个摄像机对象，并将其拖动到材质纹理标签属性面板的"摄像机"栏，进入摄像机视角，效果类似于"前沿"投射方式，不过不会随着视角变化而是会随着摄像机朝向变化而改变投射角度。当摄像机较远时和将摄像机拉近之后，人偶对象表面的棋盘纹理会随着摄像机距离的改变而发生变化，如图5-58所示。

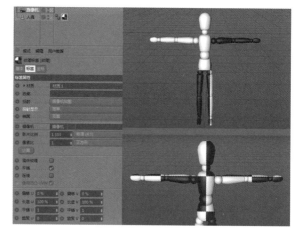

图5-58

- 投射显示：将投射具体地显示出来，有 3 种方式，即"简单""网格""实体"。"简单"方式就是只显示边框线，简单明了；"网格"方式会把面以网格的形式显示，更加直观、具体；"实体"方式在"网格"方式的基础上还会显示棋盘纹理，用来矫正纹理是否投射正确或者是否会产生拉伸效果，如图 5-59 所示。

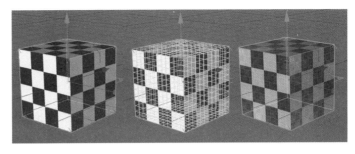

图 5-59

- 侧面：用于设置纹理贴图的投射方向，包含"双面""正面""背面"3 个选项。双面：该选项是指纹理贴图将投射在多边形每个面的正反面上。正面：该选项是指纹理贴图将投射在多边形每个面的法线面上。背面：该选项是指纹理贴图将投射在多边形的背面上。在一个对象上添加两个材质，分别设置正面和反面，可以实现双面材质，如图 5-60 和图 5-61 所示。

- 混合纹理：一个对象可以被指定多个材质，就会有多个纹理标签。新指定的材质会覆盖前面指定的材质。如果新指定的材质是镂空材质，就会透过前面的材质纹理，相当于一个混合材质。对一个对象至少需要指定两个及两个以上的材质，混合纹理才能起作用。例如，一个立方体对象先被指定一个红色材质，再被指定一个"颜色"通道添加了 2×2 棋盘效果、"Alpha"通道添加了 1×1 棋盘效果的材质，由于第 2 个材质设置了"Alpha"通道，因此黑色的部分会镂空显示出第 1 个材质的效果，如图 5-62 所示。

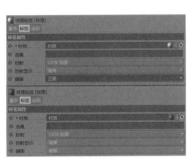

图 5-60

图 5-61

图 5-62

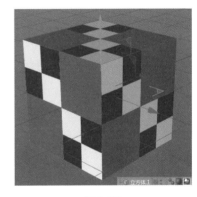

5.3.1 平铺

　　"平铺"参数用于设置纹理图片在水平和垂直方向上的重复数量，和其下面的"平铺 U"和"平铺 V"参数有关。默认的"平铺 U"和"平铺 V"数值为 1，当被修改为 2 后，由于没有勾选"平铺"复选框，即没有开启平铺功能，因此纹理图片不会被重复复制，球体对象只有四分之一的区域显示纹理，只有勾选"平铺"复选框后，纹理才会覆盖整个球体对象，如图 5-63 所示。

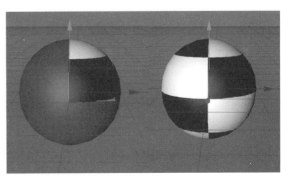

图 5-63

5.3.2 连续

"连续"参数主要针对不规则的图像纹理，当"平铺 U"和"平铺 V"数值大于 1 时，勾选"连续"复选框，纹理将会被镜像显示，避免产生接缝。当一个渐变材质的"平铺 U"和"平铺 V"数值为 2 时，若取消勾选"连续"复选框，则纹理有明显的接缝，如图 5-64 所示。当勾选"连续"复选框后，纹理会产生镜像效果，且衔接得更加自然，如图 5-65 所示。

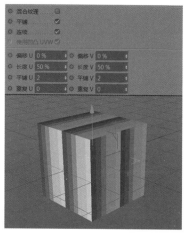

图 5-64

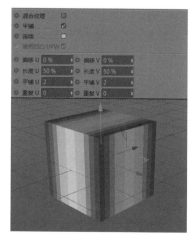

图 5-65

- 偏移 U/ 偏移 V：用于设置纹理贴图在水平和垂直方向上的偏移，如图 5-66 所示。当"偏移 U"数值从 0% 增加到 30% 时，纹理会在 U 方向上进行一定偏移，如图 5-67 所示。
- 长度 U/ 长度 V：用于设置纹理贴图在水平和垂直方向上的长度，与"平铺 U"和"平铺 V"参数是同步的，如图 5-68 所示。当"长度 U"数值从 100% 增加到 150% 时，纹理会在 U 方向上进行一定拉长，如图 5-69 所示。

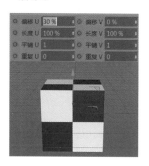

图 5-66

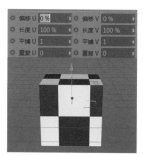

图 5-67

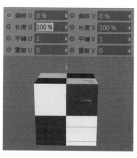

图 5-68

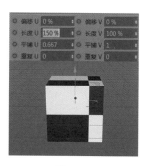

图 5-69

- 平铺 U/ 平铺 V：用于设置纹理贴图在水平和垂直方向上的平铺次数，与"长度 U"和"长度 V"参数是同步的。
- 重复 U/ 重复 V：决定纹理贴图在水平和垂直方向上的最大重复次数。若超过设定的次数，则在对象上将不显示纹理贴图，如图 5-70 所示。当"平铺 U"和"平铺 V"数值为 5 时，如果"重复 U"和"重复 V"数值为 4，则会有一次重复的纹理贴图不被显示出来。

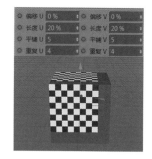

图 5-70

XYZ指物体在世界（场景）中的位置关系，可以被理解为物体的长度、宽度、高度；UVW通常指物体的贴图坐标。为了区别已经存在的 XYZ，三维软件使用 UVW 这 3 个字母来表示。

U 可以被理解为 X，V 可以被理解为 Y，W 可以被理解为 Z。贴图一般是平面的，所以贴图坐标一般只用到了 U、V 两项，很少用到 W 项。

在界面右上角的"界面"下拉列表中将"启动"切换为 BP-UV Edit，打开 BP-UV Edit 界面，如图 5-71所示。BP-UV Edit 界面是专门用来拆分模型对象，处理平面 2D 图片的界面，可以将展开的平面 2D 图片导出到平面软件中以绘制贴图。

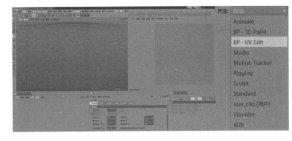

图 5-71

需要注意的是，只有可编辑对象才有 UVW。创建一个立方体对象，按快捷键 C 将其转换为可编辑对象，如图 5-72所示。在"对象"窗口中，立方体对象在转换为可编辑对象后会多出一个标签 ▦。这就是 UVW 标签，记录了这个模型对象的 UVW 坐标信息。

切换到面模式 ▦，在界面右下角的参数面板中找到"投射"参数面板，单击"立方 2"按钮 立方 2，设置为"立方 2"的投射方式，C4D 会自动拆分立方体对象，将一个立方体对象的 6 个面自动展开为一个平面，且展开的这个平面可以重新组合成一个立方体对象，如图 5-73 所示。

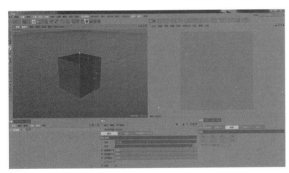

图 5-72

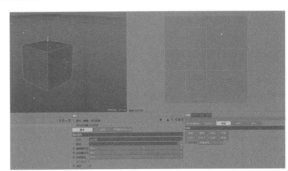

图 5-73

将立方体对象展开为一个平面后，先单击"材质"按钮 材质，切换到"材质"面板，然后双击空白处创建一个材质，如图 5-74 所示。将创建的材质指定给立方体对象，单击"对象"按钮，切换回"对象"面板，如图 5-75 所示。

图 5-74

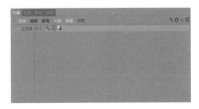

图 5-75

指定材质后，就需要对材质进行贴图绘制，一般而言，将对象展开为一个平面需要借助其他软件（如 Photoshop）或者软件自带的 Paint 绘画功能来绘制贴图。切换到 BP-3D Paint 界面，给立方体绘制贴图，如图 5-76 所示。单击视图窗口左上角的"纹理"按钮 纹理，从视图窗口切换到纹理窗口，目的是方便接下来的纹理绘制，如图 5-77所示。

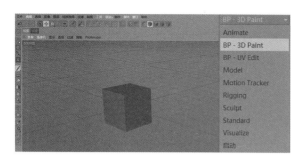

图 5-76   图 5-77

单击工具栏中的"设置向导"图标 ，会弹出一个选择对象窗口，如图 5-78 所示。在绘制贴图之前，需要先指定一个对象，在确定对象是立方体对象之后，单击"下一步"按钮，会弹出一个 UV 设置窗口，如图 5-79 所示。将这里的参数保持默认设置，单击"下一步"按钮，会弹出一个材质选项窗口，如图 5-80 所示。这里创建的 UV 贴图主要是作为"颜色"通道使用的，在确定正确后，单击"完成"按钮，会弹出一个设置向导成功窗口，单击"关闭"按钮即可，如图 5-81 所示。

图 5-78   图 5-79   图 5-80   图 5-81

在设置向导完成后，原来的 6 个 UV 纹理网格会以三行两列的方式排列，如图 5-82 所示。这样的排列方式有利于绘制贴图。

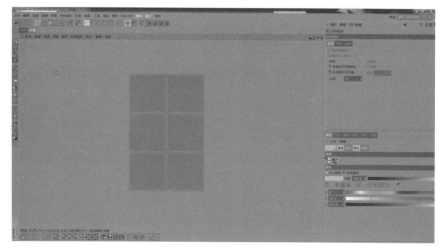

图 5-82

在左侧的编辑模式工具栏中单击"多边形"图标 ，在右侧的工具面板中将"形状"设置为"矩形"，将"颜色"设置为白色，在纹理区域按住鼠标左键不放进行拖动，直至白色区域覆盖整个纹理区域，如图5-83所示。

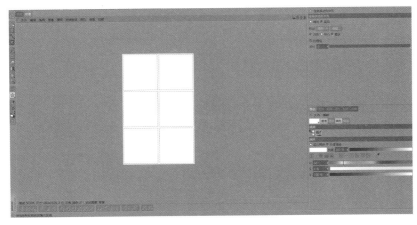

图 5-83

在右侧的工具面板中将"形状"设置为"圆形"，将"颜色"设置为蓝色，在第1个正方形区域绘制一个圆形，如图5-84所示。

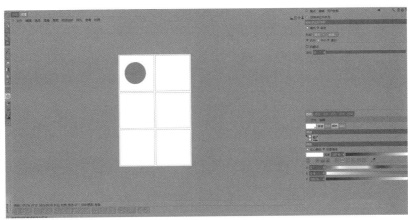

图 5-84

在右侧的工具面板中将"形状"设置为"多边形"，单击"编辑"按钮 编辑 ，在弹出的窗口中将"边"数值修改为3，将"颜色"设置为红色，在第2个正方形区域绘制一个三角形，如图5-85所示。

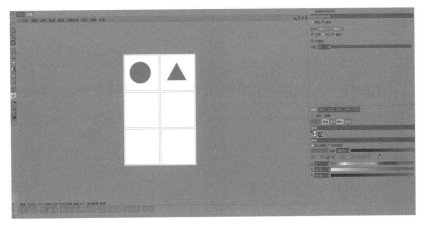

图 5-85

在左侧的编辑模式工具栏中单击"文本"图标 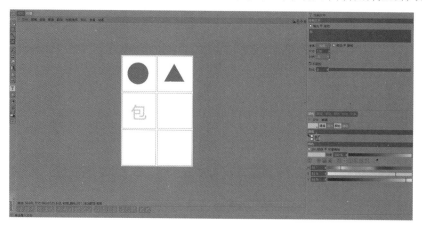，在右侧的工具面板中将文本内容修改为"包"，将文本的"尺寸"数值修改为150，将"颜色"设置为黄色，在第3个正方形区域单击一下，将文本内容绘制上去，如图5-86所示。

图5-86

再执行一次上述操作，这次将文本内容修改为"装"，并绘制到第4个正方形区域中，如图5-87所示。

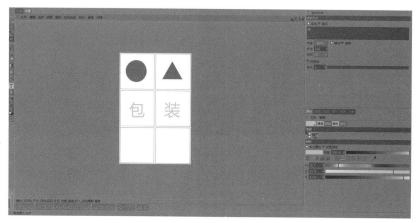

图5-87

执行同样的操作，这次分别将文本内容修改为U和V，并分别绘制到第5个和第6个正方形区域中，如图5-88所示。

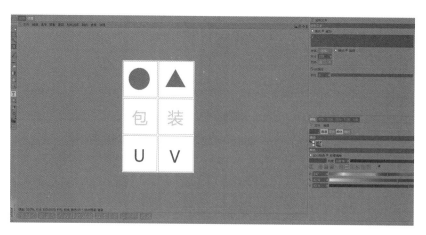

图5-88

最后，在"界面"下拉列表中选择"启动"选项，切换为基础的启动界面，立方体对象上将会显示在BP-3D Paint界面中绘制的内容，如图5-89所示。UV贴图常用作包装贴图、产品信息贴图等。

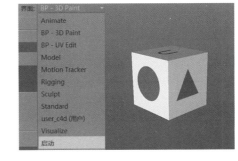

图5-89

课堂案例 材质表现

实例位置	实例文件 >CH05> 课堂案例：材质表现.png
素材位置	素材文件 >CH05> 材质表现.c4d
视频名称	无
技术掌握	材质练习

扫码观看视频

作业要求：本次课堂案例通过一个石膏人像模型玻璃材质的表现讲解材质的调节流程，效果如图5-90所示。

图5-90

Step 01 创建一个天空对象，但默认创建的天空对象是一个纯色天空，如图5-91所示，需要将其换成物理现实环境下的天空。

图5-91

Step 02 创建一个材质球，只勾选"发光"通道，如图 5-92 所示，单击"纹理"后面的三角按钮███，在弹出的下拉菜单中执行"加载图像"命令，可以加载图片。

Step 03 找到本地路径中的 HDR 贴图，如"F:\C4D R20 书籍 \ 电子工业出版社 \ 书稿 \ 第 5 章 \ 图片 \ 课堂案例：材质表现 \ 工程 \tex"，如图 5-93 所示。选择图片后，单击"打开"按钮即可加载图片。

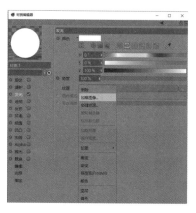

图 5-92

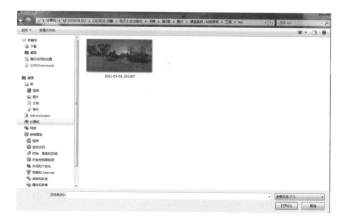

图 5-93

Step 04 使用这种方法加载 HDR 贴图时，会弹出如图 5-94 所示的提示框，单击"否"按钮即可。当然，单击"是"按钮也没有什么影响，只是会将该图片复制一份，当使用多张大尺寸图片时会占据更多的计算机资源，所以一般单击"否"按钮，直接使用原图片素材。

Step 05 默认加载的 HDR 是模糊的，在材质球编辑栏右侧的参数面板中将"纹理预览尺寸"调大，修改为 4096×4096 的图形分辨率即可，如图 5-95 所示。

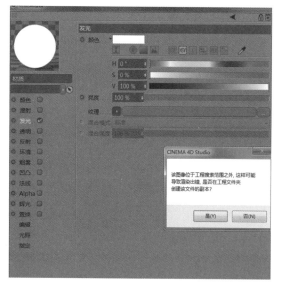

图 5-94

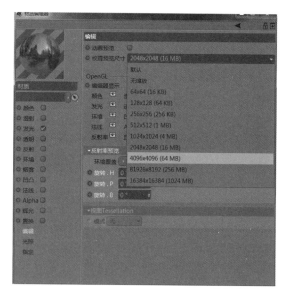

图 5-95

Step 06 至此，一个真实的现实环境就创建完成了。将石膏人像模型加载到场景中，如图 5-96 所示。

图 5-96

Step 07 新建一个材质球，只勾选"透明"通道，并将"折射率预设"修改为"啤酒"，如图 5-97 所示。将这个材质赋予石膏人像模型，视图窗口中的石膏人像模型会变得透明不可见，如图 5-98 所示。

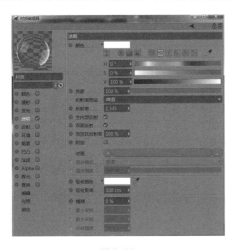

图 5-97

图 5-98

Step 08 单击"渲染预览"图标 ，经过短时间的渲染后，可以查看玻璃材质的效果，如图 5-99 所示。

Step 09 如果不想显示 HDR 环境，则在"对象"窗口中选中天空对象，执行"CINEMA 4D 标签 > 合成"命令，对天空添加合成标签，并单击"合成"按钮 ，在界面右下角的"合成标签"参数面板中取消勾选"摄像机可见"复选框，再次进行渲染预览，HDR 环境将不可见，如图 5-100 所示。

图 5-99

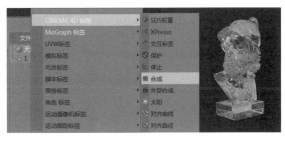

图 5-100

Step 10 当然，现在的玻璃材质有较多噪点。双击玻璃材质球，在弹出的"材质编辑器"窗口中勾选"透明"通道，将"模糊"数值提高至35%，如图5-101所示。单击"渲染预览"图标，查看效果，会发现效果更好了，如图5-102所示。

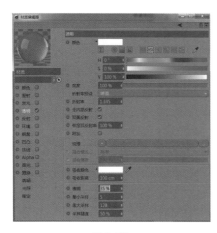

图 5-101

图 5-102

课堂练习 汽车渲染

实例位置	实例文件 >CH05> 课堂练习：汽车渲染 .png
素材位置	素材文件 >CH05> 汽车渲染 .c4d
视频名称	无
技术掌握	复杂材质的制作

扫码观看视频

作业要求：本次课堂练习通过一个汽车写实场景的渲染讲解复杂材质的制作，效果如图5-103所示。

图 5-103

Step 01 打开本书提供的汽车渲染工程文件，如图5-104所示。其中，包含一个汽车模型对象、一个平面对象和一个摄像机对象。

Step 02 首先执行"主菜单 > 创建 > 场景 > 天空"命令，创建一个天空对象，然后双击材质窗口的空白区域，新建一个材质球并将该材质赋予天空对象，如图5-105所示。

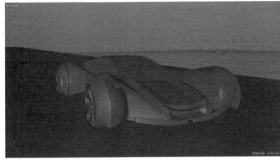

图 5-104

图 5-105

Step 03 双击材质球,在弹出的"材质编辑器"窗口中取消勾选"颜色"和"反射"通道,只勾选"发光"通道,该材质通过"发光"通道给天空对象添加 HDR 贴图后将其作为环境对象,如图 5-106 所示。

Step 04 打开界面右上角的"内容浏览器"窗口,在搜索栏中搜索 HDR,如图 5-107 所示。

图 5-106

图 5-107

Step 05 选择 Forest Road.hdr 选项,把一张关于森林道路真实环境的 HDR 贴图拖动到"发光"通道的"纹理"栏,如图 5-108 所示,在视图窗口得到一个真实的发光场景,如图 5-109 所示。

图 5-108

图 5-109

Step 06 新建一个材质球，只勾选"透明"通道，在右侧的参数面板中将"折射率预设"修改为"玻璃"，并将该材质赋予汽车模型对象的玻璃部分，如图 5-110 所示。单击"渲染预览"图标 ，查看玻璃材质的效果，如图 5-111 所示。

图 5-110   图 5-111

Step 07 新建一个材质球，只勾选"颜色"和"反射"通道。在"颜色"通道的参数面板中将"颜色"修改为 V 数值为 15% 的黑色；在"反射"通道的参数面板中添加一个 GGX 反射，将"粗糙度"数值修改为 50%，并在"层菲涅耳"下面将"菲涅耳"修改为"绝缘体"，"预置"修改为"沥青"，如图 5-112 所示。将材质赋予汽车模型对象的轮胎——橡胶对象，单击"渲染预览"图标 ，查看橡胶材质的效果，如图 5-113 所示。

图 5-112   图 5-113

Step 08 新建一个材质球，只勾选"反射"通道，在右侧的参数面板中添加一个 GGX 反射，将"粗糙度"数值修改为 15%，并在"层菲涅耳"下面将"菲涅耳"修改为"导体"，"预置"修改为"铝"，如图 5-114 所示。将材质赋予汽车模型对象的轮胎——金属对象，如图 5-115 所示。

图 5-114   图 5-115

Step 09 新建一个材质球，只勾选"颜色"和"反射"通道。在"颜色"通道的参数面板中将"颜色"修改为红色；在"反射"通道的参数面板中添加一个 GGX 反射，将"粗糙度"数值修改为 22%，并在"层菲涅耳"下面将"菲涅耳"修改为"绝缘体"，"预置"修改为"沥青"，如图 5-116 所示。将材质赋予汽车模型对象的车漆部分，单击"渲染预览"图标 ，查看车漆材质的效果，如图 5-117 所示。

图 5-116   图 5-117

Step 10 新建一个材质球，只勾选"颜色"和"反射"通道。在"颜色"通道的参数面板中加载地面贴图，如图 5-118 所示。将材质赋予平面对象，单击"渲染预览"图标 ，查看地面公路的效果，如图 5-119 所示。

图 5-118   图 5-119

Step 11 在指定材质之后，还需要添加常用的渲染效果，单击"渲染设置"图标 ，在弹出的"渲染设置"窗口中单击"效果"按钮，添加"环境吸收"和"全局光照"效果，如图 5-120 所示。

Step 12 在添加效果后，单击"渲染预览"图标 ，查看整体的效果。添加"全局光照"效果可以使整个场景变亮；添加"环境吸收"效果可以使场景中汽车和地面接触的地方的阴影更真实，光影层次感更好，如图 5-121 所示。

图 5-120   图 5-121

课后习题 镜子渲染

实例位置	实例文件 >CH05> 课后习题：镜子渲染 .png	
素材位置	素材文件 >CH05> 镜子渲染 .c4d	
视频名称	无	
技术掌握	镜面材质的制作	

　　作业要求：材质是渲染中比较重要的一个环节，需要多加练习。本次课后习题利用本书提供的模型工程文件进行一个镜面材质的制作训练，如图 5-122 所示。

图 5-122

Step 01 打开本书提供的模型工程文件，如图 5-123 所示。

图 5-123

Step 02 创建一个天空对象和一个只勾选"发光"通道的基础材质，并在"发光"通道的参数面板中加载 HDR 贴图作为环境照明，如图 5-124 所示。查看透视视图的效果，如图 5-125 所示。

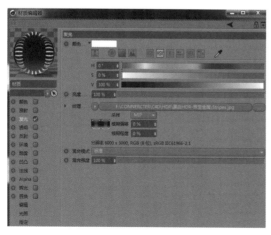

图 5-124

图 5-125

Step 03 首先双击材质窗口的空白区域，创建一个材质球，只勾选"反射"通道，调节出一个粗糙的金属材质，如图 5-126 所示，然后将其指定给镜框对象，如图 5-127 所示。

图 5-126   图 5-127

Step 04 再次双击材质窗口的空白区域，创建一个完全反射弧即零粗糙度的金属材质球，如图 5-128 所示。将该材质指定给镜面对象，会发现完全反射弧的金属会像镜子一样反射出周围的环境，如图 5-129 所示。

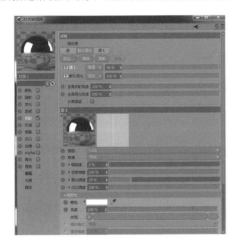 

图 5-128   图 5-129

Step 05 执行"CINEMA 4D 标签 > 合成"命令，在"合成标签"参数面板中取消勾选"摄像机可见"复选框，则在渲染时就不会渲染出 HDR 天空环境了，如图 5-130 所示。

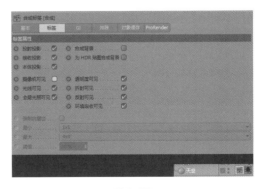

图 5-130

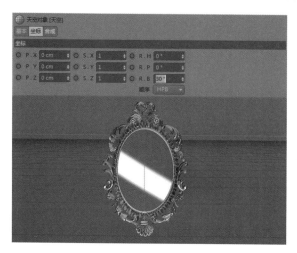

图 5-131

图 5-132

本章小结

　　本章详细介绍了材质通道，因为只有理解了材质的各个通道，才能更轻松、更容易地制作出各种各样的材质；还讲解了一些常用材质的调节，因为只要把常用材质调节好，就能解决大部分三维图像设计的材质问题。除此之外，本章还简单讲解了 UV 贴图的应用。UV 贴图常用来制作写实的图像，也是我们必须掌握的基础内容。

Chapter

06

第 06 章

渲染

渲染是三维图像设计的最后一个环节，用于将工程文件输出为最后的
图像。

C4D R20

学习重点

• 详细了解 C4D 渲染基础工具的作用
• 详细了解 C4D 的渲染流程及相关渲染设置

工具名称	工具图标	工具作用	重要程度
渲染预览		查看视图窗口的材质灯光效果	高
渲染到图片查看器		将渲染结果输出到图片查看器中	高
渲染设置		修改相应的渲染参数	高
区域渲染		选择一个目标区域查看材质灯光效果	高
渲染激活对象		选择一个目标对象查看材质灯光效果	中
交互式区域渲染		实时显示目标区域材质灯光的变化	中

 # 渲染工具组

工具栏中的渲染工具组有 3 个工具图标 ，单击 "渲染预览" 图标 ，可以对当前场景进行渲染预览，用于一边调节一边预览场的效果；单击 "渲染到图片查看器" 图标 ，可以将渲染结果输出到图片查看器中；单击 "渲染设置" 图标 ，可以修改图片输出的相关设置。

右击 "渲染到图片查看器" 图标 ，会弹出渲染工具菜单，在这里可以执行 "区域渲染" "渲染到图片查看器" "添加到渲染队列" "交互式区域渲染" 等命令。

图 6-1

6.1.1 区域渲染

在执行 "渲染预览" 命令时，可能会对场景进行模型调整或材质修改。若只需要观察局部的修改效果，则可以执行 "区域渲染" 命令，只渲染需要观察的区域。因为单击 "渲染预览" 图标，会将整个视图全部渲染，这样会增加渲染时间，而执行 "区域渲染" 命令能节省不必要的渲染时间，提升工作效率。

使用本书提供的场景，执行 "区域渲染" 命令，按住鼠标左键拖动，选取一个矩形的范围来预览其渲染效果（只有矩形范围内的场景会被渲染）。这样可以节省渲染时间，适合高频率地修改材质、灯光，以及调整场景，如图 6-2 和图 6-3 所示。

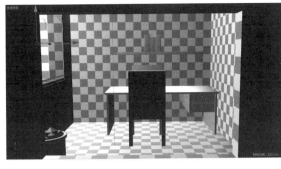

图6-2   图6-3

6.1.2 渲染激活对象

当执行"渲染预览"命令时，如果只需要看到某一个对象或者部分对象，则可以选择对应的对象后执行"渲染激活对象"命令，这样软件只会渲染选中的对象。该命令和"区域渲染"命令的功能类似，都是针对性渲染，虽然"区域渲染"命令针对的是区域，"渲染激活对象"命令针对的是对象，但是都能节省渲染时间。

以此场景为例，如图6-4所示，在选择椅子对象之后，执行"渲染激活对象"命令，只有椅子对象会被渲染出来，如图6-5所示。

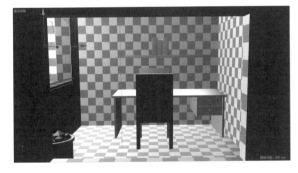

图6-4   图6-5

6.1.3 渲染到图片查看器

"渲染到图片查看器"命令用于将当前场景渲染到图片查看器。使用"渲染预览"命令将场景的模型、灯光、材质都调节好之后，就需要使用"渲染到图片查看器"命令将场景保存并输出到其他位置。

执行"渲染到图片查看器"命令，会弹出"图片查看器"窗口。在窗口左上角菜单栏的"文件"菜单中执行相应命令，可以导出被渲染好的图片；窗口左下角包含渲染的时间进度条；窗口右侧显示当前渲染图片的渲染时间长度和图片分辨率等，如图6-6所示。

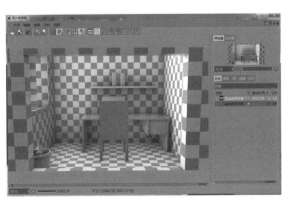

图6-6

6.1.4 创建动画预览

"创建动画预览"命令主要用于快速地将当前场景所包含的动画渲染出来。在复杂场景动画或者复杂灯光材质的工程中,浏览动画需要耗费大量的时间,而时间长就意味着不能及时形成反馈并重新优化场景,调节材质和动画。这时可以创建一个动画预览,用来查看动画的流畅度和节奏感,因为动画预览的创建是非常快速的。

执行"创建动画预览"命令,会弹出一个窗口,在这里可以修改预览模式、预览范围,以及预览的格式、图像尺寸和帧频等,如图 6-7 所示。

图 6-7

6.1.5 渲染队列

"渲染队列"命令用于进行批处理渲染,即批量渲染多个场景文件,包含任务管理及日志记录功能。执行"渲染队列"命令,会弹出一个窗口,如图 6-8 所示。

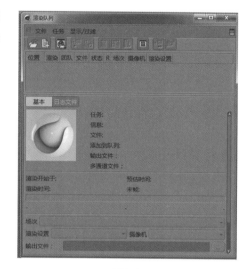

图 6-8

6.1.6 交互式区域渲染

激活"交互式区域渲染"命令,会在视图中出现一个交互区域。如果对该区域进行实时更新渲染,则位于交互区域中的场景会被渲染。交互式区域渲染的优点在于,对场景中的模型进行移动、缩放和旋转,或者材质的改变,或者场景灯光的调整时,都可以在交互区域进行实时的更新和渲染,不需要再次单击"渲染预览"图标,大大提升了渲染过程中的修改效率,如图 6-9 所示。

交互区域的大小可以调节。只需单击区域框上的 8 个白色小点并进行移动,就可以改变交互区域的大小。当然,交互区域越大,渲染时间就会越长。渲染效果的清晰度也可以通过上下滑动渲染区域右侧的白色小三角按钮 ▶ 来调节,如图 6-10 所示。在正常的清晰度情况下,将小三角按钮向上移动,图像会更加清晰,但渲染速度降低;将小三角按钮向下移动,图像会变得模糊,但渲染速度加快。

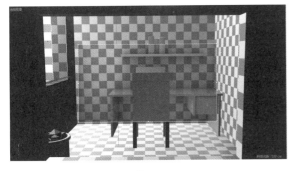

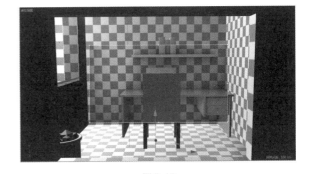

图6-9　　　　　　　　　　　　　　　　　　　　　　　图6-10

6.2 渲染输出设置

单击工具栏中的"渲染设置"图标 ，会弹出"渲染设置"窗口。当场景动画、材质等所有参数都被设置完成时，就需要进行相关渲染参数的设置，如使用什么渲染器输出、输出图片的尺寸、分辨率，输出视频的帧频、帧范围和起点 / 终点，以及输出的路径等，最后单击"渲染到图片查看器"图标，即可渲染并输出图片，如图 6-11 所示。

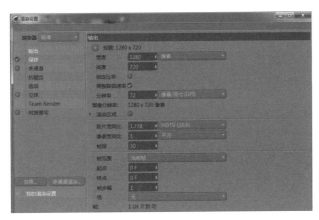

图6-11

6.2.1 渲染器

"渲染器"参数用于设置 C4D 渲染时使用的渲染器。单击"渲染器"参数后面的下拉按钮，会弹出渲染器选择下拉列表，如图 6-12 所示。默认包含 5 种类型，分别是"标准""物理""软件 OpenGL""硬件 OpenGL""ProRender"渲染器。不同渲染器的调节参数也不同，例如，"标准"渲染器可控性更好，需要调节的参数更多；"物理"渲染器调节的参数相对较少，渲染效果更好。常用的就是"标准"和"物理"渲染器，如果安装了外置渲染器，也会在这里显示。

图6-12

- 标准：使用自带引擎进行渲染，是最常用的渲染器。
- 物理：给予物理学模拟的渲染方式，模拟真实的物理环境，渲染速度较慢。

- 软件 OpenGL：使用软件进行渲染。
- 硬件 OpenGL：使用硬件进行渲染，窗口右侧会出现相关参数设置面板。
- ProRender：新增的自带全局光照和环境吸收的渲染器。

6.2.2 输出

　　"输出"参数面板用于对渲染文件的导出进行设置，仅对图片查看器中的文件有效，如图 6-13 所示。

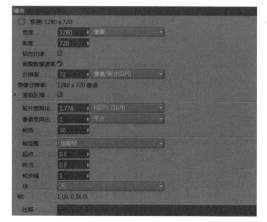

图 6-13

- 预置：包含多种预设好的图像尺寸和参数，如手机屏幕预置、互联网网页端用图尺寸预置、胶片 / 视频尺寸预置和出版打印的规范尺寸等，如图 6-14 所示。
- 宽度 / 高度：用于自定义渲染图像的尺寸，并且可以对尺寸的单位进行调整。
- 锁定比率：勾选该复选框后，图像宽度和高度的比率将被锁定。若改变"宽度"或"高度"数值，则另一个数值会通过比率的计算进行相应更改。
- 分辨率：用于定义导出渲染图像时的分辨率大小。修改该参数会改变图像的尺寸。一般使用默认的"分辨率"数值，即 72 像素 / 英寸。若需要进行线下打印，则使用 300 像素 / 英寸的"分辨率"数值。
- 渲染区域：勾选该复选框后，将显示下拉面板，用于自定义渲染范围。可以修改左侧、顶部、右侧和底部边框的位置，对渲染区域进行像素级别的精准微调，如图 6-15 所示。如果在进行渲染预览调节时使用了"交互式区域渲染"命令，还可以复制进行渲染预览调节时的交互区域，最后输出该区域内的图像内容。
- 胶片宽高比：用于设置渲染图像的宽度与高度的比率。可以自定义其数值，也可以选择定义好的比率。
- 像素宽高比：用于设置像素的宽度与高度的比率。可以自定义其数值，也可以选择定义好的比率。
- 帧频：用于设置渲染的帧速率。通常将其数值设置为 25，因为 25 帧为亚洲常用帧速率。
- 帧范围 / 起点 / 终点 / 帧步幅：这 4 个参数用于设置动画的渲染范围。在"帧范围"下拉列表中可以选择 4 种模式来设置相关的范围：常用的模式为"手动"，用于手动输入渲染帧的起点和终点；"当前帧"模式仅用于渲染当前帧；"全部帧"模式用于渲染所有帧；"预览范围"模式仅用于渲染预览范围，如图 6-16 所示。

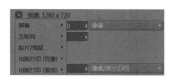

图 6-14

图 6-15

图 6-16

- 场：大部分广播视频采用两个交换显示的垂直扫描场构成每一帧画面，这叫作交错扫描场。交错视频的帧由两个场构成：一个为奇数场，一个为偶数场。随着硬件的发展，产生了逐行系统，用户不需要对画面进行二次扫描，可以忽略场。

6.2.3 保存

"保存"参数面板用于为图像指定输出的路径及修改最终输出文件的格式，如图 6-17 所示。

- 保存：勾选"保存"复选框后，渲染到图片查看器的文件将被自动保存。
- 文件：单击 ▦ 按钮，会弹出一个文件窗口，用于将指定渲染文件保存到相应的路径，以及更改文件名称。
- 格式：设置保存文件的格式，包含的格式类型如图 6-18 所示。

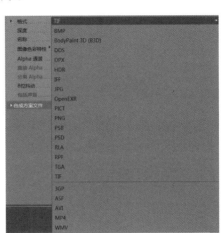

图 6-17　　　　　　　　　　　　　　　图 6-18

- 深度：定义每一个颜色通道的色彩深度。BMP、IFF、JPG、PICT、TGA、AVI 格式支持 8 位通道，PNG、RLA、RPF 格式支持 8 位和 16 位通道，OpenEXR、Radiance 格式支持 32 位通道。
- 名称：在渲染动画时，每一帧被渲染为图像后，会自动按顺序以序列的格式命名，命名格式为：名称 + 序列号 + TIF 扩展名。
- Alpha 通道：勾选该复选框后，渲染时会产生透明通道，用于输出带透明的图片，除了勾选"Alpha 通道"复选框，还需要将输出格式修改为 PNG。
- 直接 Alpha：勾选该复选框后，如果后期合成程序支持"直接 Alpha"，则可以避免黑色接缝。
- 分离 Alpha：勾选该复选框后，可将 Alpha 通道与渲染图像分开保存。
- 8 位抖动：勾选该复选框后，可以提高图像品质，同时会增加文件的大小。
- 包括声音：勾选该复选框后，视频中的声音将被整合为一个单独的文件。

6.2.4 多通道

在"多通道"参数面板中，可以将一些参数单独分离为图层，以便在后期软件中进行处理，也称分层渲染。"多通道"参数面板如图 6-19 所示。

- 分离灯光：设置将被分离为单独图层的光源，包含"无""全部""选取对象"3 个选项。
  - 无：光源不会被分离为单独的图层。
  - 全部：场景中所有光源都将被分离为单独的图层。
  - 选取对象：将选取的通道分离为单独的图层，并通过多通道渲染加入需要被分层渲染的属性，若属性处于勾选状态，则说明该属性需要被分离为单独的图层，如图 6-20 所示。
- 模式：设置光源漫射、高光和投影这 3 类信息的分层模式，如图 6-21 所示。

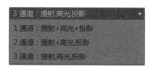

图 6-19   图 6-20   图 6-21

- 投影修正：在开启投影并渲染多通道时，因为抗锯齿，可能会出现轻微的痕迹，例如，在物体边缘出现一条明亮的线。勾选该复选框后，可以修复相关现象。

6.2.5 抗锯齿

    "抗锯齿"参数面板用来消除渲染时出现的锯齿边缘，如图 6-22 所示。"抗锯齿"参数面板中参数众多，但在实际应用时需要调节的参数不多，只需要调节抗锯齿类型、最小级别、最大级别和过滤类型即可。一般将抗锯齿类型设置为"最佳"，使图像的边缘有较好的过渡效果，其他参数设置保持不变。

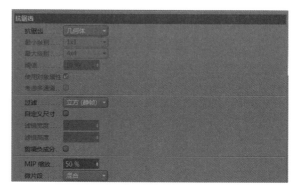

图 6-22

6.3 常用渲染效果

将常用的基础渲染参数设置好之后，还需要添加渲染效果，使渲染的质量进一步提高。常用的渲染效果有"全局光照""环境吸收""焦散""景深""素描卡通""素描渲染器"等。

6.3.1 全局光照

    在"渲染设置"窗口中有一个"效果"菜单，包含 25 种特殊的效果，并且可以加载其他的效果预置。渲染效果对渲染的影响较大，常用的就是"全局光照""环境吸收""景深""焦散"等。

    光具有反射和折射的性质。在真实世界中，光从太阳照射到地面会经过无数次的反射和折射。在三维软件中，光具有现实中的所有性质，但是其热能传播不是很明显，为了实现真实的场景效果，需要在"渲染设置"窗口中添加全局光照效果。

    全局光照（Global Illumination，GI）是一种高缓存照明技术，能模拟真实世界的光线反弹照射现象。全局光照就是采用光子贴图实现的，在软件中设置全局光照后，会占用大量的内存，渲染速度会相应减慢。

    在一个封闭的室内场景中，使用物理天空照明，并在默认情况下渲染，此时场景中光线没有反弹照射，而是均匀照射，所以光源效果不好，如图 6-23 所示。

单击"渲染设置"图标，在弹出的窗口中添加全局光照效果，并进行渲染预览，会发现添加全局光照效果后，整个场景的光源变化更加细腻，富有层次感，效果更加真实，如图6-24所示。

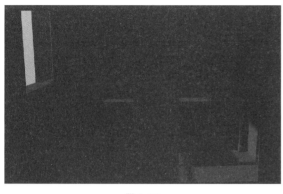
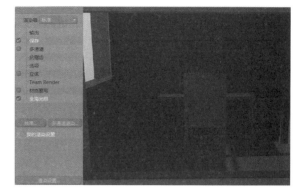

图6-23 图6-24

1. 常规

"常规"是全局光照效果的重要参数面板，也是添加全局光照效果时最需要调节的参数面板。在这里可以添加不同的全局光照效果预设，修改首次反弹算法、二次反弹算法，调节整个画面的Gamma值，提高采样程度等，如图6-25所示。

- 预设：包含很多全局光照模式，分为5类。第1类需要自己修改相应的参数以设置一种合适的模式；第2类是室内渲染的相关模式；第3类是室外场景的相关模式；第4类是针对对象的模式；第5类是进程式渲染模式。不同的全局光照模式针对不同的场景，如图6-26所示。

图6-25 图6-26

- 首次反弹算法：设置折射的光线强度，并且光线强度越大，光线越亮，包含"准蒙特卡洛（QMC）"和"辐照缓存"两种模式，前者的物理精度更高。
- 二次反弹算法：设置光线后续反弹的路径，包含"准蒙特卡洛（QMC）""辐照缓存""辐射贴图""光线映射""无"5种模式。不同的算法代表光的不同反弹路径与次数。为了实现更加真实细腻的效果，"二次反弹算法"参数是必须设置的，因为光只有经过多次的反弹衰减才会形成丰富的层次感。其中，"准蒙特卡洛（QMC）"模式的物理精度更高，更加符合现实中光的反弹，应用最多。
- Gamma：影响非直接的GI照明，该值越高，图像的整体亮度就会越高。图6-27所示为Gamma值为1的亮度，图6-28所示为Gamma值为2.2的亮度。一般而言，Gamma值都需要被设置为2.2，因为2.2是接近现实的一个准确曝光值。

图6-27 图6-28

2. 辐照缓存

　　"辐照缓存"是默认的一种全局光照算法，其参数面板如图 6-29 所示，用于修改全局光照的光子的记录密度、平滑的百分比及细化颜色等，从而进一步调节全局光照效果。

图 6-29

- 记录密度：包含一组系统定义好的可选最佳参数设置，一般保持默认设置，即"中"。
- 平滑：让图像看起来比较平滑，但是会损失一些细节。因为平滑的百分比数值越高，图形的过渡效果越好，相应地，像素会比较模糊，而像素在一定程度上的模糊会导致细节丢失，所以百分比数值不宜过高。
- 细化颜色：让颜色的过渡更加自然，同样会对像素产生淡化或加深的修改。其数值不宜过高，若过高，则会导致与原本的色彩发生较大的改变，产生较大的色差，不准确。

3. 缓存文件

　　启用全局光照效果后，在进行渲染时，系统需要花费一段时间来计算光子的分布情形，模拟真实环境，这会导致运算时间较长。为了节约运算时间，可以保存 GI 设置，这样一来，相同的场景只需要运算一次 GI 即可。缓存文件用来保存和载入 GI 设置，如图 6-30 所示。

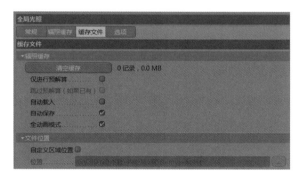

图 6-30

　　一般而言，需要勾选"跳过预解算（如果已有）"和"自动载入"复选框，这样在第 2 次启动全局光照效果的渲染操作时就会快很多。

- 清空缓存：全局光照本质上是一系列的数据信息存储。

单击"清空缓存"按钮，可以将这些记录好的数据信息删除。该参数用于清除 GI 设置，重新记录新的 GI 数据信息。

- 仅进行预解算：能够对创建和保存的辐射缓存文件进行预解算，但最终的渲染输出必须禁用该参数。
- 跳过预解算（如果已有）：默认情况下是灰色的。因为没有数据记录，所以需要记录一次全局光照的数据信息，即启用全局光照效果后，单击"渲染到图片查看器"图标，进行一次带全局光照效果的渲染，就可以记录相应的数据信息。在下次进行渲染时，就会跳过全局光照效果的解算，缩短渲染时间。
- 自动载入：自动读取和载入之前的 GI 设置。
- 自动保存：自动保存 GI 设置。
- 全动画模式：以全动画模式使用 GI 设置。
- 文件位置：指定载入 GI 设置时的路径。

4. 选项

　　"选项"参数面板用于设置一些特殊效果下的全局光照效果，如图 6-31 所示，主要是针对焦散（焦散是一种比较复杂的反射与折射效果）的一些设置。除此之外，还可以隐藏预解算，显示采样点等。

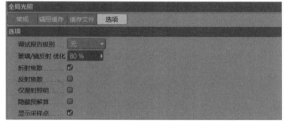

- 调试报告级别：用于定义存储 GI 设置的文档级别，存储内容包括渲染时间和一些必要的过程。该参数的用处不大，当出现问题且需要联系 MAXON 技术支持团队时，可以为对方提供报告以寻求解决方法。

图 6-31

- 玻璃/镜反射 优化：用于设置渲染时对透明或反射材质的忽略程度。该数值越高，运算越精细，运算时间也就越长。
- 折射焦散：打开或关闭折射焦散的效果。
- 反射焦散：打开或关闭反射焦散的效果。
- 仅漫射照明：勾选该复选框后，只有漫射光线被渲染。
- 隐藏预解算：用于隐藏渲染时的光子解算过程，多适用于动画渲染。

6.3.2 环境吸收

环境吸收（Ambient Occlusion，AO）也是常用的效果。在现实世界中，物体和物体之间由于遮挡关系，光线是很弱的，但是在三维软件中需要添加环境吸收效果，物体和物体之间才会产生真实的阴影，并且配合使用全局光照效果会更好。环境吸收效果同样在"效果"菜单中添加。

在一个封闭的室内场景中，使用物理天空照明，添加全局光照效果后，将"首次反弹算法"和"二次反弹算法"都设置为"准蒙特卡洛（QMC）"模式，将 Gamma 值设置为 2.2，单击"渲染到图片查看器"图标，此时场景在添加全局光照效果后，有了真实的光影关系，但是在真实场景中，墙角和桌子与地面接触的地方会更暗一些，如图 6-32 所示。

单击"渲染设置"图标，在弹出的窗口中单击"效果"按钮，添加环境吸收效果，进行渲染预览，即可发现在添加环境吸收效果后，整个场景，如墙角、桌子下面、物体与墙面连接处都变暗了，整体的光影更具层次感，效果更加真实，如图 6-33 所示。

图 6-32

图 6-33

1. 基本

"基本"参数面板主要用于调节环境吸收效果的相关参数，可以修改环境吸收效果的颜色和最小/最大光线长度等，如图 6-34 所示。

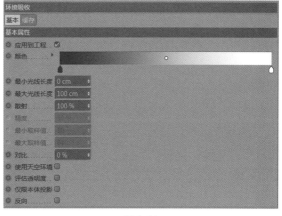

图 6-34

- 应用到工程：勾选该复选框后，环境吸收效果为开启状态。若取消勾选该复选框，则环境吸收效果失效。有环境吸收效果的图片会被渲染到图片查看器中。如果多通道也添加了环境吸收效果，将单独渲染出环境吸收效果的通道图层。

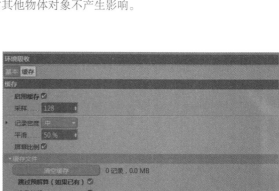

图 6-35

- 颜色：用于更改环境吸收效果的颜色，默认为黑白渐变的。将环境吸收效果的颜色更改为红色，阴影也随之变成红色的，如图 6-35 所示。
- 最小光线长度：设置最小光线长度的数值。
- 最大光线长度：设置最大光线长度的数值。
- 散射：设置散射效果的程度值。
- 精度 / 最小取样值 / 最大取样值：设置环境吸收效果的计算精度、最小取样值和最大取样值。
- 对比：设置环境吸收效果的对比强度。
- 使用天空环境：若使用天空环境的照明效果，则场景中必须有天空存在。
- 评估透明度：勾选该复选框后，物体对象材质的透明度将参与环境吸收效果的计算。半透明的球体也会出现环境吸收效果。
- 仅限本体投影：物体本身的环境吸收效果被独立出来，对其他物体对象不产生影响。

2. 缓存

启用环境吸收效果后，在进行渲染时，系统需要花费一段时间来计算环境吸收效果的分布情形，会导致运算时间较长。为了节约运算时间，可以保存 AO 设置，这样一来，相同的场景只需要运算一次 AO 即可。缓存文件用来保存和载入 AO 设置，如图 6-36 所示。

一般而言，需要勾选"跳过预解算（如果已有）"和"自动加载"复选框，这样在第 2 次启动环境吸收效果的渲染操作时就会快很多。

- 启用缓存：勾选该复选框后，开启缓存功能。
- 采样："采样"数值越高，得到的环境吸收效果越好，相应的渲染时间越长。

图 6-36

- 清空缓存：环境吸收本质上也是一系列的数据信息存储。单击"清空缓存"按钮，可以将这些记录好的数据信息删除。该参数用于清除 AO 设置，重新记录新的 AO 数据信息。
- 跳过预解算（如果已有）：默认情况下是灰色的。因为没有数据记录，所以需要记录一次环境吸收的数据信息，即启用环境吸收效果后，单击"渲染到图片查看器"图标，进行一次带环境吸收效果的渲染，就可以记录相应的数据信息。在下次进行渲染时，就会跳过环境吸收效果的解算，缩短渲染时间。
- 自动载入：自动读取和载入之前的 AO 设置。
- 自动保存：自动保存 AO 设置。
- 全动画模式：以全动画模式使用 AO 设置。
- 缓存文件位置：指定载入 AO 设置时的路径。

焦散是指当光线穿过一个透明的物体对象时，由于对象表面不平整，没有让光线平行折射，出现漫折射，造成投影表面出现光子分散的现象。

例如，一个球体对象本身被赋予了玻璃材质，处于一个区域光对象的照射下。为其添加焦散效果后，球体对象在区域光对象的照射下，在地面上投射出一块高亮的区域，球体对象本身也会出现一小块高亮的区域，这就是焦散，如图 6-37 所示。

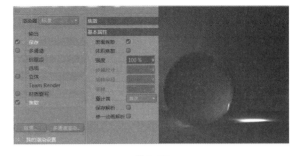

图 6-37

基本属性

"基本属性"参数面板用于调节焦散的相关属性，可以开启表面焦散和体积焦散，修改焦散的强度、步幅尺寸、采样半径、采样等，如图 6-38 所示。

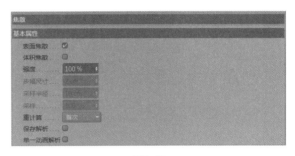

图 6-38

- 表面焦散：勾选该复选框后，开启表面焦散。
- 体积焦散：勾选该复选框后，开启体积焦散。
- 强度：焦散效果的强度。该数值越大，焦散越强。焦散的"强度"数值为 200% 时，效果如图 6-39 所示。焦散的"强度"数值增加到 500% 之后，焦散区域会更大，焦散效果会更亮，产生的光子数量也会更多，如图 6-40 所示。

图 6-39

图 6-40

- 步幅尺寸：勾选"体积焦散"复选框后，才可以被激活，用于设置焦散递增的距离。
- 采样半径：勾选"体积焦散"复选框后，才可以被激活。焦散的形成是由于光子的累积。"采样半径"数值越大，焦散形成的区域越大。
- 采样：勾选"体积焦散"复选框后，才可以被激活。"采样"数值越高，产生的焦散越清晰，质量越高，相应地，渲染时间也会越长。

素描卡通效果常用于制作卡通风格的图片，可以快速地将当前场景转换为以素描形式绘制的图片。

首先创建一个平面对象，将其转换为可编辑对象，并挤压成 L 形面，然后创建一个球体对象，构成一个小场景。赋予 L 形面一个蓝色材质，赋予球体对象一个红色材质，如图 6-41 所示。在"渲染设置"窗口的"效果"菜单中添加素描卡通效果，单击"渲染预览"图标 ，可以将当前场景渲染为素描卡通效果，如图 6-42 所示。

图 6-41

图 6-42

线条

"线条"参数面板是素描卡通效果最重要的一个参数面板。在此可以修改素描的线条类型，一共有 15 种类型，还可以同时勾选多种类型，形成各种各样的线条效果，如图 6-43 所示。

在上述场景中，赋予球体对象一个红色材质，赋予 L 形面一个蓝色材质，并添加素描卡通效果。在"线条"参数面板中，除默认勾选的"折叠""褶皱""边沿"复选框外，再勾选上"三角分布"复选框，单击"渲染预览"图标 ，查看卡通渲染效果，L 形面会多出一条对角线，这就是三角分布线条效果，如图 6-44 所示。或者，除默认勾选的"折叠""褶皱""边沿"复选框外，再勾选上"等高线"复选框，单击"渲染预览"图标 ，查看卡通渲染效果，会得到均匀分配的线条效果，如图 6-45 所示。

图 6-43

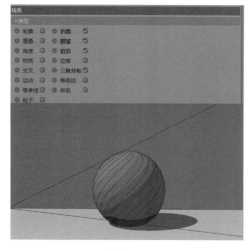

图 6-44

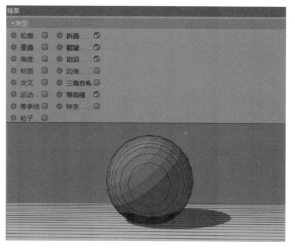

图 6-45

6.3.5 线描渲染器

线描渲染器可以将模型对象的表面分段渲染出来,常用来渲染线稿图。用户可以在这里设置边缘颜色和背景颜色,以及设置线描的颜色、轮廓、光照、边缘属性等,如图 6-46 所示。

在"渲染设置"窗口中的"效果"菜单中添加线描渲染器效果后,默认情况下会勾选"轮廓"复选框,再勾选上"边缘"复选框,单击"渲染预览"图标 ,查看线稿渲染效果,如图 6-47 所示。

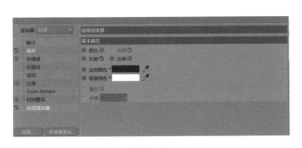

图 6-46

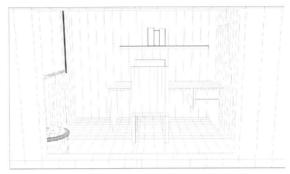

图 6-47

线描渲染器效果取决于模型或场景对象的分段。模型和场景对象表面的分段越整齐,渲染出来的线条也越整齐。如果模型和场景对象的表面布线是凌乱的,那么渲染出来的线条也是凌乱的。

课堂案例 渲染输出设置

实例位置	实例文件 >CH06> 课堂案例: 渲染输出设置 .png
素材位置	素材文件 >CH06> 渲染输出设置 .c4d
视频名称	无
技术掌握	渲染工具的使用

扫码观看视频

本次课堂案例通过一个场景的渲染输出讲解渲染工具在图片制作中的使用流程,以及图片的渲染输出相关设置。

Step 01 打开本书提供的简易工程文件,如图 6-48 所示。

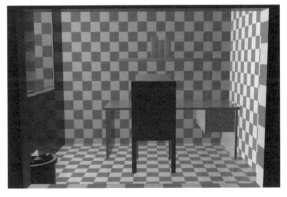

图 6-48

Step 02 单击"渲染预览"图标 ，可以对场景进行预览查看，如果材质或灯光有不对的情况，则可以及时进行调整，如图 6-49 所示。

Step 03 待场景调节好之后，就需要渲染输出，这时需要单击"渲染到图片查看器"图标 ，如图 6-50 所示。

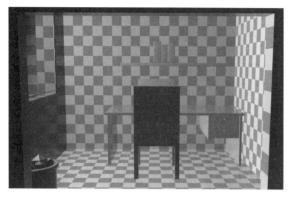

图 6-49

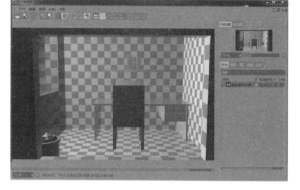

图 6-50

Step 04 最后的输出还需要进行一些设置。单击"渲染设置"图标 ，弹出"渲染设置"窗口，如图 6-51 所示。

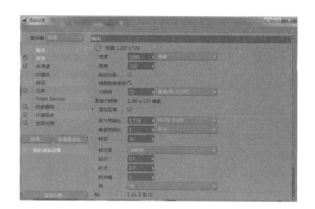

图 6-51

Step 05 这里在"输出"参数面板中将"图像分辨率"修改为 1920 像素 × 1080 像素，如图 6-52 所示。在"保存"参数面板中设置好输出的路径，将图片的格式设置为 JPG，如图 6-53 所示。单击"渲染到图片查看器"图标，就可以将场景按照设置好的参数输出到指定的位置。

图 6-52

图 6-53

课堂练习 卡通场景渲染

实例位置	实例文件 >CH06> 课堂练习：卡通场景 .png
素材位置	素材文件 >CH06> 卡通场景渲染 .c4d
视频名称	无
技术掌握	常用渲染设置

作业要求：本次课堂练习通过一个卡通场景的渲染讲解常见场景渲染的流程，效果如图 6-54 所示。

图 6-54

Step 01 打开本书提供的卡通场景工程文件，其中包含摄像机、跑步机、楼梯、布料、健身器材、立方体等对象，如图 6-55 所示。

Step 02 执行"主菜单 > 创建 > 灯光 > 区域光"命令，创建一个区域光对象，将区域光对象移动到场景左侧正前方作为主光源，并在其"细节"参数面板中将衰减类型修改为"平方倒数（物理精度）"，赋予灯光衰减变化，如图 6-56 所示。

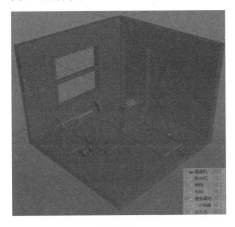

图 6-55

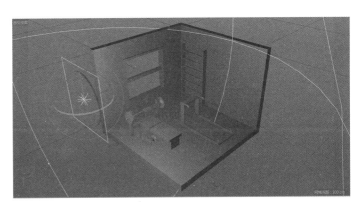

图 6-56

Step 03 在其"投影"参数面板中将阴影模式修改为"区域"，这样灯光照射到物体上才会产生投影，单击"渲染预览"图标，查看主光源的效果，如图 6-57 所示。

Step 04 新建一个灯光对象，放在卡通场景右侧正前方作为辅助光源，用于照亮右侧主光源照射不到的区域。将辅助光源的衰减类型同样设置为"平方倒数（物理精度）"，并且将其"强度"数值降低为 80%，不需要开启辅助光源的投影参数，一个场景只需要开启主光源的投影参数即可，如图 6-58 所示。

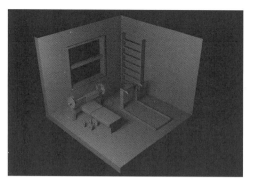
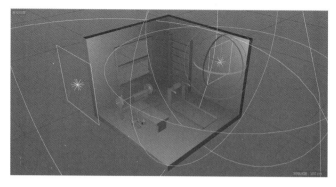

图 6-57　　　　　　　　　　　　　　　　　　图 6-58

`Step 05` 双击材质窗口的空白区域，新建一个材质球，只勾选"颜色"和"反射"通道，在"颜色"通道将"颜色"修改为浅绿色，并将该材质赋予立方体对象，单击"渲染预览"图标，查看材质的效果，如图 6-59 所示。

`Step 06` 双击材质窗口的空白区域，新建一个材质球，只勾选"颜色"和"反射"通道，在"颜色"通道将"颜色"修改为红色，并将该材质赋予健身器材对象，单击"渲染预览"图标，查看材质的效果，如图 6-60 所示。

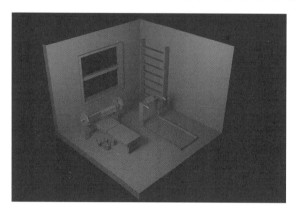
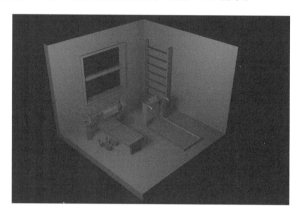

图 6-59　　　　　　　　　　　　　　　　　　图 6-60

`Step 07` 双击材质窗口的空白区域，新建一个材质球，只勾选"颜色"和"反射"通道，在"颜色"通道将"颜色"修改为亮黄色，并将该材质赋予布料对象，单击"渲染预览"图标，查看材质的效果，如图 6-61 所示。

`Step 08` 双击材质窗口的空白区域，新建一个材质球，只勾选"颜色"和"反射"通道，在"颜色"通道将"颜色"修改为蓝色，并将该材质赋予楼梯对象，单击"渲染预览"图标，查看材质的效果，如图 6-62 所示。

图 6-61　　　　　　　　　　　　　　　　　　图 6-62

Step 09 双击材质窗口的空白区域，新建一个材质球，只勾选"颜色"和"反射"通道，在"颜色"通道将"颜色"修改为天蓝色，并将该材质赋予跑步机对象，单击"渲染预览"图标，查看材质的效果，如图 6-63 所示。

Step 10 单击"渲染设置"图标 ，在弹出的"渲染设置"窗口中的"效果"菜单中添加环境吸收和全局光照效果，将整个场景变得更亮、更有光影层次感，同时给物体和物体之间添加阴影效果，让场景更加写实，如图 6-64 所示。

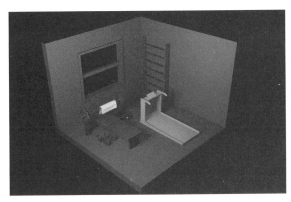

图 6-63

图 6-64

Step 11 再次单击"渲染预览"图标 ，查看添加了全局光照和环境吸收效果后的效果，如图 6-65 所示。

Step 12 在"渲染设置"窗口的"效果"菜单中添加素描卡通效果，单击"渲染预览"图标 ，查看添加了素描卡通效果后的效果，如图 6-66 所示。

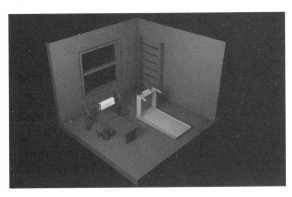

图 6-65

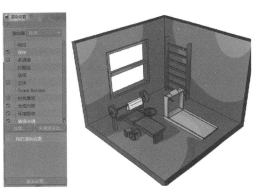

图 6-66

课后习题 金属字渲染

实例位置	实例文件 >CH06> 课后习题：金属字渲染 .png	
素材位置	素材文件 >CH06> 金属字渲染 .c4d	
视频名称	无	
技术掌握	渲染相关设置	

作业要求：利用前面制作的创意金属字 D 模型进行一个金属字的渲染，最后输出一张 1920 像素 ×1080 像素的图片，效果如图 6-67 所示。

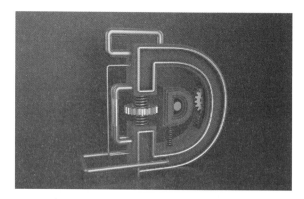

图 6-67

Step 01 打开本书提供的简易工程文件，如图 6-68 所示。

Step 02 创建一个材质，在"发光"通道添加 HDR 贴图，由于这次需要渲染金属质感，通常需要选用黑白灰的 HDR 贴图，如图 6-69 所示。

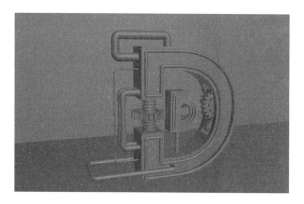

图 6-68

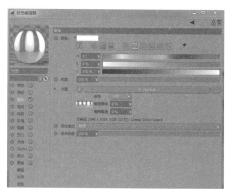

图 6-69

Step 03 创建一个基础红色反射材质，如图 6-70 所示。将该材质指定给相关对象，如图 6-71 所示。

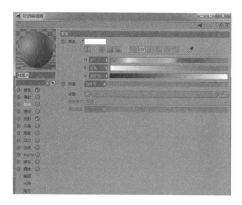

图 6-70

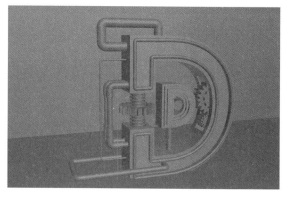

图 6-71

Step 04 创建一个只勾选"反射"通道的金属材质，在"层菲涅耳"下面设置"菲涅耳"为"导体"，"预置"为"铝"，如图6-72所示。将该材质指定给相关模型对象，如图6-73所示。

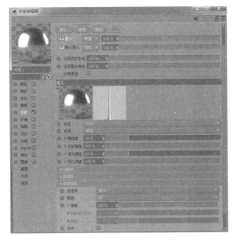

图6-72

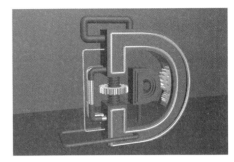

图6-73

Step 05 创建一个只勾选"反射"通道的金属材质，在"层菲涅耳"下面设置"菲涅耳"为"导体"，"预置"为"金"，如图6-74所示。将该材质指定给相关模型对象，如图6-75所示。

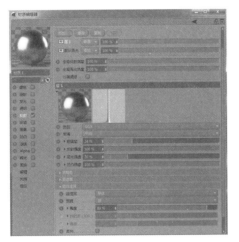

图6-74

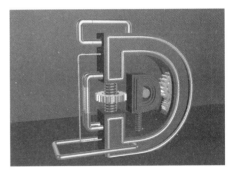

图6-75

Step 06 创建一个黑色反射材质，在"层菲涅耳"下面设置"菲涅耳"为"绝缘体"，"预置"为"沥青"，如图6-76所示。将该材质指定给两个螺旋管道模型中的圆柱对象及L形面模型对象，如图6-77所示。

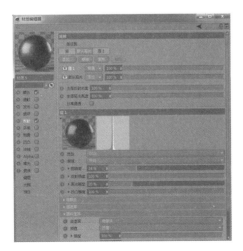

图6-76

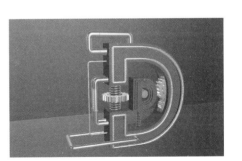

图6-77

Step 07 在将灯光环境和材质都指定好之后，就需要打开"渲染设置"窗口，添加常用的全局光照和环境吸收效果，如图 6-78 所示。在"输出"参数面板中将"宽度"和"高度"数值分别设置为 1920 像素和 1080 像素，如图 6-79 所示。

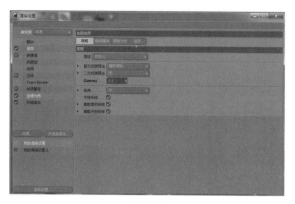
图 6-78

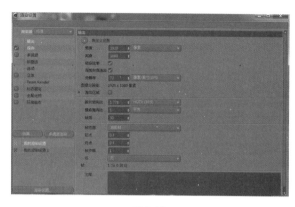
图 6-79

Step 08 单击"渲染到图片查看器"图标，得到最终的效果，如图 6-80 所示。

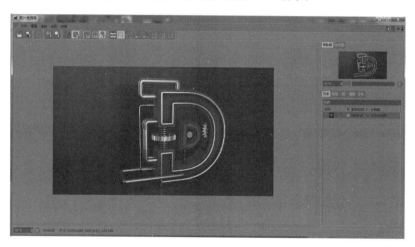
图 6-80

本章小结

本章详细讲解了一些渲染参数设置，包含常用的物理渲染器和渲染效果。其中，全局光照和环境吸收是最重要的两个渲染效果，焦散、景深、素描卡通等也是常用的渲染效果。

渲染设置属于最后渲染输出的环节，相对来说比较简单，但十分重要，因为它直接影响了渲染的最终呈现效果。

Chapter

07

第 07 章

摄像机

在现实世界中，摄像机用来定格并记录画面，还可以通过帧的方式将动态的画面记录下来。在三维图像设计中，摄像机的作用也是一样的。

每一张图片或每一段动态画面都有一个角度或一段运动路径。在静态图像制作中，摄像机是固定视角的，并将这个角度作为最终渲染输出的角度，同时可以添加后期效果，如景深和暗角等；在动态图像设计中，摄像机本身有运动路径，同时可以添加后期效果，如运动模糊等。

C4D R20

学习重点

• 详细了解 C4D 中摄像机的作用
• 详细了解 C4D 中摄像机的使用流程及相关参数设置

工具名称	工具图标	工具作用	重要程度
摄像机		固定视角，并将这个角度作为最终渲染输出的角度	高
目标摄像机		始终朝向目标对象的摄像机	高
立体摄像机		具有 3D 效果的摄像机	中
运动摄像机		模拟导轨运动的摄像机	中
摇臂摄像机		模拟大型吊臂摇动的摄像机	中
摄像机变换		可以在两个或多个摄像机之间变换	高

7.1 摄像机类型

按住工具栏中的"摄像机"图标 不放，会弹出摄像机窗口。该窗口中包括 5 种摄像机类型，分别是摄像机、目标摄像机、立体摄像机、运动摄像机、摇臂摄像机，其中摄像机和目标摄像机是最常用的两种类型，如图 7-1 所示。

图 7-1

7.1.1 摄像机

摄像机就是普通的摄像机，是较常用的摄像机类型。单击"摄像机"图标 ，即可在三维空间中创建一个摄像机对象，如图 7-2 所示。在"对象"窗口中单击"摄像机"后面的"摄像机进入"图标 ，当图标以白色高亮显示 时，表示进入摄像机视角。在进入摄像机视角后，视图窗口会有 5 个黄色的小点，此时在视图窗口中进行视图的拉近和旋转，摄像机都会跟着产生变化。当"摄像机进入"图标为灰色状态时，表示退出摄像机视角。在退出摄像机视角后，在视图窗口中进行视图的拉近、后退、旋转、移动均和摄像机无关，如图 7-3 所示。

图 7-2

图 7-3

7.1.2 目标摄像机

在创建目标摄像机后，会多出一个摄像机.目标.1 对象，目标摄像机的目标中心将始终朝向这个目标对象。移动摄像机.目标.1 对象，可以改变目标摄像机的朝向。执行"目标摄像机"命令 目标摄像机，将摄像机.目标.1 对象沿着 Y 轴向上偏移一段距离，目标摄像机的朝向会向上移动，如图 7-4 和图 7-5 所示。

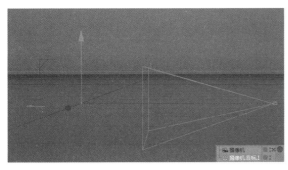

图 7-4

图 7-5

目标摄像机的目标对象也可以是其他对象，不仅仅是默认创建的摄像机.目标.1 对象。单击目标摄像机后面的蓝色靶心图标，右下角会弹出"目标表达式"参数面板，将任意一个对象拖动到"对象"栏，即可作为目标摄像机的目标对象。

7.1.3 立体摄像机

立体摄像机也称 3D 摄像机。单击"立体摄像机"图标 立体摄像机，可以创建立体摄像机对象。与其他摄像机类型相比，立体摄像机在功能上多了一个"立体"参数面板，在视觉上会显示一些绿色立体网格作为区别，可以配合 3D 眼镜和 VR 技术等观看 3D 影像效果。立体摄像机在三维图像制作中几乎不会使用，这里不再过多介绍。普通摄像机的"立体"参数面板是灰色的，需要将摄像机转换成立体摄像机，这个参数面板的参数才能被激活，如图 7-6 所示。

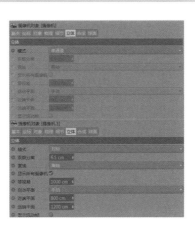

图 7-6

7.1.4 运动摄像机

运动摄像机模拟的是现实世界的拍摄场景。单击"运动摄像机"图标 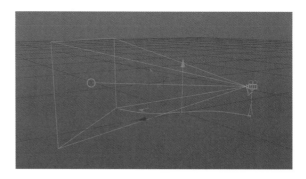 运动摄像机 ，可以创建运动摄像机对象。默认创建的运动摄像机对象包含3个对象：一个目标对象；一个样条对象，作为摄像机运动的路径；一个摄像机对象，摄像机的末端有一个绿色的人物模型扛着摄像机，如图7-7所示。

图 7-7

单击摄像机后面的运动摄像机标签，在右下角的参数面板中可以调节运动摄像机的相关参数，在"基本"参数面板中可以修改人物模型的颜色，如图7-8所示。

将"可视化：装配"的颜色从绿色修改为红色，人物模型会产生相应的颜色变化，也可以在下方修改目标对象的颜色。

将"高度"数值从默认的120cm修改为300cm，人物模型会增高，在其他参数不变的情况下，摄像机对象将呈现一个俯视的状态，如图7-9所示。

图 7-8

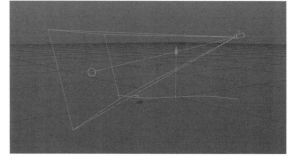

图 7-9

"动画"参数面板主要用于控制运动摄像机的路径，如图7-10所示。切换到"动画"参数面板后，将"摄像机位置A"数值设置为50%，人物模型就会扛着摄像机沿着默认的S路径移动一半的距离，走到路径的中点位置，如图7-11所示。也可以设置新的运动路径，将新创建的路径样条拖动到"路径样条A"栏中即可。

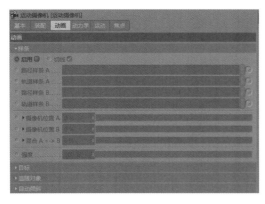

图 7-10

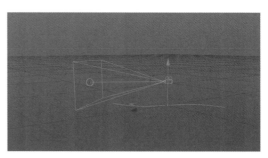

图 7-11

除了以上常用的功能，还可以在"动力学"参数面板中为运动摄像机添加动力学效果；在"运动"参数面板中为运动摄像机添加抖动效果，模拟现实拍摄产生的真实抖动效果；在"焦点"参数面板中设置运动摄像机的焦点。运动摄像机在运动时会产生变焦效果，可以在这里进行相关设置，但是这些功能不常用，仅做了解即可，此处不详细介绍。

7.1.5 摄像机变换

　　摄像机变换不是摄像机类型，是一个与摄像机相关的功能，默认不可被创建，需要给摄像机添加"摄像机变换"标签才能使用。创建一个摄像机对象，在"对象"窗口中右击摄像机对象，执行"摄像机标签 > 摄像机变换"命令，可添加标签 ■■。"标签"参数面板如图 7-12 所示。

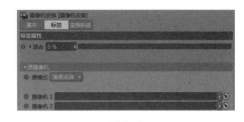
图 7-12

　　"摄像机变换"标签的使用需要添加两个不同的摄像机，从而实现从摄像机 1 到摄像机 2 的镜头转换。创建一个人偶对象，如图 7-13 所示，再创建一个摄像机.1 对象，如图 7-14 所示。

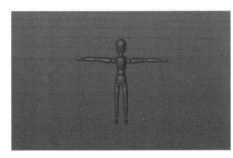
图 7-13

图 7-14

　　新建一个摄像机.2 对象，正对人偶对象的右侧，如图 7-15 所示。两个摄像机的位置要不同，这样才能体现出摄像机变换的效果。

　　新建一个普通摄像机对象，任意找一个角度朝向人偶对象即可，如图 7-16 所示。这个摄像机是用来添加摄像机标签的摄像机，可以将多个摄像机的角度集中到一个摄像机上。

图 7-15

图 7-16

　　在"对象"窗口中右击摄像机对象，执行"摄像机标签 > 摄像机变换"命令，为其添加"摄像机变换"标签，单击 ■■ 图标，进入摄像机视角，如图 7-17 所示。

　　单击"摄像机变换"标签，将摄像机.1 和摄像机.2 对象拖动到相应的位置，如图 7-18 所示。在将相应的摄像机对象拖动到相应的位置后，摄像机的视角会立即发生变换，变成摄像机.1 对象的视角，因为现在"混合"数值是 0%。

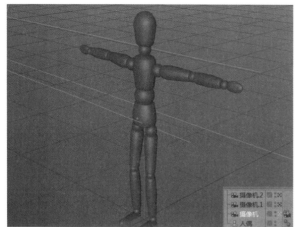

图 7-17

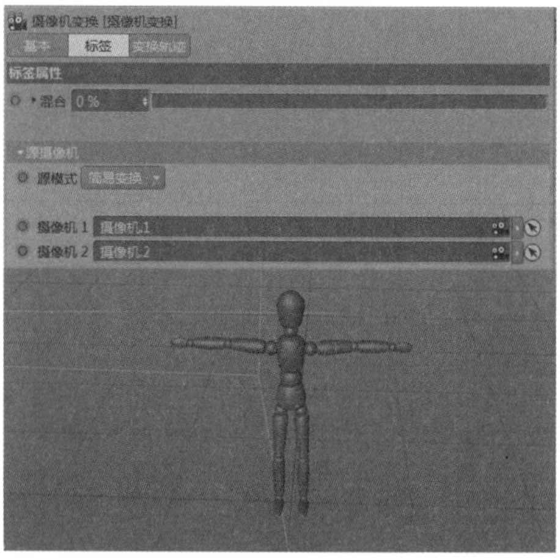

图 7-18

找到"混合"参数，将其数值从 0% 修改为 100%，可以实现摄像机之间的变换效果。图 7-19 所示是"混合"数值分别为 20%、50%、100% 时的摄像机的位置，摄像机慢慢地从摄像机.1 的视角过渡到了摄像机.2 的最终视角。这种过渡是非常自然的，常用来制作镜头的快速转换。还可以实现两个及两个以上的摄像机变换效果，只需要将"源模式"从"简易变换"修改为"多重变换"即可。

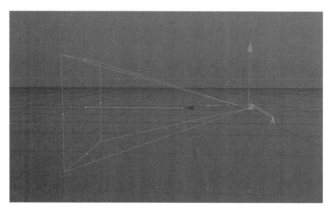

图 7-19

7.1.6 摇臂摄像机

摇臂摄像机也是模拟现实拍摄时所用的大型拍摄器材。单击"摇臂摄像机"图标 ![摇臂摄像机]，创建摇臂摄像机对象。该对象表现为一个大型支架上挂着一个可以旋转、移动的摄像机，如图 7-20 所示。

在"对象"窗口中单击"摇臂摄像机"对象后面的标签 ![]，在右下角的参数面板中修改摇臂摄像机的相关参数，如图 7-21 所示。在这里可以进一步修改基座、吊臂、云台和摄像机的相关参数。

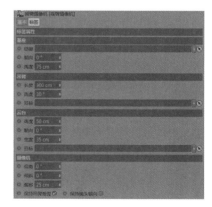

图 7-20

图 7-21

- 基座：用于控制蓝色基座的朝向、高度，以及添加相应的路径样条，让基座可以沿着路径移动。这里将基座的"高度"数值从默认的 75cm 修改为 200cm，会发现基座变高，同时吊臂变短，如图 7-22 所示。
- 吊臂：用于控制吊臂的长度、高度，以及吊臂是否需要一个目标对象，将吊臂的"长度"数值修改为 500cm，"高度"数值从默认的 30° 修改为 60°，会发现吊臂明显变长且与地平面的夹角变大，这样能拍摄到更高的位置，如图 7-23 所示。

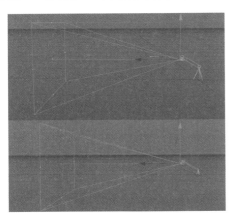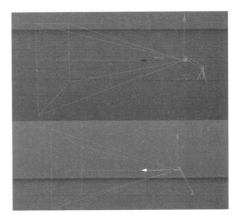

图 7-22　　　　　　　　　　　　　图 7-23

- 云台：云台是摄像机与吊臂之间的一部分结构，在此可以控制云台的高度、朝向、宽度，以及添加目标对象。这里将云台的"朝向"数值修改为 -50°，会发现摄像机的朝向发生了改变，如图 7-24 所示。云台的好处在于不需要改变摄像机的位置，就可以对摄像机进行旋转和移动操作。
- 摄像机：直接控制摄像机的仰角、倾斜、偏移等属性。将摄像机的"仰角"数值设置为 -5°，"倾斜"数值设置为 90°，摄像机将会旋转 90°，并且产生向下俯视的效果，如图 7-25 所示。

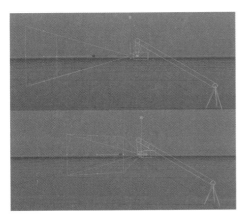

图 7-24　　　　　　　　　　　　　图 7-25

摄像机参数详解

使用摄像机的第一步就是选择摄像机。选择合适的摄像机后，工作效率也会提升很多。在选择好摄像机之后，就可以对摄像机进行相应的调整。摄像机参数的调节是十分重要的，下面以基础摄像机为例进行讲解。

7.2.1 基本

在"基本"参数面板中，可以更改摄像机名称，更改或编辑摄像机所处图层，以及设置摄像机在编辑器和渲染器中是否可见；勾选"使用颜色"复选框后，可以修改摄像机的基本颜色，如图 7-26 所示。

图 7-26

7.2.2 坐标

"坐标"参数面板用于控制摄像机的坐标参数，与其他对象的坐标参数相同，可以控制摄像机的位移、缩放和旋转，如图 7-27 所示。

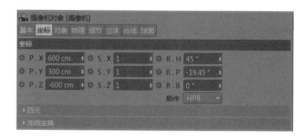

图 7-27

7.2.3 对象

"对象"参数面板属于摄像机的一个比较重要的参数面板，几乎所有摄像机参数都可以在这个面板上进行调节，如修改摄像机的投射方式、调节焦距、改变摄像机的视野范围，对摄像机进行水平 / 垂直方向的偏移等，如图 7-28 所示。

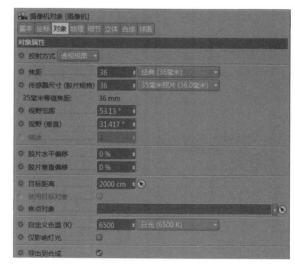

图 7-28

● 投射方式：提供了多种投射方式，包括透视视图、平行视图、左视图、右视图、正视图、背视图、顶视图、底视图和军事视图等。前面章节介绍视图菜单栏的"摄像机"菜单时讲解过，这里不再赘述。

- 焦距：焦点长度。焦距越长，可拍摄的距离越远，视野也越小，类似于长焦镜头。若焦距短，则拍摄距离近，视野广，类似于广角镜头。默认的 36mm 为接近人眼视觉感受的焦距，如图 7-29 所示。将"焦距"数值增大为 100mm 后，整个场景的透视感减弱了，如图 7-30 所示。

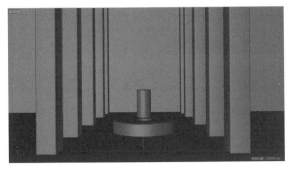
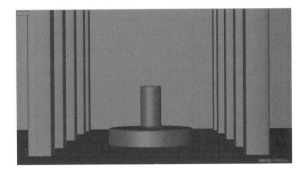

图 7-29　　　　　　　　　　　　　　　　　图 7-30

- 传感器尺寸：修改传感器尺寸，焦距不变，视野范围将会变化。传感器尺寸越大，感光面积越大，成像效果越好。
- 视野范围：控制摄像机的视野范围。修改其数值会影响摄像机的焦距。视野范围越大，摄像机离模型对象就越远，摄像机的焦距越短。
- 胶片水平偏移/胶片垂直偏移：在不改变视角的情况下改变对象在摄像机视图中的位置，即对摄像机进行上下、左右的位置偏移。
- 目标距离：目标点距离摄像机的长度。目标点是摄像机景深映射开始距离的计算起点。
- 焦点对象：可以创建一个新的对象，并拖动到"焦点对象"栏中作为摄像机的焦点。
- 自定义色温：调节色温，影响画面色调，默认数值是 6500。若其数值超过 6500，则画面会偏冷色调；若其数值低于 6500，则画面会偏暖色调。

7.2.4　物理

　　"物理"参数面板是在渲染器为物理渲染器的情况下才起作用的参数面板。用户需要先在"渲染设置"窗口中将"渲染器"切换成"物理"渲染器，这里的参数调节才会起作用，可以修改摄像机的光圈和曝光属性，修改快门速度，调节镜头畸变等，如图 7-31 所示。

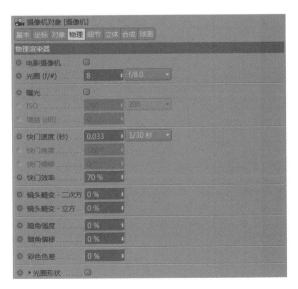

图 7-31

- **光圈**: 光圈是用来控制光线透过镜头, 进入机身内感光面光量的装置。"光圈"数值越小, 景深越大。
- **快门速度**: 快门速度越快, 拍摄高速运动的物体时就会呈现越清晰的图像。
- **暗角强度 / 暗角偏移**: 可以在画面4个角上压上暗色块, 使画面中心更突出, 如图 7-32 所示。对场景添加暗角效果, 单击"渲染预览"图标, 可以看到图片的 4 个角呈压暗的状态, 让画面的视觉更加集中到中心区域。
- **光圈形状**: 调节画面光斑的形状, 可为圆形、多边形

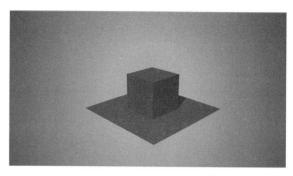

图 7-32

等, 还可以进一步调节光圈形状的角度, 如各向异性, 甚至可以添加新的纹理效果来控制光圈的形状。

7.2.5 细节

"细节"参数面板中的参数较少, 在实际应用中需要调节的参数也少, 主要用于控制前景和背景的模糊, 如图 7-33 所示。
- **近端剪辑 / 远端修剪**: 可以对摄像机中所显示的物体的近端和远端进行修剪。
- **景深映射 – 前景模糊**: 使用之前要先添加景深效果, 勾选"景深映射 – 前景模糊"复选框后, 可以给摄像机添加景深。前景模糊是指将摄像机焦点到前景终点这段距离内的所有对象模糊处理。单击"渲染预览"图标后, 场景前景部分会被模糊处理, 如图 7-34 所示。
- **景深映射 – 背景模糊**: 使用之前要先添加景深效果,

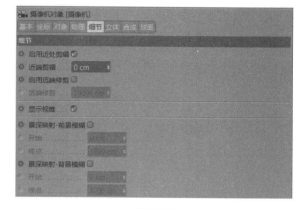

图 7-33

勾选"景深映射 – 背景模糊"复选框后, 可以给摄像机添加景深。背景模糊是指将摄像机焦点到背景终点这段距离内的所有对象模糊处理。单击"渲染预览"图标后, 场景背景部分会被模糊处理, 如图 7-35 所示。

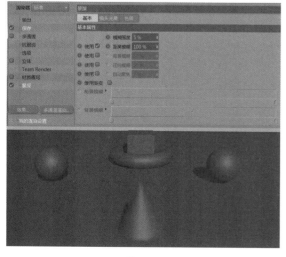

图 7-34

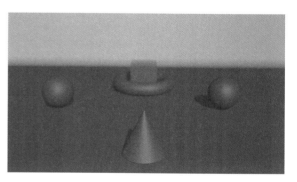

图 7-35

7.2.6 立体

在默认情况下，"立体"参数面板不可使用，如图 7-36 所示。只有在摄像机是立体摄像机的情况下，该参数面板才会被激活。

立体摄像机表示使用两个摄像机以不同机位同时拍摄画面。创建一个立体摄像机对象，在"选项"菜单下执行"立体"命令，即可显示双机拍摄的画面，如图 7-37 所示。

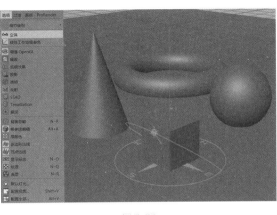

图 7-36　　　　　　　　　　　　　　　　　　图 7-37

7.2.7 合成

"合成"参数面板主要用来对摄像机拍摄画面进行辅助构图。"合成"参数面板拥有多种线条模式，可以绘制网格、对角线、三角形、黄金分割、黄金螺旋线、十字标等，如图 7-38 所示。

在勾选"启用"复选框之后，勾选下面的几何线条选项，会在视图窗口出现相应的参考线，以提供一个构图参考。C4D 软件提供了常用的 6 种构图方式，常用的是三等分网格构图、黄金比例分割构图和黄金螺旋比例构图等。可以单击下方的相应选项来进一步调节参考线，如图 7-39 所示。

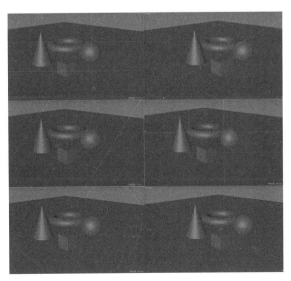

图 7-38　　　　　　　　　　　　　　　　　　图 7-39

7.2.8 球面

"球面"参数面板的应用相对较少，可以在此将摄像机转换成一个球面，如图7-40所示。在默认情况下，该参数面板的全部参数为灰色不可选状态。

在勾选"启用"复选框后，摄像机从一个摄像机结构转换成一个球形结构，同时下面的参数全部被激活，如图7-41所示。

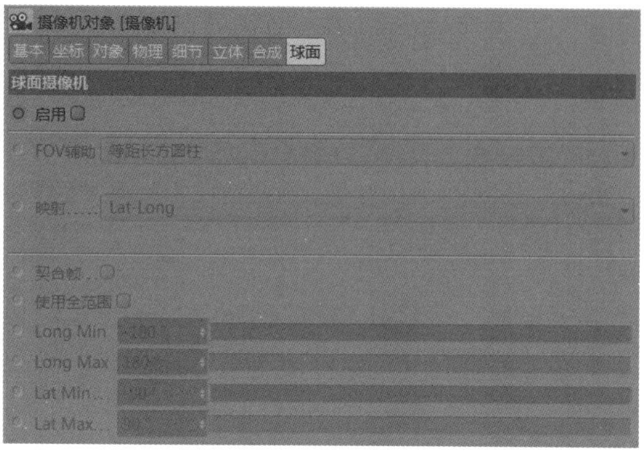

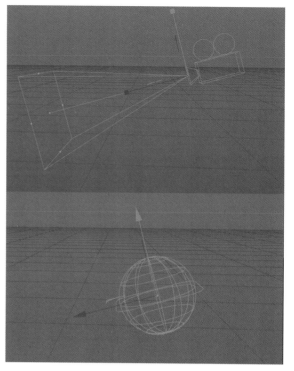

图7-41

图7-40

在将摄像机转换成球面后，单击"渲染预览"图标，场景从一个正常的透视关系变成了球面弯曲状态，如图7-42所示。这就是球面摄像机的作用，可以制造一些特殊的视觉角度，类似于在现实拍摄时为摄像机增加一个鱼眼镜头。

图7-42

课堂案例 透视调整

实例位置	实例文件 >CH07> 课堂案例：透视调整 .png
素材位置	素材文件 >CH07> 透视调整 .c4d
视频名称	无
技术掌握	摄像机参数

扫码观看视频

作业要求：本次课堂案例通过一个场景透视效果的调整讲解摄像机工具的使用流程，效果如图 7-43 所示。

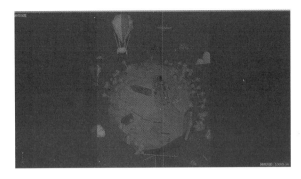

图 7-43

Step 01 打开本书提供的一个简易工程文件，包含简单的基础材质和灯光环境，如图 7-44 所示。

Step 02 当一个场景的材质和灯光都调节好之后，就需要渲染输出，而输出的时候需要一个角度。执行"主菜单 > 创建 > 摄像机"命令，创建一个摄像机对象，默认创建的摄像机对象的视角就是视图窗口的视角，单击鼠标中键进入四视图窗口，查看摄像机的位置，如图 7-45 所示。

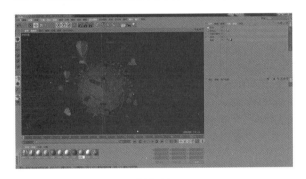

图 7-44

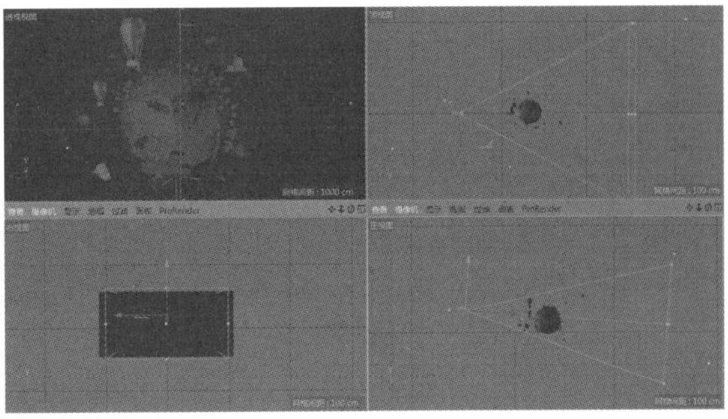

图 7-45

Step 03 在正常情况下，创建的摄像机对象所渲染的图像尺寸是默认的 1200 像素 ×675 像素。如果需要输出其他尺寸的图像，则可以修改输出尺寸，这里将输出尺寸修改为 600 像素 ×800 像素，如图 7-46 所示。

Step 04 更改输出尺寸后，回到透视视图，会发现场景的透视效果有了很大的改变，按快捷键 Shift+V 调出"视窗"参数面板，在"查看"栏将"边界着色"后面的"透明"数值修改为 80%，即可发现透视视图两侧的区域会变暗，中间明亮的区域就是最终输出的尺寸为 600 像素 ×800 像素的图像，如图 7-47 所示。

图 7-46

图 7-47

Step 05 一旦输出的尺寸不是默认尺寸的倍数，场景的透视效果就会发生变化，这时如果需要采用原来的正常透视效果，就需要在摄像机对象的"对象"参数面板中将"焦距"数值调大，这里将"焦距"数值从36mm增大到100mm，场景的透视效果就变得正常了，如图7-48所示。这也是摄像机工具在实际应用中较常用的一个功能。

Step 06 默认创建的摄像机对象在进入摄像机视角后是会随着视图窗口的调整发生相应的位置改变的，这时可以单击鼠标右键，执行"CINEMA 4D标签">"保护"命令，给摄像机添加一个保护标签，就能将摄像机完全固定下来，如图7-49所示。

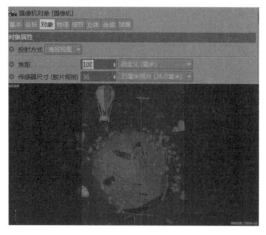
图7-48

图7-49

课堂练习 旅游节场景景深设置

实例位置	实例文件 >CH07> 课堂练习：摄像机景深.png
素材位置	素材文件 >CH07> 摄像机景深.c4d
视频名称	无
技术掌握	添加景深效果

扫码观看视频

作业要求：本次课堂练习通过对一个场景添加摄像机来固定渲染视角并添加景深效果，讲解摄像机在三维图像制作后期工作中的使用，效果如图7-50所示。

图7-50

Step 01 打开本书提供的工程文件，如图 7-51 所示，这是一个低面风格的"旅游节"主题场景，包含基础的材质、常用的灯光环境和全局光照的渲染设置。

Step 02 将视图旋转到正对场景的位置，创建一个摄像机对象，如图 7-52 所示。查看摄像机对象的位置，使摄像机对象在场景的正前方。

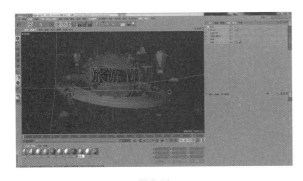
图 7-51

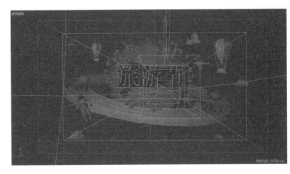
图 7-52

Step 03 在"对象"窗口中单击摄像机后面的图标，进入摄像机视角，由于通过视图窗口创建的摄像机对象是有位置偏差的，单击鼠标中键进入四视图窗口，在"对象"窗口中选中摄像机对象，在右下角的"坐标"参数面板中将 P.Z 数值归零，将 R.H 数值修改为 −90°，如图 7-53 所示，即可得到一个完全正对场景的效果，如图 7-54 所示。

图 7-53

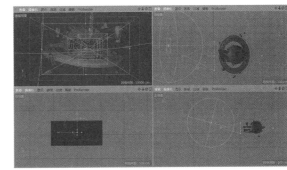
图 7-54

Step 04 调整好摄像机对象的角度后，单击"渲染预览"图标，查看场景的渲染效果，如图 7-55 所示。此时场景整体是明亮且清新的风格，所有的对象都很清楚。可以添加一个景深效果，把背景的一些装饰模型进行模糊处理，将中心位置的文本对象凸显出来。

Step 05 单击"渲染设置"图标 ，在弹出的"渲染设置"窗口中的"效果"菜单中添加景深效果，如图 7-56 所示。

图 7-55

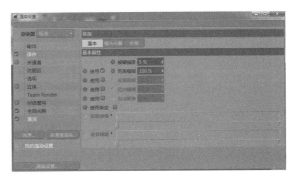
图 7-56

Step 06 在"对象"窗口中选中摄像机对象，首先在右下角摄像机对象的"细节"参数面板中勾选"景深映射 – 背景模糊"复选框，然后进入四视图窗口的正视图中，摄像机对象会出现远景的调节点，接下来调节摄像机对象上的小黄点将摄像机的焦点移动到文本对象处，并把"终点"数值修改为 680cm，如图 7-57 所示。

Step 07 单击"渲染预览"图标，查看场景的渲染效果，可以明显地看到背景模糊效果，这就是添加景深效果后的效果，如图 7-58 所示。

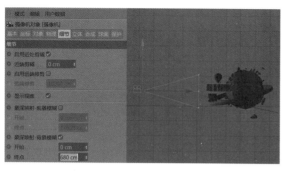

图 7-57

图 7-58

课后习题 口红场景景深设置

实例位置	实例文件 >CH07> 课后习题：口红场景景深设置 .png
素材位置	素材文件 >CH07> 口红场景景深设置 .c4d
视频名称	无
技术掌握	摄像机景深设置

作业要求：利用本书提供的工程文件，对摄像机的重要参数做出调整，强化重点知识的练习，效果如图 7-59 所示。

图 7-59

Step 01 打开本书提供的工程文件，包含克隆的口红模型，如图 7-60 所示。关于克隆工具，后续"动力学与运动图形"章节会对其进行详细讲解。

Step 02 创建一个摄像机对象，进入摄像机视角，调整摄像机的位置，在找到一个好的角度后，调整摄像机的焦距，添加"保护"标签，将摄像机固定住，如图 7-61 所示。

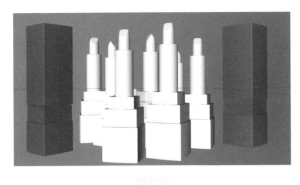
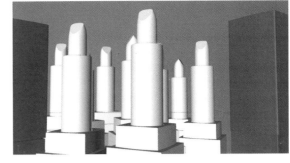

图7-60   图7-61

Step 03 首先创建天空环境对象，然后创建基础的金属和反射材质，并将材质分别指定给口红模型，如图7-62所示。

Step 04 单击"渲染设置"图标，将"渲染器"切换为"物理"渲染器，在"物理"参数面板中勾选"景深"复选框，为摄像机添加景深效果，把"采样品质"设置为"中"。因为采样品质越高，渲染的图片质量越高，越没有噪点。参数面板调整如图7-63所示。

图7-62   图7-63

Step 05 单击"渲染到图片查看器"图标，查看渲染效果，如图7-64所示。

图7-64

7.3 本章小结

本章讲解了几个摄像机类型，其中最常用的是普通摄像机和目标摄像机，还详细介绍了摄像机面板参数、摄像机焦距调节、渲染暗角设置，以及最常用的摄像机景深设置。

Chapter

08

动画

三维动画不受时间、空间、地点、条件、对象的限制，可以运用各种表现形式把复杂、抽象的节目内容用形象、生动的形式表现出来，能做到脱离真人拍摄的限制，还能达到真人拍摄的逼真效果。三维动画可以用于广告、电影和电视剧的特效制作，特技、广告产品的展示，片头飞字等。与静态的图片相比，动态的画面更能"抓住"人的眼球，更具吸引力。

C4D R20

学习重点

- 详细了解 C4D 制作动画的步骤
- 熟练掌握 C4D 制作动画的相关工具

工具名称	工具图标	工具作用	重要程度
显示时间线窗口		调出关键帧的时间线窗口以调节时间线	高
显示函数曲线窗口		调出函数曲线窗口以调节动画的节奏	高

8.1 关键帧

动画是由一帧一帧的画面组成的，每一秒组成的画面帧数越大，画面越流畅；每一秒组成的画面帧数越小，画面就会越卡顿。下面介绍一些和动画相关的基础概念。

8.1.1 关键帧

在影视动画制作中，帧是最小单位，在 C4D 软件中，帧表现为时间轴上的一小格。

关键帧相当于二维动画中的一张原画，指角色或物体运动变化中关键动作所在的那一帧。

关键帧与关键帧之间的帧可以由软件来创建，叫作过渡帧或中间帧。

多个帧会按照自定义的速率播放。播放速率即帧速率，常见帧速率有每秒 24 帧、每秒 30 帧等。

8.1.2 时间轴

时间轴由时间线和工具按钮组成，上面一排时间线表示时间的长短，每一小格为一个最小单位，每 5 个小格组成一个大格，下面一排是各种工具按钮，如图 8-1 所示。

图 8-1

1. 时间线

时间线上显示的最小单位为帧（F），方块为时间指针。我们可以在时间线上任意滑动时间指针，也可以在两端输入数值。时间轴左下方的长条和两端数值用于控制时间线的长度，如图 8-2 所示。将右端数值从默认的 90F 修改为 500F 后，时间线的总长度会增加，但是实际长度还是 90F，需要按住 90F 后面的右三角图标不放并向右拖动，才能增加实际长度，如图 8-3 所示。

图 8-2

图 8-3

2．工具按钮

- ⏮：时间指针转到动画起点。单击该按钮后，时间指针会回到第 0 帧。

- ↶：时间指针转到上一关键帧。

- ◀：时间指针转到上一帧。

- ▶：向前播放动画。

- ▶▶：时间指针转到下一帧。

- ↷：时间指针转到下一关键帧。

- ⏭：时间指针转到动画终点。单击该按钮后，时间指针会转到最后一帧。

- ⊘：记录位移、缩放、选择和活动对象的点级别动画。

- ⊙：自动记录关键帧。

- ⊚：设置关键帧选集对象。

- ✛ ▦ ⊙：记录位移、旋转、缩放开关。

- ⓟ：记录参数级别动画开关。

- ▦：记录点级别动画开关。

- ▤：设置播放速率。按住该按钮不放，会弹出一个播放速率选项窗口，其中包含一些常用的播放速率选项，常用的就是 24、25、30。

8.1.3　Animate 界面

Animate 界面是专门为调节动画所设置的界面。在默认的"启动"界面中，可以进行编辑操作，适合材质渲染。而在进行动画调节时，就需要使用新的 Animate 界面，在 C4D 操作界面右上角的"界面"下拉列表中可以切换为该界面，便于动画制作。该界面缩小了视图窗口的区域，将时间线和工具放在界面的中心，并且新增了时间线窗口，这样更利于动画的编辑和操作，如图 8-4 所示。

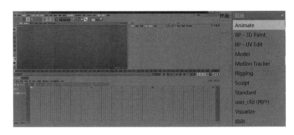

图 8-4

时间线窗口

时间线窗口是动画制作中比较关键的一个窗口，每一段动画的调节都需要在这个窗口中进行。例如，修改关键帧的时间，调节函数曲线以控制动画速率，进行关键帧的批量复制、粘贴、偏移等。

8.2.1　记录关键帧

对于动画来说，关键帧是非常重要的，可以说，关键帧是动画的基础，动画是由关键帧控制和组成的。所以，动画制作的第一步就是记录好每一个关键帧。

创建一个立方体对象,如图 8-5 所示。在"对象"窗口中选中立方体对象,在右下角的"坐标"参数面板中,P、S、R 分别代表立方体的移动、缩放、旋转,X、Y、Z 分别代表 3 个轴向,每一个参数前面都有一个记录关键帧的标记 ⊙。

当时间指针在第 0 帧时,单击 P.Z 前面的标记 ⊙,就为当前动画状态记录了关键帧,同时标记 ⊙ 会变成红色标记 ⊙,如图 8-6 所示。

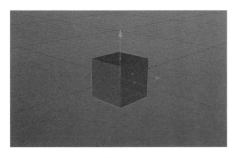

图 8-5   图 8-6

现在将时间指针滑动到第 50 帧处,并将立方体对象沿着 Z 轴移动 1000cm,如图 8-7 所示。此时 P.Z 前面的标记 ⊙ 会变成黄色标记 ⊙,黄色标记代表需要记录关键帧。单击黄色标记 ⊙,会变成红色标记 ⊙,红色标记代表记录关键帧成功,如图 8-8 所示。

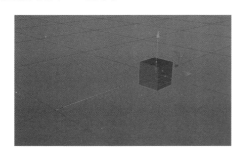

图 8-7   图 8-8

这就是最基础的记录关键帧操作,现在单击"动画播放"按钮 ▶,立方体对象会产生一段位移动画,从坐标原点沿 Z 轴正方向进行移动,时间指针在第 20 帧和第 30 帧处时,立方体对象处在不同位置上,如图 8-9 所示。

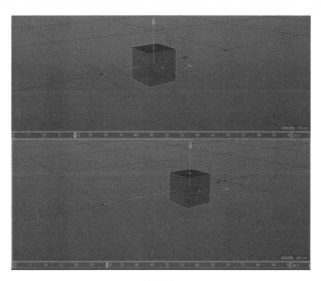

图 8-9

8.2.2 关键帧模式

在记录关键帧之后，时间线窗口会以关键帧模式显示所记录的关键帧，在记录关键帧的参数上单击鼠标右键，执行"动画 > 时间线窗口"命令，可以调出时间线窗口，如图 8-10 所示。这是第 2 种调出时间线窗口的方法，也可以通过"界面"下拉列表直接切换为Animate 界面，从而调出时间线窗口。

图 8-10

时间线窗口是一个较大的窗口，这里的编辑操作与视图窗口中的略有不同。在这里对关键帧进行编辑操作，需要熟悉以下基础操作命令。

- 按 H 键可以最大化显示对象的所有关键帧。
- 按 Alt 键 + 鼠标中键可以平移关键帧视图。
- 按 Alt 键 + 鼠标中键滚轮可以缩放关键帧视图。
- 按 Alt 键 + 鼠标右键可以横向拉伸关键帧视图。
- 使用鼠标左键点选或框选关键帧对象，可以通过左右移动来更改关键帧所在时间。
- 按住 Ctrl 键单击时间指针可以给对应属性添加关键帧。

8.2.3 函数曲线

函数曲线是调节动画的一个比较重要的工具，函数曲线的调节决定了动画的速率与节奏。调出函数曲线的方式有两种：一种是在时间线窗口单击"模式"图标 🔣，从摄影表模式切换到函数曲线模式；另一种是记录完关键帧后，时间线窗口会以关键帧模式显示所记录的关键帧，在记录关键帧的参数上单击鼠标右键，执行"动画 > 函数曲线"命令，可以调出函数曲线，如图 8-11 所示。

函数曲线模式的操作和摄影表模式的操作是一样的。默认的函数曲线是缓入 / 缓出形式，缓入 / 缓出形式的开始是加速运动，最后是减速运动，常常会将其改为线性的函数曲线。

- 线性：按快捷键 Ctrl+A 选择所有的点，单击鼠标右键，执行"线性"命令，将曲线变成直线，或者选择所有的点后，直接单击"线性"图标 🔧，如图 8-12 所示。线性形式是匀速运动，整体的动画运动节奏平缓、舒适，是较常用的一种曲线形式。

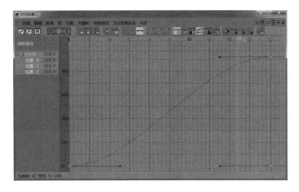

图 8-11

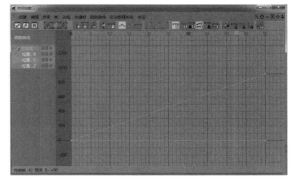

图 8-12

- 缓入：按快捷键 Ctrl+A 选择所有的点，单击鼠标右键，执行"缓入"命令，对象将在开始阶段低速运动，然后进入匀速运动，曲线呈上凸的形式，表示匀减速运动，整体的动画运动速率越来越慢，如图 8-13 所示。
- 缓出：按快捷键 Ctrl+A 选择所有的点，单击鼠标右键，执行"缓出"命令，对象将在开始阶段匀速运动，在结束阶段低速运动，曲线呈下凹的形式，表示匀加速运动，整体的动画运动速率越来越快，如图 8-14 所示。

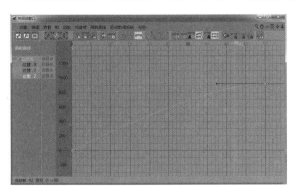

图 8-13

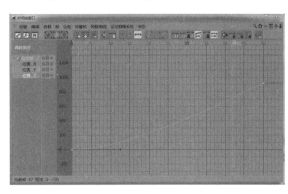

图 8-14

以上 3 种函数曲线分别表示匀速运动、匀加速运动和匀减速运动，是最常用的 3 种函数曲线。当然，还有更多复杂的函数曲线运动，但是一般而言，只要掌握好这 3 种函数曲线，再加以变化，就能满足制作需求。

课堂案例 地毯卷曲动画

实例位置	实例文件 >CH08> 课堂案例：地毯卷曲动画 .png
素材位置	素材文件 >CH08> 地毯卷曲动画 .c4d
视频名称	无
技术掌握	动画关键帧

扫码观看视频

作业要求：本次课堂案例通过一个地毯卷曲动画的制作讲解编辑工具在建模中的使用流程，效果如图 8-15 所示。

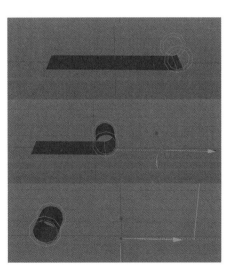

图 8-15

Step 01 按住"工具栏"中的"立方体"图标 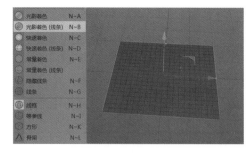 不放，在弹出的窗口中单击"平面"图标，创建一个平面对象，在视图菜单栏中将"显示"模式切换为"光影着色（线条）"，如图 8-16 所示。

Step 02 选择平面对象，在"对象"参数面板中将平面的"高度"数值修改为 100cm，将"宽度分段"数值增加到 80，如图 8-17 所示。

图 8-16

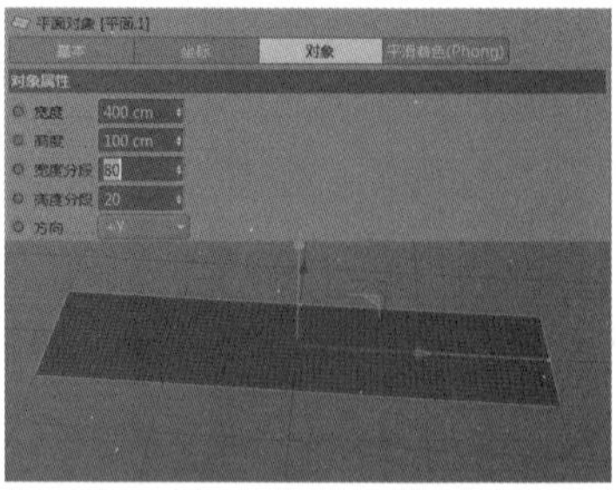

图 8-17

Step 03 选择平面对象，按住 Shift 键创建一个弯曲对象并自动匹配为平面对象的子级。可以调整弯曲对象在 *Y* 轴的尺寸为 2cm，使其可见，如图 8-18 所示。

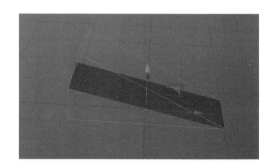

Step 04 增加弯曲的强度，会发现弯曲的效果不正确，如图 8-19 所示。

图 8-18

图 8-19

Step 05 这时需要改变弯曲对象的方向，在"坐标"参数面板中修改 R.B 数值为 90°，再回到"对象"参数面板中重新调整弯曲的强度，如图 8-20 所示。可以适当增加其在 *X* 轴的尺寸，使其可见，如图 8-21 所示。

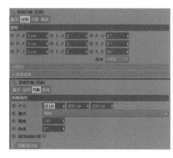

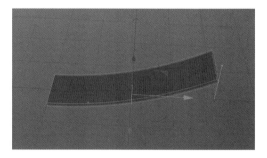

图 8-20

图 8-21

Step 06 继续增加弯曲的强度，使模型对象刚好弯曲一整圈，这里将"强度"数值修改为 −720°，如图 8-22 所示。

Step 07 当"强度"数值超过 360° 后，模型对象会出现重合的现象，而现实中地毯的卷曲是不会重合的，这里只需要将弯曲的角度增大至 91°，地毯就会微微错开，得到正确的弯曲效果，如图 8-23 所示。

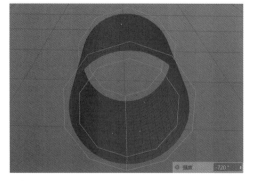

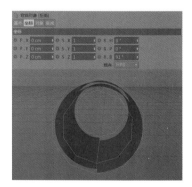

图 8-22

图 8-23

Step 08 现在平面对象是卷曲的状态，此时选择弯曲对象并将其沿着 X 轴正方向移动 400cm。随着弯曲对象的移动，平面对象也会逐渐展开，如图 8-24 所示。

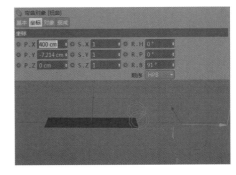

图8-24

Step 09 将时间指针滑动到第 0 帧的位置，单击弯曲对象 P.X 前的小圆点标记，使其变为红色的，记录一个关键帧，如图 8-25 所示。将时间指针移动到第 90 帧的位置，当 P.X 数值变为 400cm 时，前面的关键帧标记会变成黄色的，再单击一次会变成红色的，记录一个关键帧，如图 8-26 所示。

Step 10 记录好关键帧后，单击"动画播放"按钮 ▷，就会生成一段动态画面，地毯从卷曲的状态逐渐展开成一个平面，如图 8-27 所示。

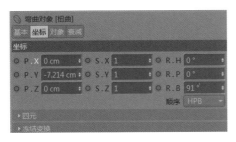

图8-25

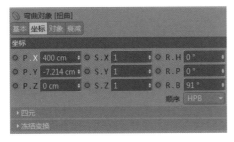

图8-26

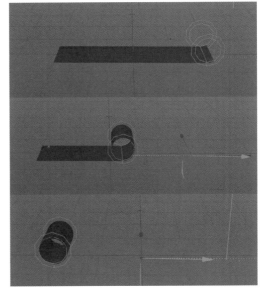

图8-27

课堂练习 火车轨道前进动画

实例位置	实例文件 >CH08> 课堂练习：火车轨道前进动画 .png	
素材位置	素材文件 >CH08> 火车轨道前进动画 .c4d	扫码观看视频
视频名称	无	
技术掌握	关键帧的设置与函数曲线的调节	

作业要求：本次课堂练习通过一段火车沿着轨道前进的动画制作，进一步介绍关键帧的设置和函数曲线的调节，效果如图 8-28 所示。

图 8-28

Step 01 打开本书提供的工程文件，包含地面、低面卡通建筑、树木、卡通货车、火车等模型元素，如图 8-29 所示。

Step 02 对场景中所有对象赋予基础白色材质，指定一个 HDR 环境，并在"渲染设置"窗口中添加全局光照和环境吸收效果，单击"渲染预览"图标，查看场景的渲染效果，如图 8-30 所示。

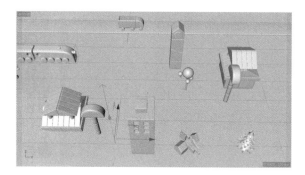

图 8-29

图 8-30

Step 03 单击鼠标中键进入完全顶视图，使用画笔工具绘制一条 S 样条作为火车运动的轨道路径，如图 8-31 所示。

Step 04 在"对象"窗口中选中样条对象，按住 Ctrl 键复制一个副本，得到样条.1 对象，创建一个扫描对象和一个矩形样条对象。首先将矩形样条对象的宽度设置为 78cm，高度设置为 2cm，圆角半径设置为 1cm，然后将矩形样条和样条.1 对象一起拖动到扫描对象下面作为其子级，并将矩形样条对象放在样条.1 对象的上方，扫描出一个轨道路径，如图 8-32 所示。

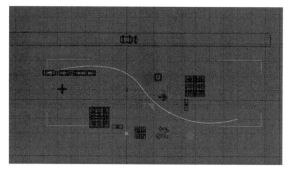

图 8-31

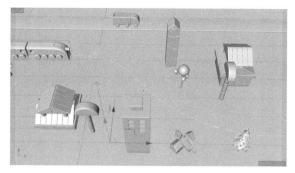

图 8-32

Step 05 创建一个样条约束对象，将样条约束对象和火车模型对象一起选中，按快捷键 Alt+G 一起打成组，在"对象"窗口中选中样条约束对象，将之前绘制的样条拖动到"样条"栏，将火车模型对象约束到指定路径上，如图 8-33 所示。

Step 06 将时间指针移动到第 0 帧处，在"对象"窗口中选中样条约束对象，在"对象"参数面板中单击"偏移"前面的小圆点标记，记录一个关键帧，如图 8-34 所示。

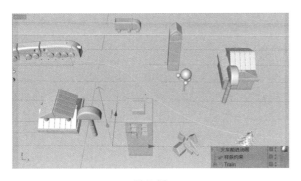
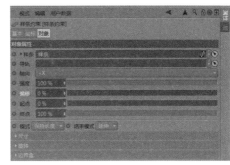

图 8-33　　　　　　　　　　　　图 8-34

Step 07 将时间指针移动到第 90 帧处，将"偏移"数值修改为 80%，这时火车将移动到路径的末端位置，再次单击"偏移"前面的小圆点标记，记录一个关键帧，如图 8-35 所示。在修改参数后，火车会移动到路径的末端位置，如图 8-36 所示。

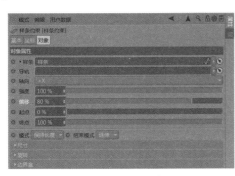
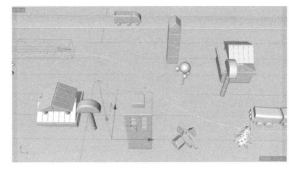

图 8-35　　　　　　　　　　　　图 8-36

Step 08 在关键帧设置完成后，单击"动画播放"按钮，就能看见火车沿着路径前进。选取开始和结束的两个时间点，单击"渲染预览"图标，查看渲染效果，如图 8-37 和图 8-38 所示。

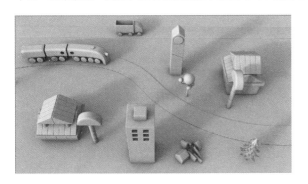
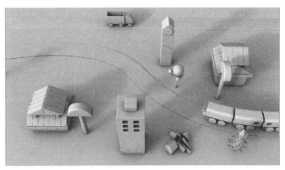

图 8-37　　　　　　　　　　　　图 8-38

Step 09 在默认设置下，关键帧的函数曲线是缓入／缓出形式。火车是先慢后快再慢的一个运动状态，可以调出样条约束偏移参数的函数曲线，默认是缓入／缓出形式，如图 8-39 所示。在时间线窗口中选择所有的关键帧节点，单击"线性"图标 ![线性图标]，将函数曲线改为匀速运动的状态，再次播放动画，火车会以均匀的速度前进，如图 8-40 所示。

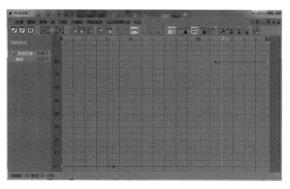

图 8-39

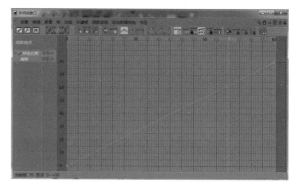

图 8-40

课后习题 卡通小屋变形动画

实例位置	实例文件 >CH08> 课后习题：卡通小屋变形动画 .png	
素材位置	素材文件 >CH08> 卡通小屋变形动画 .c4d	
视频名称	无	
技术掌握	关键帧和函数曲线的应用	

　　作业要求：本次课后习题利用关键帧制作一个卡通小屋从地面弹起，并在弹起的过程中产生变形的小动画，效果如图 8-41 所示。

图 8-41

Step 01 打开本书提供的工程文件，包含一组卡通小屋模型，同时房屋的材质、常用的灯光环境和渲染设置都已经设置好，如图8-42所示。

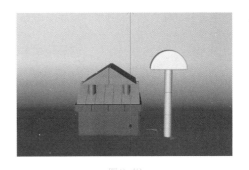

图 8-42

Step 02 将时间指针移动到第 0 帧处，在空白对象的"坐标"参数面板中单击 Y 轴参数前面的小圆点标记，记录两个关键帧，如图 8-43 所示。此时模型对象的形变状态如图 8-44 所示。

图 8-43

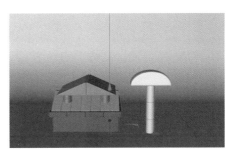

图 8-44

Step 03 创建一个膨胀对象，将膨胀对象和小屋对象整体打成一个组，并将膨胀对象的大小调节至刚好覆盖整个模型对象，如图8-45所示。

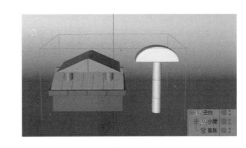

图 8-45

Step 04 将时间指针移动到第 0 帧处，在膨胀对象的"对象"参数面板中将"强度"数值修改为 23%，单击该参数前面的小圆点标记，记录强度的关键帧，如图 8-46 所示。模型对象也会发生相应的形变，如图 8-47 所示。

图 8-46

图 8-47

Step 05 将时间指针移动到第 90 帧处，在膨胀对象的"对象"参数面板中将"强度"数值修改为 0%，单击该参数前面的小圆点标记，记录强度的新关键帧，如图 8-48 所示。模型对象也会发生相应的形变，如图 8-49 所示。

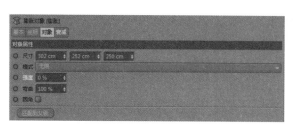

图 8-48

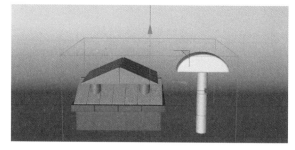

图 8-49

Step 06 将时间指针移动到第 90 帧处，在空白对象的"坐标"参数面板中将 Y 轴缩放值修改为 1，Y 轴位移会随之增加，单击参数前面的小圆点标记，记录新的关键帧，如图 8-50 所示。模型对象也会发生相应的位置和缩放变化，如图 8-51 所示。

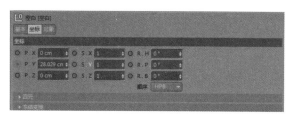

图 8-50

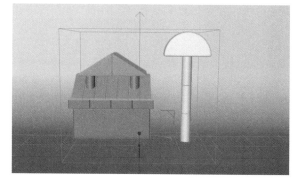

图 8-51

Step 07 在关键帧设置完成后，单击"动画播放"按钮，就能看见小屋从地面弹起，由膨胀状态恢复为正常状态的过程。选取开始和结束的两个时间点，单击"渲染预览"图标，查看渲染效果，如图 8-52 和图 8-53 所示。

图 8-52

图 8-53

本章小结

本章详细讲解了动画的制作流程，其中，关键帧的设置是动画制作的关键，而函数曲线决定了一段动画的运动节奏是否流畅。常用的函数曲线有匀加速运动、匀减速运动和匀速运动 3 种类型。在产品表现中，匀速运动是最常用的，可以使整个动画的节奏顺畅、平缓。

Chapter

09

第 09 章

动力学与运动图形

C4D 的动力学与运动图形是两个非常强大的工具。动力学工具可以用于模拟真实的物体碰撞；运动图形工具和各种效果器的配合可以用于制作非常出色的动画。高效和灵活是 C4D 的功能特色。

C4D R20

学习重点

- 详细了解 C4D 动力学工具的作用
- 详细了解 C4D 运动图形工具的使用

工具名称	工具图标	工具作用	重要程度
克隆		使用多种方式让目标对象产生多个副本对象	高
矩阵		和克隆工具的功能类似	中
分裂		可以将模型的每个面单独分离出来	高
破碎		使模型成为多个碎块	中
实例		在运动对象的路径上生成对象	中
文本		直接生成有厚度的文字模型，并且可以对单词的字母进行单独控制	高
追踪对象		可以显示运动图形对象的运动轨迹	中
运动样条		使目标样条运动起来	中
运动挤压		将目标对象挤压出锥形的形状	中
多边形FX		将目标对象破碎成大量块状	中
切换克隆/矩阵		切换克隆和矩阵两种模型	中
运动图形选集		设置运动图形及其效果的范围	中
线形克隆工具		直接进行一条直线的克隆	中
放射克隆工具		直接以放射状的形式进行克隆	中
网格克隆工具		直接以网格排列的方式进行克隆	中
群组		管理多个效果器	中
简易		改变运动图形的位置、缩放、旋转	高
延迟		将运动图形的位置、缩放、旋转的改变向后延缓	高
公式		增加或减小线面的高度	中
继承		继承目标运动图形的位置、缩放、旋转的改变	中
推散		将运动图形以四面八方的方向推散	中
Python		使用 Python 控制运动图形的位置、缩放、旋转	中
随机		以不规则的方式改变运动图形的位置、缩放、旋转	高
着色		使用颜色分布的范围改变运动图形的位置、缩放、旋转	中
声音		使用声音的高 / 低频改变运动图形的位置、缩放、旋转	中
样条		使用样条控制运动图形的位置、缩放、旋转	中
步幅		以逐渐递增或递减的方式改变运动图形的位置、缩放、旋转	中
目标		给运动图形一个目标对象	中
时间		使运动图形的位置、缩放、旋转的改变产生时间偏移	中
体积		以模型的体积大小来改变运动图形的位置、缩放、旋转	高

9.1 动力学

在"对象"窗口中选中对象并单击鼠标右键，在弹出的菜单中执行"模拟标签"命令，会发现很多力学体标签。这些标签都是与动力学有关的标签，包含刚体、柔体、碰撞体、检测体、布料、布料碰撞器、布料绑带等。当物体被赋予力学体标签后，便具备了动力学属性，可以参与动力学计算，如图 9-1 所示。

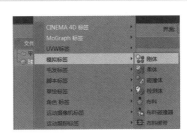

图 9-1

9.1.1 刚体/碰撞体

刚体指不能变形的物体，即在任何力的作用下，体积和形状都不会发生改变的物体。这里创建一个球体对象和一个平面对象，在"对象"窗口中选中球体对象，执行"模拟标签 > 刚体"命令，添加刚体标签，如图 9-2 所示。球体对象在添加刚体标签后就不再是一个普通的多边形对象了，而是具备动力学属性的动力学对象。

动力学对象具备质量、密度、体积等属性，受力场的影响。单击"动画播放"按钮，球体对象将进行下落运动。随着时间的推移，球体对象会逐渐下落，直至穿过平面对象，如果时间足够长，则球体对象可以一直下落，如图 9-3 所示。

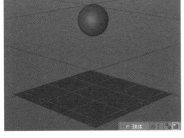

图 9-2

图 9-3

提示

物体在添加刚体标签后会下落，是因为工程的"动力学"参数面板中"重力"数值默认为 1000cm/s，如图 9-4 所示。这与现实中的重力相似，我们可以根据情况加减"重力"数值，当"重力"数值为 0 时，将会变为失重状态。

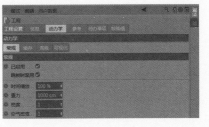

图 9-4

刚体小球下落时直接穿过了平面对象，没有和平面对象产生碰撞交互，这是因为现在的平面对象是一个普通对象，不是动力学对象，不能和动力学对象产生交互。选择平面对象，执行"模拟标签 > 碰撞体"命令，添加碰撞体标签，如图 9-5 所示。添加碰撞体标签后，平面对象就变成了动力学碰撞体对象，可以与刚体对象产生碰撞。

　　再次单击"动画播放"按钮，可以看到刚体小球碰撞平面对象后会直接停下，不再穿过平面对象，如图 9-6 所示，这就是最基本的刚体 / 碰撞体动力学。而刚体除了和碰撞体进行碰撞，也可以和刚体进行碰撞。

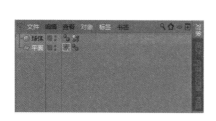
图 9-5

图 9-6

9.1.2 力学体标签

　　单击"动力学"标签，可以查看"动力学"参数面板，如图 9-7 所示。在这里可以修改动力学对象的相关参数，例如开启 / 关闭动力学，设置动力学初始形态，切换碰撞体、柔体、碰撞体，以及为复杂的动力学场景设置缓存。

1. 动力学

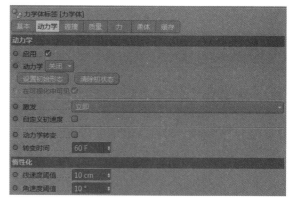
图 9-7

- 启用：勾选该复选框后，"动力学"参数面板为激活状态，此时物体对象是一个动力学对象。取消勾选该复选框后，力学体标签的图标为灰色的 ，说明力学体标签不产生任何作用，此时物体对象是一个普通对象。

- 动力学：包含 3 个选项。开启：默认开启刚体标签，说明当前物体作为刚体被识别。关闭：选择该选项后，力学体标签图标显示为 ，说明当前的力学体标签被转换为碰撞体标签。检测：选择该选项后，力学体标签图标显示为 ，说明当前的力学体标签被转换为检测体标签，与对对象执行"模拟标签 > 检测体"命令相同。当对象作为检测体时，将不会发生碰撞或反弹，动力学对象会穿过这些对象。

- 设置初始形态：动力学计算完毕后，将该对象当前帧的状态设置为动作的初始状态。

- 清除初状态：用于重置初始状态。

- 激发：包含 3 个选项。立即：选择该选项后，物体对象的动力学计算将立即生效。在峰速：选择该选项后，物体对象本身具有动画效果，物体对象将在动画速度最快的时候开始动力学计算。开启碰撞：物体对象同另一个对象发生碰撞后才会进行动力学计算。如图 9-8 所示，两个立方体对象都被设置为开启碰撞模式，只有被动力学对象碰撞的立方体对象才会下落。

图 9-8

- 自定义初速度：勾选该复选框后，将激活初始线速度、初始角速度和对象坐标参数，可自定义前两个参数的数值。
- 动力学转变/转变时间：可以在任意时间停止动力学计算。勾选"动力学转变"复选框后，动力学不再影响动力学对象，对象会返回其初始状态。"动力学转变"参数用于定义是否强制动力学对象回到其初始状态。"转换时间"参数用于定义返回初始状态的时间。
- 线速度阈值/角速度阈值：优化计算速度。若有动力学对象的速度低于这些阈值，将省略进一步的动力学计算，直到它碰撞到另一个对象。

2．碰撞

"碰撞"参数面板主要用来调节碰撞体的相关参数。可以在此修改碰撞体的继承标签和独立元素（当碰撞体包含多个子级对象时）、碰撞的外形模式、碰撞体自身的反弹属性、摩擦力属性和碰撞噪波等，如图9-9所示。

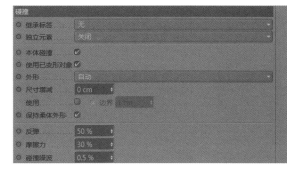

图9-9

- 继承标签：用于设置标签的应用等级，设置层级对象下的子对象是否可作为独立的碰撞物体参与动力学计算，包含3种模式。无：不参与标签继承。应用标签到子级：选择该选项后，力学体标签将被分配给所有子级对象，即所有子级对象都被进行单独的动力学计算。复合碰撞外形：整个层级的对象都被分配一个力学体标签进行计算，即动力学只计算整个层级对象，并将层级对象作为一个固定的整体。
- 独立元素：设置动力学对象在碰撞后，其元素的独立方式，包含4个选项。关闭：整个对象作为一个整体的碰撞对象。顶层：每行文本对象作为一个碰撞对象。第二阶段：每个单词作为一个碰撞对象。全部：每个元素作为一个碰撞对象。效果如图9-10所示。
- 本体碰撞：动力学对象是刚体，若将力学体标签赋予一个克隆对象，则该参数可以用于设置克隆的单个对象之间是否进行碰撞计算。
- 外形：动力学碰撞计算是一个耗时的过程，对象受到碰撞、反弹、摩擦等都会增加计算时间。"外形"下拉列表提供了多个替代形状。将这些形状代替碰撞对象本身去参与计算，可节省大量渲染时间，如图9-11所示。其中，最常用的就是"静态网格"和"动态网格"选项，如果物体是静止的，就使用"静态网格"选项；如果物体是动态的，就使用"动态网格"选项。

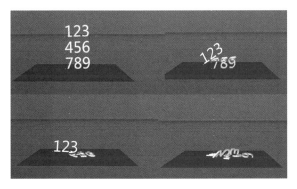

图9-10

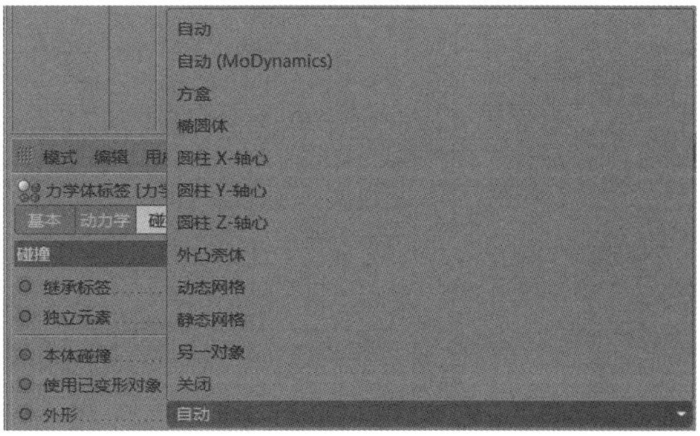

图9-11

- 尺寸增减：用于设置对象的碰撞范围。该数值越大，范围越大。
- 使用/边界：通常保持默认设置，只有将前者勾选上，"边界"参数才会被激活。将"边界"数值设置为0，会减少渲染时间，但是也会降低碰撞的稳定性。若数值过低，则可能导致碰撞时发生对象穿插的错误。
- 保持柔体外形：默认勾选。动力学对象在进行碰撞并产生变形后，会像柔体一样反弹并恢复原形。

- 反弹：用于设置反弹的大小。当该数值为 0% 时，为非弹性碰撞反弹；当该数值为 100% 时，会有非常明显的反弹效果。
- 摩擦力：用于设置对象的摩擦力大小。当物体与另一物体沿接触面的切线方向运动或有相对运动趋势时，在两物体的接触面之间有阻碍它们相对运动的作用力。
- 碰撞噪波：碰撞的行为变化。该数值越高，碰撞对象产生的动作越多样化。

3. 质量

　　"质量"参数面板主要用于控制动力学对象的质量属性，可以修改动力学对象的密度、质量及质量中心，如图 9-12 所示。

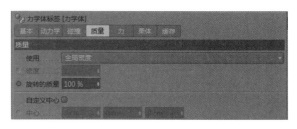

图 9-12

- 使用：动力学对象的质量使用方式有 3 种。全局密度：默认选项，选择该选项后，使用的密度数值为工程设置窗口中"动力学"参数面板的密度数值。自定义密度：选择该选项后，下方的"密度"参数被激活，可自定义密度的数值。自定义质量：选择该选项后，下方的"质量"参数被显示并激活，可自定义质量的数值。
- 旋转的质量：用于设置旋转的质量大小。
- 自定义中心 / 中心：默认不勾选，质量中心将被自动计算出来，表现真实的动力学对象，如果需要手动设置质量中心，则勾选"自定义中心"复选框，在"中心"后面的文本框中输入坐标数值。

4. 力

　　"力"参数面板用于控制动力学对象的一些特殊的力，可以控制跟随位移、跟随旋转、线性阻尼、角度阻尼参数，排除力和调节空气动力学参数，如图 9-13 所示。

- 跟随位移 / 跟随旋转：在一段时间内，数值越大，动力学对象恢复原始状态的速度越快。默认的克隆对象相互之间有穿插，在添加刚体标签后，由于动力学对象是实心且具备体积的，会相互弹开。这时启用"跟随位移"参数并设置其数值为 1，刚体对象就会恢复之前的形式，从而解决一开始的穿插问题。"跟随位移"和"跟随旋转"参数的作用是一样的，只是恢复的属性不同，前者用于恢复之前的位移，后者用于恢复之前的旋转，如图 9-14 所示。

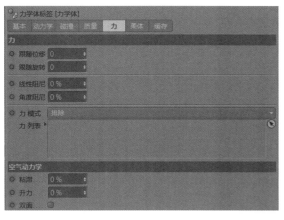

图 9-13

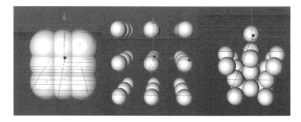

图 9-14

- 线性阻尼 / 角度阻尼：阻尼是指动力学对象在运动的过程中，由于外界作用或本身固有因素而引起的振动幅度逐渐下降的特性。线性阻尼 / 角度阻尼用来设置动力学对象在运动过程中，位移角度上的阻尼大小。
- 力模式 / 力列表：当场景中有其他力场存在时，如果不需要该对象受到某种力的影响，可将该力拖入力列表中排除。

5. 柔体

柔体与刚体相对，是指需要产生形变的物体，即在力的作用下，体积和形状发生改变的物体，如气球等。直接为对象赋予柔体的力学体标签，或者在赋予刚体标签后改为柔体标签，都能将一个对象变成动力学柔体对象。

给一个球体对象赋予柔体标签，给一个平面对象赋予碰撞体标签，单击"动画播放"按钮，柔体下落后碰到碰撞体时表面会产生形变，如图 9-15 所示。柔体和刚体的区别就在于柔体会产生形变，而刚体不会。

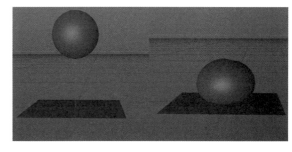

图 9-15

"柔体"参数面板主要用于控制柔体的相关属性，如图 9-16 所示。在这里可以修改柔体的弹簧属性，可以修改柔体的硬度和体积，还可以调整柔体因受到压力而产生形变时恢复的影响程度。

- 柔体：包含 3 种模式，即"关闭""由多边形 / 线构成""由克隆构成"。关闭：动力学对象作为刚体存在。由多边形 / 线构成：动力学对象作为普通柔体存在。由克隆构成：克隆对象作为一个整体，像弹簧一样产生动力学效果。

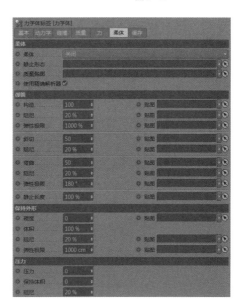

图 9-16

- 静止形态 / 质量贴图：用于顶点贴图的柔体控制。
- 构造 / 阻尼：用于设置柔体对象的弹性构造。数值越大，对象构造越完整。
- 斜切 / 阻尼：用于设置柔体的斜切程度。
- 弯曲 / 阻尼：用于设置柔体的弯曲程度。
- 静止长度：在静止状态时，柔体会保持其原有形状，

其产生柔体变形的点也处于静止状态，说明当前未被施加力，然而一旦动力学计算开始，重力和碰撞就会对这些点产生影响。

- 硬度：该参数是柔体标签最重要的参数，数值越大，柔体的形变越小。
- 体积：用于设置体积的大小，默认不变。
- 阻尼：用于设置影响保持外形的数值大小。
- 压力：模拟现实中施加压力对另一个对象产生物体表面膨胀的影响。
- 保持体积：用于设置保持体积的参数大小。
- 阻尼：用于设置影响压力的阻尼大小。

6. 缓存

"缓存"参数面板主要用于将动力学对象和包含动力学对象的场景烘焙出来，形成一定的数据信息文件，如图 9-17 所示。缓存的好处在于可以让动力学场景预览更快。特别复杂的动力学场景在实时播放动画时会非常卡顿，而通过烘焙的方式播放就会非常快，且可以进行倒放。

图 9-17

- 烘焙对象：在进行动力学测试时，为了方便观察，可以将调试好的动画进行烘焙，系统将自动计算当前动力学对象的动画效果，并保存到内部缓存中。在烘焙完成后，单击"播放"按钮，可以观察动画效果。复杂的动力学场景播放会十分缓慢，不便观察，而烘焙则能够帮助系统计算出真实的运动效果以用于预览。
- 清除对象缓存：清除烘焙完成的动画预览缓存。单击该按钮后，当前动力学对象的动画预览缓存将不存在。
- 本地坐标：勾选该复选框后，烘焙使用的是对象自身的坐标系统。若取消勾选该复选框，将使用全局坐标系统。
- 内存：烘焙完成后，"内存"参数将显示烘焙后文件所占的内存大小。
- 使用缓存数据：勾选该复选框后，使用缓存数据。默认勾选该复选框，若取消勾选该复选框，将不使用缓存数据。

9.1.3　布料

　　布料对象也是动力学对象的一种，专门用来模拟现实中的布料，如毛巾、旗帜、窗帘等。

　　创建一个平面对象，并将平面对象的"宽度分段"和"高度分段"数值增加至 40，因为数值越高，后面得到的布料效果越好。按快捷键 C 将平面对象转换为可编辑对象，因为布料标签需要被添加到可编辑对象上才能起作用，所以必须将平面对象转换为可编辑对象。在"对象"窗口中选中平面对象，在"对象"窗口的菜单栏中执行"标签 > 模拟标签 > 布料"命令，即可将一个平面对象转换为布料对象，如图 9-18 所示。

　　在默认情况下，布料会受到重力的影响。创建一个球体对象，按快捷键 C 将其转换为可编辑对象，在"对象"窗口的菜单栏中执行"标签 > 模拟标签 > 布料碰撞器"命令，即可将一个球体对象转换为布料碰撞器，如图 9-19 所示。布料碰撞器的创建是为了让受重力影响的布料不会一直下落，落到球体对象上时就停止。

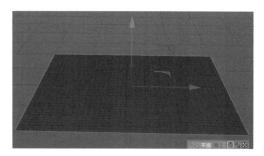
图 9-18

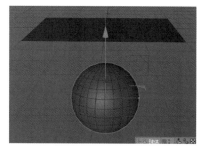
图 9-19

　　单击"动画播放"按钮，可以看到布料下落，并且在碰撞球体时产生相应的交互效果，即平面对象碰撞球体对象后会发生褶皱变化，这样的效果和现实中布料下落由于空气阻力而产生形变的褶皱效果一样。

　　因为平面对象的分段不够多，所以布料的效果不理想。我们一般不会给一个平面对象设置非常大的分段数，因为这样一来，在模拟布料效果时计算机的计算量非常大，容易卡顿。只需要设置一个适中的分段数来得到简单的褶皱效果，再为布料对象添加一个细分曲面对象即可。添加细分曲面对象后，布料的褶皱效果就完全体现出来了，如图 9-20 所示。

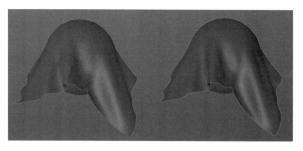
图 9-20

1. 标签

"标签"参数面板主要用于控制布料的硬度、弯曲和质量等相关属性，可以调节出柔软的布料、坚硬的皮革，或者粗糙的毛巾等各式各样的布料，如图9-21所示。

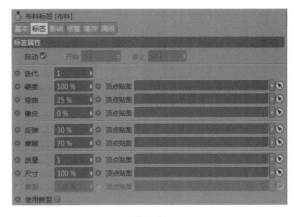

图9-21

- 自动：默认勾选，在取消勾选该复选框时，可以在"开始"和"停止"参数中设置帧范围。对象在帧范围内有模拟布料属性。
- 迭代：控制布料内部的整体弹性。该数值可以影响布料内部的舒展程度。
- 硬度：在"迭代"数值不变的情况下，该数值可小范围控制布料的硬度。对布料绘制顶点贴图，并将其拖入"顶点贴图"栏中，贴图的权重分布将决定布料硬度的影响范围及大小。
- 弯曲："弯曲"数值越小，布料碰撞后越蜷缩；"弯曲"数值越大，布料碰撞后越舒展。还可以用顶点贴图控制弯曲的影响范围及大小。
- 橡皮：当布料下落与球体碰撞时，增大"橡皮"数值，会使布料具有类似橡皮弹性的拉伸效果。还可以用顶点贴图控制橡皮的影响范围及大小。
- 反弹："反弹"数值的增大会使布料在与球体碰撞时发生反弹。还可以用顶点贴图控制反弹的影响范围及大小。
- 摩擦："摩擦"数值越大，布料与布料碰撞器碰撞后越不容易滑动。还可以用顶点贴图控制摩擦的影响范围及大小。
- 质量：增加布料质量。还可以用顶点贴图控制质量的影响范围及大小。
- 尺寸：布料尺寸小于100%，碰撞前的起始尺寸将变小。还可以用顶点贴图控制尺寸的影响范围及大小。
- 撕裂/使用撕裂：勾选"使用撕裂"复选框后，布料与对象碰撞时会出现撕裂效果，撕裂程度可以由"撕裂"参数控制。还可以用顶点贴图控制撕裂的影响范围及大小。

2. 影响

"影响"参数面板主要用于控制力场对布料的影响，这里主要用于控制重力、风力、空气阻力3种力对布料的影响，如图9-22所示。

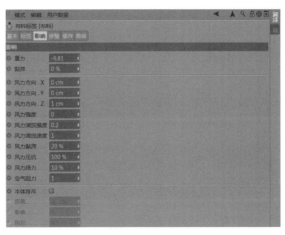

- 重力：该数值为正值时布料会下落；该数值为负值时布料会上升。
- 黏滞：减缓布料的全局碰撞状态，包括下落速度、碰撞停止速度等。添加黏滞效果后，布料下落会更慢。
- 风力：给布料添加风力场，可以设置风力方向、风力强度、风力湍流强度和风力湍流速度等。
- 本体排斥：勾选该复选框后，激活"本体排斥"参数，可以控制布料自身碰撞的状态。

图9-22

3. 修整

"修整"参数面板主要用于对布料进行松弛和收缩的调节，还可以将布料上的点固定住，以及缝合布料的面，如图9-23所示。

- 固定点：可以选择布料上的点，并将其固定住。将一个长方形对象转换为可编辑对象后，在点模式下选择最上面的一排点，为长方形对象添加布料标签。单击"修整"参数面板中"固定点"后的"设置"按钮，选中的点会变成红色。单击"动画播放"按钮，可以发现布料会继续下落，但是由于上面的点被固定住，布料会产生拉伸效果。该参数常用来制作旗帜、窗帘等布料，如图 9-24 所示。

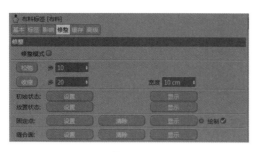

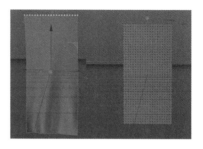

图 9-23　　　　　　　　　　　　　　　图 9-24

- 缝合面：选择布料对象的两条不相连的边，单击后面的"设置"按钮，可以将其缝合成一个面。

4. 缓存

　　"缓存"参数面板用于将布料的整个变形过程烘焙成信息数据存储起来，尤其针对复杂的布料场景，在计算缓存后播放动画，不会产生卡顿的现象，如图 9-25 所示。

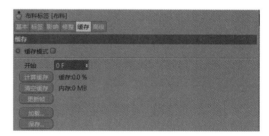

- 计算缓存：单击该按钮后，软件开始记录数据信息，这个过程需要一定的时间，且场景越复杂，计算的时间越久。

- 清除缓存：清除烘焙完成的动画预览缓存。单击该按钮后，当前布料对象的动画预览缓存将不存在。

图 9-25

- 更新帧：对布料对象的动画标记关键帧后，若修改了关键帧，则需要单击"更新帧"按钮。

- 加载：可以载入已经烘焙好的布料相关数据。

- 保存：保存当前缓存文件，以便下次或者以后使用。

5. 高级

　　"高级"参数面板用于进一步调节布料属性。其中，"子采样"数值用于设定布料在每一帧中模拟计算的次数，次数越高，模拟计算结果越准确；勾选"本体碰撞"和"全局加交叉分拆"复选框，有助于避免布料交叉；还可以设置布料上的点、线相互之间碰撞的距离。

课堂案例 小球下落碰撞动画

实例位置	实例文件 >CH09> 课堂案例：小球下落碰撞动画 .png
素材位置	素材文件 >CH09> 小球下落碰撞动画 .c4d
视频名称	无
技术掌握	动力学刚体 / 碰撞体的应用

扫码观看视频

作业要求：本次课堂案例通过一个小球下落碰撞动画的制作讲解动力学工具的使用流程，效果如图9-26所示。

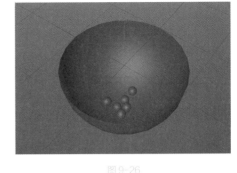

图 9-26

Step 01 创建一个球体对象，修改球体的"半径"数值为100cm，"类型"为"半球体"，如图9-27所示。

Step 02 创建一个球体对象，并将"半径"数值改小，放置在半球体的正上方，如图9-28所示。

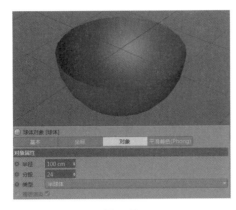

图 9-27

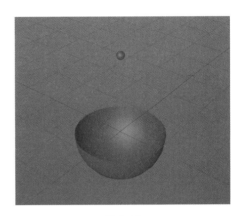

图 9-28

Step 03 复制多个小球对象的副本，并将它们合并在一个组内，如图9-29所示。

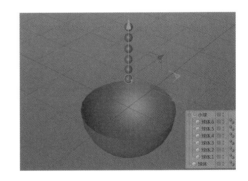

图 9-29

Step 04 选择小球对象，单击鼠标右键，执行"模拟标签 > 刚体"命令，对所有小球对象添加刚体标签，添加刚体标签后播放动画，小球对象会穿过半球体对象，如图9-30所示。

Step 05 对半球体对象使用同样的操作添加碰撞体标签，把半球体对象变成动力学对象，再次播放动画，小球对象就不会穿过半球体对象，而是会被半球体对象的外壳阻挡在外，如图9-31所示。

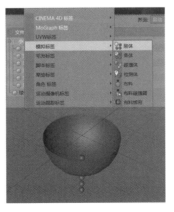

图 9-30

图 9-31

Step 06 这是因为默认的碰撞体的"外形"类型为"自动"，会计算整个物体的外壳。如果使用不封闭的模型作为碰撞体，则需要将碰撞体的"外形"类型修改为"静态网格"，如图 9-32 所示。

Step 07 再次播放动画，小球对象便能正确地落在半球体对象中并产生真实的碰撞效果，如图 9-33 所示。

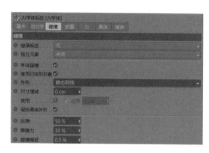

图 9-32

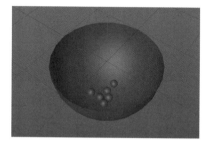

图 9-33

课堂练习 丝带飞舞动画

实例位置	实例文件 >CH09> 课堂练习：丝带飞舞动画 .png
素材位置	素材文件 >CH09> 丝带飞舞动画 .c4d
视频名称	无
技术掌握	布料的应用

扫码观看视频

作业要求：本次课堂练习通过一个丝带飞舞动画的制作深入讲解布料的应用，效果如图 9-34 所示。

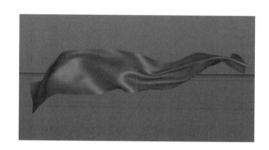

图 9-34

Step 01 执行"主菜单 > 创建 > 对象 > 平面"命令，创建一个平面对象，将平面对象的"宽度"数值修改为 2000cm，"高度"数值修改为 400cm，"宽度分段"数值修改为 50，如图 9-35 所示。布料的模拟对象需要有足够多的分段才有较好的效果，但分段也不能太多，若分段太多，则计算机的运算量大，模拟时会产生卡顿现象。

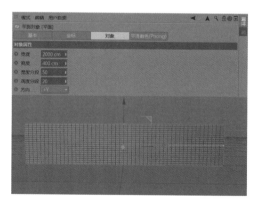

图 9-35

Step 02 在"对象"窗口中选中平面对象，按快捷键C将平面对象转换为可编辑对象，在"对象"窗口的菜单栏中执行"标签 > 模拟标签 > 布料"命令，即可将一个平面对象转换为布料对象，如图9-36所示。

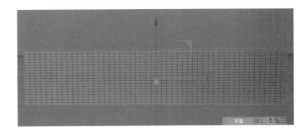

图9-36

Step 03 单击"动画播放"按钮，布料会垂直下落，并在下落的过程中由于空气阻力而产生褶皱的效果，这是因为布料会受到重力的影响，如图9-37所示。

Step 04 在"对象"窗口中选中布料对象，在右下角的"影响"参数面板中将"重力"数值修改为0。播放动画，布料就会静止在空中不会下落，如图9-38所示。

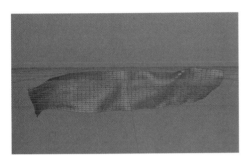

图9-37

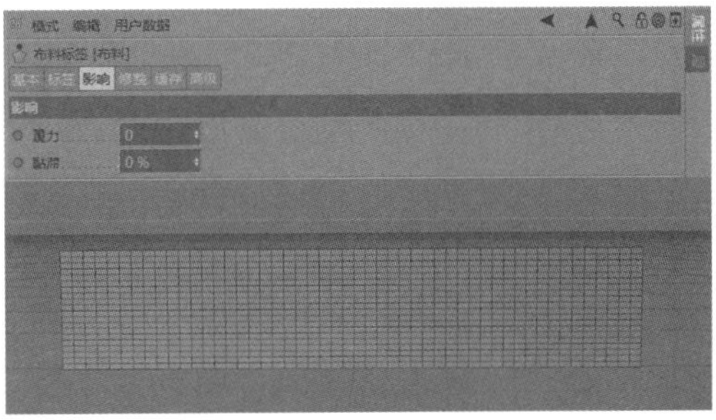

图9-38

Step 05 执行"主菜单 > 模拟 > 粒子 > 湍流"命令，添加一个湍流力场，并增加湍流力场的"强度"数值为200，以及调整湍流力场的"缩放"数值为200%，让湍流力场的影响范围更广一些。播放动画，布料会在湍流力场中不规则力的影响下产生随机的效果，形成飞舞的效果，如图9-39所示。

Step 06 此时的布料效果不是很好，这是因为布料表面的分段数为刚好能快速模拟效果却不够精细的数值。执行"主菜单 > 创建 > 生成器 > 细分曲面"命令，创建一个细分曲面对象作为布料对象的父级，增加布料的"细分"数值，就能得到一个精细的布料效果，如图9-40所示。

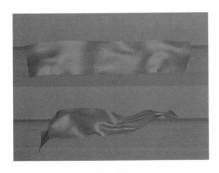

图9-39

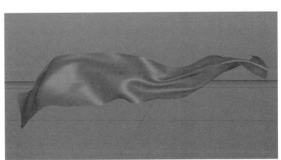

图9-40

实例位置	实例文件 >CH09> 课后习题：红旗飘动动画.png
素材位置	素材文件 >CH09> 红旗飘动动画.c4d
视频名称	无
技术掌握	布料力场的应用

作业要求：本次课后习题通过一个红旗飘动动画的制作，进一步巩固前面章节所介绍过的布料知识，效果如图 9-41 所示。

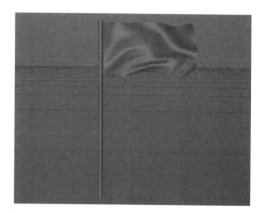

图 9-41

Step 01 创建一个平面对象作为旗面，增加其长度和长度细分数值，并对其添加布料标签，使其具备布料属性，如图 9-42 所示。

Step 02 将平面对象转换为可编辑对象，在点模式下选中最左侧一列的点，如图 9-43 所示。

图 9-42

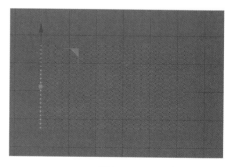

图 9-43

Step 03 在"修整"参数面板中设置固定点，将旗面固定住，点会由黄色变成紫色，如图 9-44 所示。

图 9-44

Step 04 添加湍流力场，增加湍流的"强度"和"缩放"数值，如图 9-45 所示。在布料标签的"影响"参数面板中将"重力"数值归零，去除重力的影响，如图 9-46 所示。

图 9-45

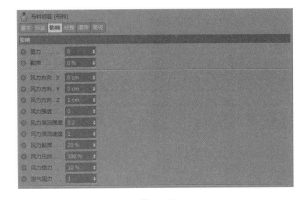

图 9-46

Step 05 添加风力场，使旗帜向右飘动，单击"动画播放"按钮，如图 9-47 所示。

Step 06 创建一个圆柱对象，并将其拉长作为旗杆，如图 9-48 所示。

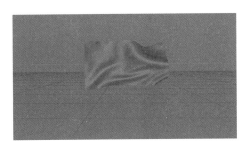

图 9-47

图 9-48

9.2 运动图形工具

运动图形工具是 C4D 非常强大的工具。使用运动图形工具，并配合各种效果器能让模型对象呈现不同的形态变化。执行"主菜单 > 运动图形"命令，可以创建相应的运动图形工具，如图 9-49 所示，包含 8 种作为父级使用的工具、2 种作为子级使用的工具（运动挤压、多边形 FX），以及 16 种效果器和 7 种辅助型工具。

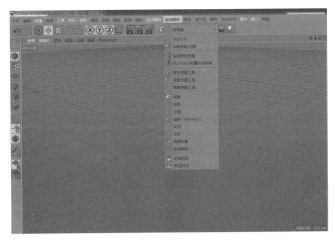

图 9-49

克隆工具是强大的运动图形工具,也是使用频率较高的一个工具。执行"主菜单 > 运动图形 > 克隆"命令,可以创建一个克隆对象。克隆工具作为父级使用时,需要一个对象作为子级才能实现其效果,其功能就是大量创建目标模型对象副本。

1. 对象

"对象"参数面板是克隆工具最重要的一个参数面板,可以修改克隆的模式、数量、偏移,以及步幅旋转等,如图9-50所示。

• 模式:用于设置克隆的模式,有"对象""线性""放射""网格排列"4种。在每一种模式下,"对象"参数面板的参数都略有不同。"模式"是使用克隆工具时首先需要调节的参数,若克隆的模式不同,则会直接影响后续的克隆副本的形式,下面进行讲解。

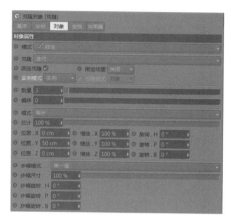

图9-50

"线性"模式

"线性"模式是指按照一个方向对物体进行克隆的模式。以一个长度、宽度、高度均为20cm的立方体作为被克隆对象进行克隆后,默认采用"线性"模式,会沿着 Y 轴克隆3个副本,如图9-51所示。

在"线性"模式下,"对象"参数面板中常用的是"数量""偏移""步幅模式"等参数,如图9-52所示。

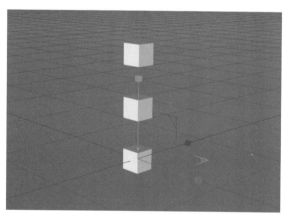

图9-51

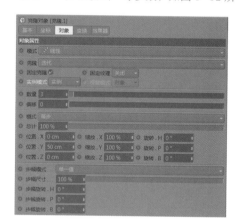

图9-52

• 固定克隆:如果在进行克隆时有多个被克隆物体,并且这些物体的位置不同,则勾选该复选框后,每个物体的克隆结果将以自身所在的位置克隆,否则将统一以克隆位置克隆。

• 实例模式:包含"实例""渲染实例""多重实例"3种模式,常用的是前两种模式。"实例"和"渲染实例"模式的区别在于,后者在渲染时会减少模型点线面的计算,提高渲染速度。

• 数量("线性"模式下):设置当前的克隆数量。将"数量"数值从默认的3修改为5后,会沿着原来的方向继续增加两个副本,如图9-53所示。

● 偏移：用于设置克隆物体的位置偏移。调整"偏移"数值后，整个克隆对象会沿着原来的方向移动，如图9-54所示。

图9-53

图9-54

● 模式：包括"终点"和"每步"两个选项。终点：克隆计算的是从克隆的初始位置到结束位置的属性变化。每步：克隆计算的是相邻两个克隆物体间的属性变化。当克隆对象的"数量"数值为4时，下面的"位置.Y"数值都是100cm，"终点"模式表示4个立方体的高度是100cm，如图9-55所示；而"每步"模式表示每两个立方体之间的距离是100cm，如图9-56所示。

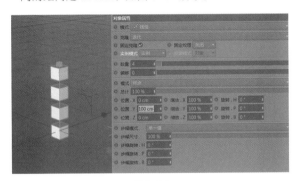
图9-55   图9-56

● 总计：设置当前克隆物体占原有的位置、缩放、旋转的比重。
● 位置：设置克隆物体的位置范围。该数值越大，克隆物体之间的间距越大。在"每步"模式下将该数值从30cm增大至60cm后，立方体之间的距离增加了一倍，如图9-57所示。
● 缩放：设置克隆物体的缩放比例。该参数会在克隆数量方面进行累计，也就是说，后一物体的缩放基于前一物体。
● 旋转：设置克隆物体的旋转角度。将"旋转.H"数值设置为60°，克隆的副本对象会依次进行旋转，如图9-58所示。

图9-57

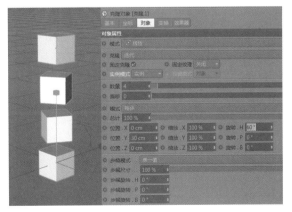
图9-58

- 步幅模式：包括"单一值"和"累积"两个选项。当选择"单一值"选项时，每个克隆物体间的属性变化一致。当选择"累积"选项时，每两个相邻物体间的属性变化量将进行累计，通常配合"步幅尺寸"和"步幅旋转"参数一起使用。
- 步幅尺寸：降低该数值，会逐渐缩短克隆物体的间距。
- 步幅旋转：让后一个克隆对象在前一个克隆对象的基础上进行角度上的旋转。

"对象"模式

当克隆模式被设置为"对象"模式时，场景中需要有一个物体作为克隆的参考对象。该对象可以是任意选择的，只需要将对象拖入"对象"栏中即可。这里以一个立方体作为参考对象，以球体对象作为被克隆对象，将球体对象克隆在立方体对象表面，如图 9-59 所示。

此时的"对象"参数面板如图 9-60 所示。

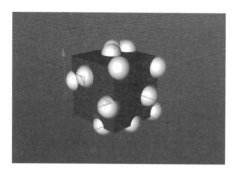

图 9-59

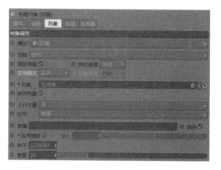

图 9-60

- 排列克隆：用于设置克隆对象在参考对象上的排列方式。勾选该复选框后，可激活"上行矢量"参数。
- 上行矢量：将"上行矢量"设定为某一轴向时，当前被克隆对象将指向矢量方向。
- 分布：用于设置当前克隆对象在参考对象表面的分布方式，默认以参考对象的顶点作为克隆的分布方式。分别以顶点、边、多边形中心、表面、体积和轴心作为克隆的分布方式的情况如图 9-61 所示。
- 偏移：当"分布"被设置为"边"时，用来设置克隆对象在参考对象边上的位置偏移。

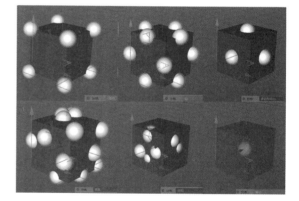

图 9-61

- 种子：用于随机调节克隆对象在参考对象表面的分布方式。
- 数量：用来设置克隆对象的数量。不是每一种分布方式都有"数量"参数的，只有选择"表面"和"体积"这两种分布方式时才需要调节"数量"参数，在选择"顶点""边""多边形中心"等分布方式时，由模型对象本身的结构来决定数量。
- 选集：如果参考对象设置过选集，则可以将选集拖动到该参数右侧的空白区域，针对选集部分进行克隆。

"放射"模式

"放射"模式是指在一个平面上进行放射状克隆的模式。以一个球体对象作为被克隆对象，将"模式"修改为"放射"后，球体对象会呈现一个圆环形状，如图 9-62 所示。

此时的"对象"参数面板如图 9-63 所示。

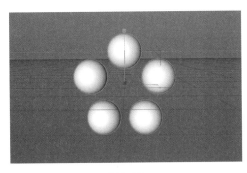

图 9-62　　　　　　　　　　　　　　　图 9-63

- 数量：用于设置克隆对象的数量。该数值越大，克隆出来的物体对象越多。当"数量"数值过高时，要增大"半径"数值，因为"半径"数值过小，而"数量"数值过大时，克隆物体会产生重合。

- 半径：用于设置放射克隆的范围。该数值越大，范围越大。当"半径"数值从 50cm 增加到 100cm 后，球体对象会离中心点越来越远，如图 9-64 所示。

- 平面：用于设置克隆的平面方式，包含 XY、XZ、ZY 三种平面类型。将"平面"从默认的 XY 修改为 XZ 后，克隆对象会对齐 XZ 所处的平面，如图 9-65 所示。

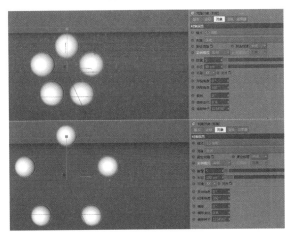

图 9-64

图 9-65

- 对齐：用于设置克隆对象的方向。勾选该复选框后，克隆对象将指向克隆中心。
- 开始角度：用于设置放射克隆的起始角度，默认为 0°。提高该数值，可以将克隆对象序列顺时针打开一个相应的角度缺口。
- 结束角度：用于设置放射克隆的结束角度，默认为 360°。
- 偏移：用于设置克隆对象在原有克隆状态上的位置偏移。
- 偏移变化：如果该数值为零，则在偏移的过程中，克隆对象将保持相等的间距。调节该数值后，克隆对象的间距将不再相同。
- 偏移种子：用于设置在偏移过程中，克隆对象间的随机性。只有在"偏移变化"数值不为零的情况下，该参数才有效。

"网格排列"模式

　　"网格排列"模式是指将被克隆对象沿着 X、Y、Z 轴向进行克隆的模式，属于立体克隆方式。一个球体对象在被克隆后，"模式"将变为"网格排列"，默认情况下会变成 3×3×3 的网格排列形式，如图 9-66 所示。

　　此时的"对象"参数面板如图 9-67 所示，参数较少，主要用于调整 3 个轴向上的数量，以及"端点"和"每步"模式。

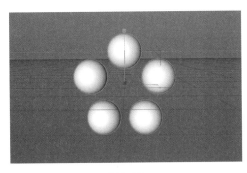

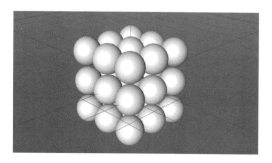

图 9-66　　　　　　　　　　　　　　　　　　　　　图 9-67

- 数量：从左至右，依次用于设置当前克隆对象在 X、Y、Z 轴向上的克隆数量。
- 尺寸：从左至右，依次用于设置当前克隆对象在 X、Y、Z 轴向上的克隆范围。
- 外形：用于设置当前克隆对象的体积形态，包含立方体、球体、圆柱 3 种。
- 填充：用于控制克隆对象对体积内部的填充程度，最高为 100%。

"蜂窝阵列"模式

　　"蜂窝阵列"模式属于平面类型的克隆方式，用于元素间隔不规则的对象，因为原理和蜂巢的组成原理一样，所以称为蜂窝阵列。以一个六边形对象作为被克隆对象，将"模式"修改为"蜂窝阵列"后，在"光影着色（线条）"模式下查看场景，所有六边形都被无缝地衔接在一起组成新的模型对象，如图 9-68 所示。

　　此时的"对象"参数面板如图 9-69 所示。

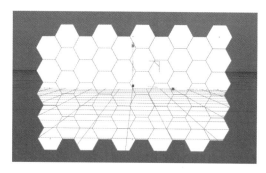

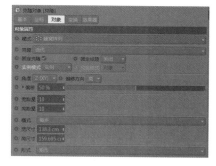

图 9-68　　　　　　　　　　　　　　　　　　　　　图 9-69

- 宽数量 / 高数量：从左至右，依次用于设置当前克隆对象在 X、Y、Z 轴向上的克隆数量。
- 宽尺寸 / 高尺寸：从左至右，依次用于设置当前克隆对象在 X、Y、Z 轴向上的克隆范围。
- 形式：用于设置蜂窝阵列整体的外形，包含"圆环""矩形""样条" 3 种模式。"圆环"模式表示蜂窝阵列最终组成圆环的外形，如图 9-70 所示。"矩形"模式表示蜂窝阵列最终组成长方形的外形，如图 9-71 所示。而"样条"模式需要指定一个新的样条，例如，将星形样条拖动到"样条"栏，那么最终组成的外形会接近星形，如图 9-72 所示。

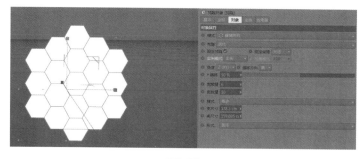

图 9-70

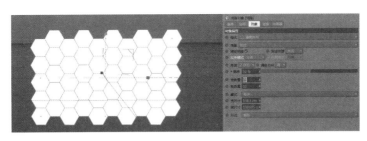

图 9-71

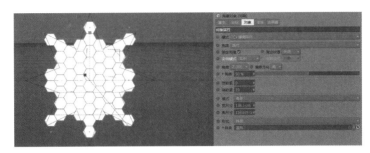

图 9-72

2. 变换

"变换"参数面板主要用来调节被克隆对象的相关参数，可以调整克隆对象的位置、缩放、旋转，以及修改显示颜色等，如图 9-73 所示。

- 显示：用于设置当前克隆对象的显示状态。
- 位置 / 缩放 / 旋转：用于设置当前克隆对象沿自身轴向的位移、缩放、旋转。
- 颜色：设置克隆对象的颜色，默认为白色。将"颜色"修改为红色后，所有的克隆对象就都变成了红色。该参数主要起一个方便观察的作用，在包含多个克隆对象的场景中可以修改颜色，从而将不同的克隆对象明显区分开，如图 9-74 所示。

图 9-73

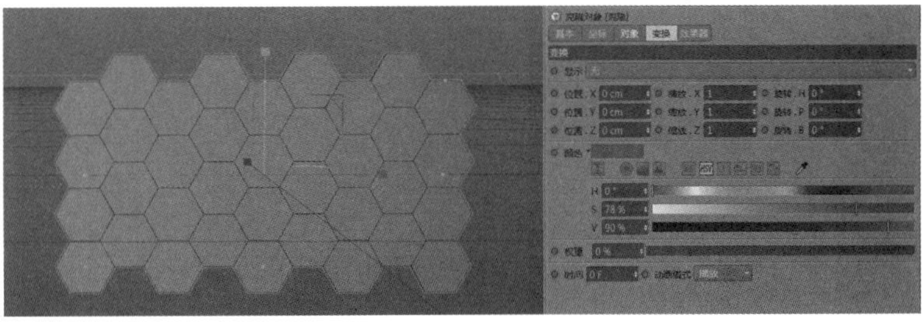

图 9-74

- 权重：用于设置每个克隆对象的初始权重，每个效果器都可以影响每个克隆对象的权重。
- 时间：如果被克隆对象带有动画，则该参数用于设置被克隆后的动画起始帧。
- 动画模式：设置克隆对象的动画的播放方式，包括"播放""循环""固定""固定播放"模式。
  - 播放：根据"时间"参数，决定动画播放的起始帧。
  - 循环：设置克隆对象的动画循环播放。
  - 固定：根据"时间"参数，将当前时间的克隆对象的状态作为克隆后的状态。
  - 固定播放：只播放一次被克隆物体的动画，与当前动画的起始帧无关。

3. 效果器

在"效果器"参数面板中，可以添加各种效果器来改变克隆对象的形态，产生各种各样的位置、旋转、缩放动态变化，如图 9-75 所示。

对一个球体对象进行阵列克隆后，执行"主菜单 > 运动图形 > 效果器 > 随机"命令，创建一个随机效果器，并拖入克隆对象的"效果器"参数面板中，对克隆对象添加一个随机的效果，原来规整的网格排列效果在添加随机效果器后，产生了不规则的位置偏移，如图 9-76 所示。

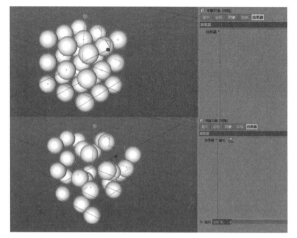

图 9-76

图 9-75

9.2.2 矩阵

矩阵工具和克隆工具类似，它们的不同在于，矩阵工具虽然是运动图形工具，但是它不需要使用一个对象作为子对象来实现效果。在创建一个矩阵对象后，矩阵工具会默认对一个立方体对象进行克隆，如图 9-77 所示。

对象

矩阵工具的"对象"参数面板和克隆工具的几乎一模一样，两者的功能也是一样的，如图 9-78 所示，这里不再赘述。

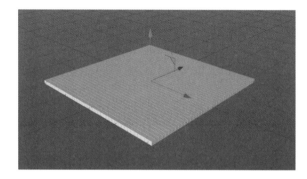

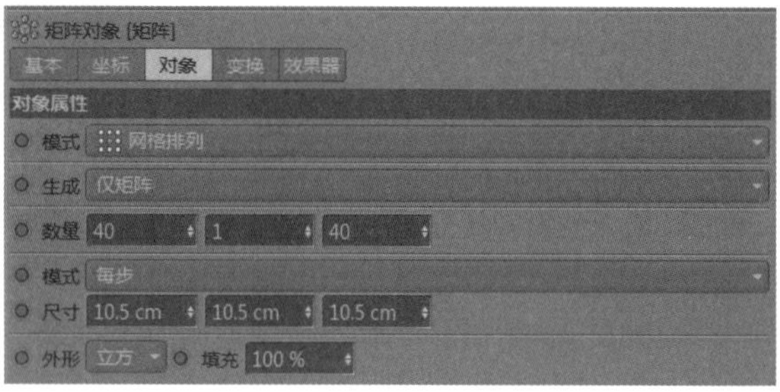

图 9-77

图 9-78

9.2.3 分裂

分裂工具的功能是将原有的物体分成不相连的若干部分，还可以将所有组成部分连接为一个整体，并配合效果器使用。

对象

"对象"参数面板如图9-79所示。其中可以调节的参数较少，注意区分几种分裂模式。

图9-79

- 模式：包含"直接""分裂片段""分裂片段&连接"3种模式。先创建一个文本对象，并给文本对象添加一个挤压生成器，挤压出厚度，再将挤压后的文本对象作为分裂对象的子级使用，并在分裂对象的"效果器"参数面板中添加一个随机效果器，然后修改分裂的模式，查看不同模式的区别。

  ➤ 直接：目标对象不产生分裂，挤压文本对象依然作为一个整体对象，如图9-80所示。

  ➤ 分裂片段：选择该模式，每一个字母没有连接的部分将作为分裂的最小单位进行分裂，挤压对象上的每一个面都成了单独的元素，在随机效果的作用下产生位置上的偏移，如图9-81所示。

  ➤ 分裂片段&连接：选择该模式，分裂效果将以字母为分裂的最小单位，将连接的对象作为一个整体。文本对象现在只有两个元素，一个"文"字和一个"本"字被分裂开，如图9-82所示。

图9-80   图9-81   图9-82

9.2.4 破碎

破碎工具可以将一个物体破碎成很多块。先创建一个立方体对象，再执行"主菜单>运动图形>破碎"命令，创建一个破碎对象作为立方体对象的父级。立方体对象在破碎工具的作用下从一个整体破碎成多个不规则的块，而颜色的不同只是为了方便区别破碎的块及计算破碎的数量，如图9-83所示。

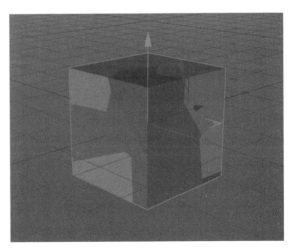

图9-83

对象

"对象"参数面板如图 9-84 所示。

- 着色碎片：勾选该复选框后，破碎的块会有不同的着色效果。
- 偏移碎片：可以设置碎片的偏移距离。将"偏移碎片"数值增加为 4cm 后，立方体对象被破碎的边缘会缩小，形成裂缝，如图 9-85 所示。

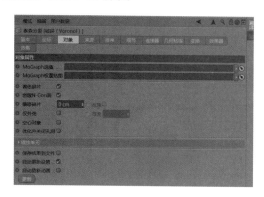

图 9-84

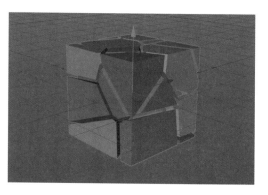

图 9-85

- 仅外壳／厚度：勾选"仅外壳"复选框后，立方体对象破碎后仅仅是一个壳，没有厚度，需要通过设置后面的"厚度"数值来调节碎片的厚度。将"厚度"数值设置为 16cm，破碎的块就具备了厚度。该数值为正值时，向内挤压厚度；该数值为负值时，向外挤压厚度，如图 9-86 所示。

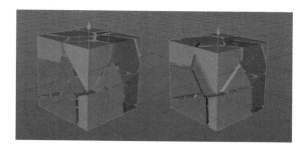

图 9-86

9.2.5 实例

实例工具需要一个带有动画属性的物体作为实例的参考对象。在播放动画的过程中，使用实例工具可以将物体在动画过程中的状态分别显示在场景内部。

对象

"对象"参数面板如图 9-87 所示。

图 9-87

- 对象参考：将带有动画效果的物体拖动到"对象参考"栏中，就会对该物体进行实例模拟。
- 历史深度：该数值越高，模拟的范围越大。将其数值设置为 10，即代表当前可以模拟带有动画效果的物体前 10 帧的运动状态。

在制作三维文本效果时，一般都会先创建文本样条对象，再对文本样条对象进行挤压，得到具备厚度的三维文本对象。而使用运动图形的文本工具可以直接实现文本的立体效果。执行"运动图形 > 文本"命令，直接创建一个带厚度的三维文本对象，如图 9-88 所示。

图 9-88

1. 对象

文本工具的"对象"参数面板和普通文本对象的"对象"参数面板一样。在这里可以修改文本的内容、字体、对齐方式，以及水平间隔、垂直间隔和点插值方式等，如图 9-89 所示。

- 深度：用于设置文本的挤压厚度。该数值越大，文本越厚。
- 细分数：用于设置文本的分段数。提高该数值可以提高文本的分段数。
- 文本：在右侧的空白区域输入需要生成的文本信息。
- 字体：用于设置文本的字体。
- 对齐：用于设置文本的对齐方式。
- 高度：用于设置文本在场景中的大小。
- 水平间隔：用于设置文本的水平间距。
- 垂直间隔：用于设置文本的行间距。
- 点插值方式：用于进一步细分中间点样条，会影响创建时的"细分数"参数。

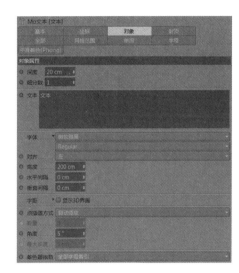

图 9-89

- 着色器指数：只有当场景中的文本被赋予了一个材质，并且该材质使用了颜色着色器时，"着色器指数"参数才会起作用。
  - 单词字母索引：以每一个单词为单位进行颜色分布，从左至右都是由白到黑的渐变。
  - 排列字母索引：以整个文本为单位，按单词的排列方向，从左至右都是由白到黑的渐变。
  - 全部字母索引：整个文本从上至下都是由白到黑的渐变。

2. 封顶

"封顶"参数面板的功能和挤压工具的封顶功能一样，此处不再赘述。

3. 全部

在该参数面板的"效果"参数右侧的空白区域连入效果器。效果器将作用于整个文本场景，而对于单个文本对象，不需要使用效果器，如图 9-90 所示。

图 9-90

4. 网格范围

当文本对象为两行以上排列时有效，可在该参数面板的"效果"参数右侧的空白区域连入效果器。效果器将作用于每一行文本。先将文本内容修改为 12345678，并将 4 个数字作为一排，共两排，然后在"网格范围"参数面板中添加一个随机效果器，在随机效果器的"参数"参数面板中将"缩放"数值修改为 2，勾选"等比缩放"复选框，则文本会在随机效果器的作用下，上面一排文字变大，下面一排文字变小，如图 9-91 所示。

图 9-91

5. 单词

如果当前文本的字符间有空格，此处输出了 love you，则可以在该参数面板的"效果"参数右侧的空白区域连入随机效果器。随机效果器将作用于文本内容中的每一个单词。在随机效果器的"参数"参数面板中将"缩放"数值修改为 4，勾选"等比缩放"复选框，则文本会在随机效果器的作用下，前面一个单词变大，后面一个单词变小，如图 9-92 所示。

图 9-92

6. 字母

若字母受到效果器的作用，则效果器将会作用到每一个字母上。在该参数面板的"效果"参数右侧的空白区域连入随机效果器，如图 9-93 所示。

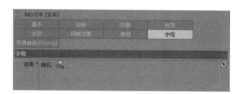

图 9-93

在随机效果器的"参数"参数面板中，保持默认的位置随机数值不变，将"缩放"数值修改为 0.4，勾选"等比缩放"复选框，如图 9-94 所示。可以看到在场景内，文本对象上的每一个单词会分别产生大小缩放，如图 9-95 所示。

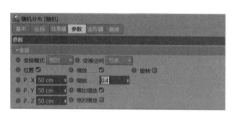

图 9-94

图 9-95

"网格范围""单词""字母"参数面板的区别是控制的范围不一样："网格范围"参数面板将文本内容的每一排当作一个对象；"单词"参数面板将每一个空格区域内的对象当作一个对象；"字母"参数面板将文本内容的所有对象都当作单个的对象。

9.2.7 追踪对象

追踪对象工具可以用于追踪运动物体上的顶点位置的变化，生成曲线路径。这里有一段立方体位移动画，执行"运动图形 > 追踪对象"命令，创建一个追踪对象作为立方体对象的父级，并随着立方体进行前进、上移、后退的位置偏移，它所经过的路径会生成相应的样条，如图 9-96 所示。

"对象"参数面板如图 9-97 所示。在这里可以设置追踪链接、追踪模式，修改追踪的运动节奏，以及生成路径的点插值方式等。

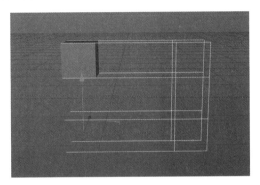

图 9-96

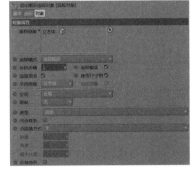

图 9-97

- 追踪链接：连接带有动画的物体。
- 追踪模式：设置当前追踪路径生成的方式，包含"追踪路径""连接所有对象""连接元素"3 个选项。追踪路径：以运动物体顶点位置的变化作为追踪目标，在追踪的过程中生成样条。连接所有对象：追踪物体的每个顶点，并在顶点间产生路径连线。连接元素：以元素层级为单位进行追踪。
- 采样步幅：当"追踪模式"为"追踪路径"时可用，用于设置追踪对象的采样间隔。若该数值增大，则在一段动画中的采样次数变少，形成的曲线精度也会降低，导致曲线不光滑。
- 追踪激活：取消勾选该复选框后，将不会产生追踪路径。
- 追踪顶点：勾选该复选框后，追踪对象会追踪运动物体的每一个顶点。如果取消勾选该复选框，则只会追踪运动物体的中心点。
- 手柄克隆：被追踪的物体为一个嵌套式的克隆对象。仅节点：追踪对象以整体的克隆对象为单位进行追踪，此时只会产生一条追踪路径。直接克隆：追踪对象以每一个克隆对象为单位进行追踪，此时每一个克隆对象都会产生一条追踪路径。克隆从克隆：追踪对象以每一个克隆对象的每一个顶点为单位进行追踪，此时克隆对象的每一个顶点都会产生一条追踪路径。
- 空间：如果追踪对象自身位置数值不是 0，当"空间"为"全局"时，追踪曲线与被追踪对象之间完全重合；当"空间"为"局部"时，追踪路径会和被追踪对象之间产生间隔，间隔距离为追踪对象自身的位置数值。
- 限制：用于设置追踪路径的起始和结束时间。无：从被追踪物体运动的开始到结束，追踪曲线始终存在。从开始：选择该选项后，右侧的"总计"参数将被激活。追踪路径将从动画的起始开始，直到"总计"参数设定的时间结束。从结束：选择该选项后，右侧的"总计"参数将被激活。追踪路径的范围是从"总计"数值开始到时间轴最后一帧，即"总计"数值为 20，总长度为 100 帧，那么范围就是 20 ~ 100 帧。
- 类型：设置追踪过程中生成曲线的类型。
- 闭合样条：勾选该复选框后，追踪对象生成的曲线为闭合曲线。
- 点差值方式：用于设置生成曲线的点划分方式。
- 反转序列：反转生成曲线的方向。

运动样条工具是针对样条的运动图形工具。一般而言，样条都是静态的。要想对一个样条添加动画效果，就需要先将其转换为运动样条。运动样条工具的"对象"参数面板如图 9-98 所示。

图 9-98

- 模式：包含"简单""样条""Turtle"三种模式，每一种模式都有独立的参数设置。
- 生长模式：包含"完整样条"和"独立的分段"两个选项。选择任意一个选项，都需要配合下方的"开始"和"终点"参数来产生效果。在选择"完整样条"选项时，调节"开始"参数，运动样条生成的样条曲线会逐个产生生长变化。在选择"独立的分段"选项时，调节"开始"参数，运动样条生成的样条曲线会同时产生生长变化。
- 开始：用于设置样条曲线起点处的生长值。
- 终点：用于设置样条曲线终点处的生长值。
- 偏移：用于设置从起点到终点范围内样条的位置变化。
- 延长起始：勾选该复选框后，"偏移"数值小于 0%，运动样条会在起点处继续延伸。如果取消勾选该复选框，"偏移"数值小于 0%，则运动样条会在起点处终止。
- 排除起始：勾选该复选框后，"偏移"数值大于 0%，运动样条会在终点处继续延伸。如果取消勾选该复选框，"偏移"数值大于 0%，则运动样条会在终点处终止。
- 显示模式：包含"线"、"双重线"和"完全形态"3 种显示模式。

1. 简单

"简单"参数面板如图 9-99 所示。

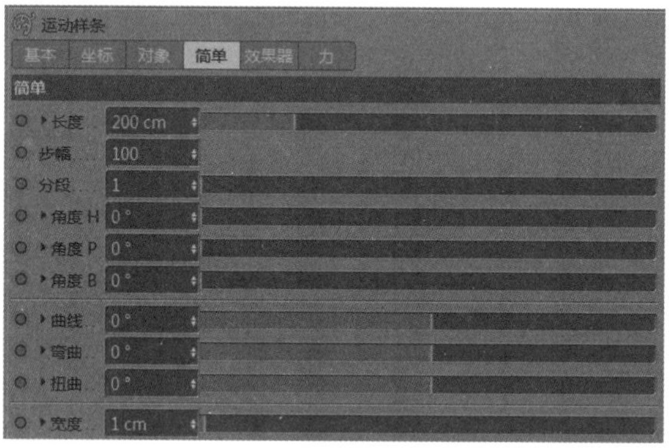

- 长度：用于设置运动样条产生曲线的长度。也可以单击"长度"左侧的箭头图标，弹出样条窗口，通过样条曲线的方式，控制运动样条产生曲线的长度。
- 步幅：控制运动样条产生曲线的分段数。该数值越高，曲线越光滑。
- 分段：用于设置运动样条产生曲线的数量。
- 角度 H/ 角度 P/ 角度 B：分别用于设置运动样条在 3 个方向的旋转角度。
- 曲线 / 弯曲 / 扭曲：分别用于设置运动样条在 3 个方向的扭曲程度。
- 宽度：用于设置运动样条所产生曲线的粗细。

图 9-99

2. 样条

"样条"参数面板如图 9-100 所示。

将自定义的样条曲线拖动到"源样条"栏中，此时产生的运动样条形态就是指定的样条曲线形态。比如，添加一个文本样条对象，并将文本样条对象的内容设置为 C4D，如图 9-101 所示。

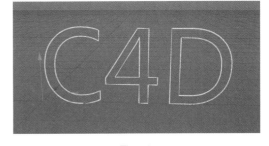

图 9-100   图 9-101

先将文本样条转换为运动样条，对该运动样条添加一个扫描对象，然后选用一个半径较小的圆环作为扫描截面，让它沿着运动样条的路径进行扫描，将运动样条扫描成管道文字，如图 9-102 所示。

现在对运动样条做一些参数调整，在"对象"参数面板中将"生长模式"修改为"独立的分段"，将"偏移"数值修改为 -19%，在"样条"参数面板中将"生成器模式"修改为"均匀"，得到一个奇特的文本对象，如图 9-103 所示。

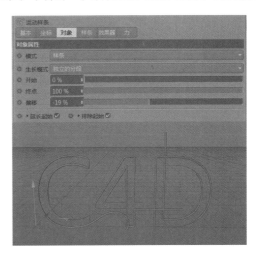

图 9-102   图 9-103

9.2.9　运动挤压

运动挤压工具可以作为变形器来使用，且在使用的过程中，需要将被变形物体作为挤压变形器的父级，或者将两个对象放在一个组内的同层级。

创建一个立方体对象，按住 Shift 键执行"运动图形 >运动挤压"命令，创建一个运动挤压对象作为立方体对象的子级，立方体的 6 个面会被分别挤压出来，并且新挤压的面会越来越小，如图 9-104 所示。

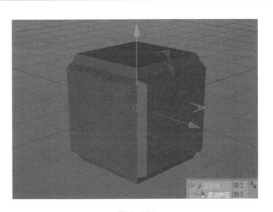

图 9-104

对象

运动挤压工具的"对象"参数面板如图9-105所示。其中，可调节参数较少，主要用于修改变形的模式和挤出步幅的大小。

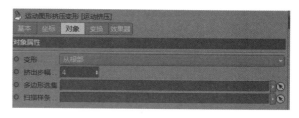

图9-105

- 变形：当"效果器"参数面板中有效果器时，该参数用于设置效果器对变形物体作用的方式。
  - ➢ 从根部：选择该选项后，物体在效果器的作用下，整体的变化一致。
  - ➢ 每步：选择该选项后，物体在效果器的作用下，发生递进式的变化效果。
- 挤出步幅：设置变形物体挤出的距离和分段。该数值越大，距离越大，分段也越多。将"挤出步幅"数值从4增加到40之后，挤压出来的部分会更多，如图9-106所示。
- 多边形选集：可以通过设置多边形选集指定只有多边形物体表面的部分受到挤压变形器的作用。
- 扫描样条：当"变形"被设置为"从根部"时，该参数可用。可以指定一条曲线作为变形物体挤出时的形状，且调节曲线的形态影响最终变形物体挤出的形态。如果使用一个圆环对象作为扫描样条，则从立方体对象上挤压出来的面两两之间将会形成一个封闭的圆环，如图9-107所示。

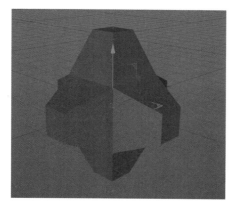

图9-106

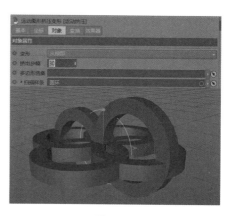

图9-107

9.2.10 多边形FX

使用多边形 FX 工具可以对多边形不同的面或样条不同的部分产生不同的影响。多边形 FX 工具的使用与变形器的使用相同，可以被当作多边形或样条对象的子级，其参数面板如图9-108所示。

图9-108

对象

- 模式：包含"部分面（Polys 样条）"和"整体面（Poly）/分段"两个选项。
  - ➢ 整体面（Poly）/分段：选择该选项后，对多边形或样条对象进行位移、旋转、缩放操作时，会以多边形或样条对象的独立整体为单位。
  - ➢ 部分面（Polys 样条）：选择该选项后，对多边形或样条对象进行位移、旋转、缩放操作时，会以多边形或样条对象的每个分段为单位。

9.2.11 线形克隆工具

线形克隆工具是快速克隆工具。选择一个圆柱对象，执行"运动图形 > 线形克隆工具"命令，在视图窗口中单击圆柱对象并进行拖曳，拖曳的方向就会以线形的方式克隆出圆柱对象，如图 9-109 所示。

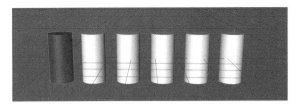

图 9-109

9.2.12 放射克隆工具

放射克隆工具也是快速克隆工具。选择一个圆柱对象，执行"运动图形 > 放射克隆工具"命令，在视图窗口中单击圆柱对象并进行拖曳，拖曳的方向就会以放射的方式克隆出圆柱对象，如图 9-110 所示。

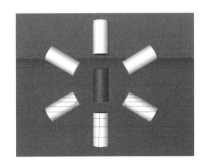

图 9-110

9.2.13 网格克隆工具

网格克隆工具也是快速克隆工具。选择一个圆柱对象，执行"运动图形 > 网格克隆工具"命令，在视图窗口中单击圆柱对象并进行拖曳，拖曳的方向就会以网格的方式克隆出圆柱对象，如图 9-111 所示。

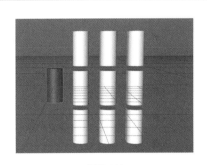

图 9-111

9.2.14 运动图形选集

使用运动图形选集工具可以给运动图形设置相应的选集，这样一来，在添加效果器后，效果器就只影响选集部分。以一个网格克隆对象为例，选择网格克隆对象后，执行"运动图形 > 运动图形选集"命令，将网格克隆对象最右侧的 9 个克隆对象选中并设置选集。每一个克隆对象都有一个灰色的点，被选中之后就会自动生成选集，而灰色的点会变成浅黄色的点，如图 9-112 所示。

给克隆对象添加一个随机效果器，将随机效果器的参数保持默认设置，效果器将只影响设置了选集的部分，也就是说，只有最右侧的 9 个圆柱对象会受到随机效果器的影响，如图 9-113 所示。

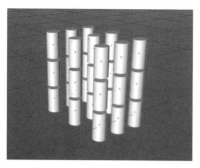
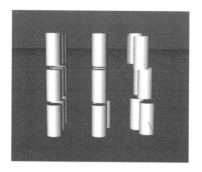

图 9-112   图 9-113

群组效果器

　　效果器可以按照自身的操作特性对克隆物体产生不同效果的影响。效果器也可以作为变形器来使用，其使用非常灵活。我们可以单独使用一个效果器，也可以配合使用多个效果器来达到某种需要的效果。如果需要对运动图形工具添加效果器，则只需要将效果器拖动到"效果器"参数右侧的空白区域即可，如图 9-114 所示。

　　群组效果器工具自身没有具体的功能，可以将多个效果器捆绑在一起，使它们同时起作用，并通过一个"强度"参数控制这些效果器的作用，省去了单独调节每个效果器强度的烦琐操作，如图 9-115 所示。

图 9-114   图 9-115

9.2.16 简易效果器

　　简易效果器用来控制对象的移动、缩放、选择等参数。以一个线形克隆对象为例，在默认情况下添加简易效果器，会让克隆对象整体上移 100cm，如图 9-116 所示。

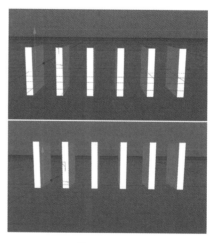

图 9-116

1. 效果器

　　"效果器"参数面板如图9-117所示，主要用于控制简易效果器的强度、最小/最大等参数。

图9-117

- 强度：用于调节效果器的整体强度。"强度"数值为0%时，效果器不起作用。该数值越大，效果器的作用越明显。

- 选择：如果对克隆对象执行过"运动图形选集"命令，则可以将运动图形选集的标签拖动到"选择"栏中，此时简易效果器将只作用于运动图形选集范围。

- 最大/最小：控制当前变换的范围。

2. 参数

　　"参数"参数面板用来调节当前效果器作用在物体上的强度和作用方式。大部分效果器的"参数"参数面板都一样，都是通过控制运动图形的位置、缩放、旋转的相关参数来运作的，如图9-118所示。

- 变换：将效果器的效果作用于物体的位置、缩放、旋转参数上，将简易效果器的位置参数全部归零，将旋转参数中的R.H和R.B设置为45°，那么运动图形对象会发生相应的改变，如图9-119所示。

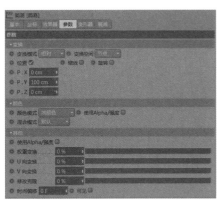

图9-118

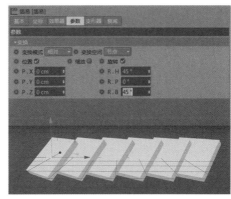

图9-119

- 颜色模式：主要用于确定效果器的颜色以何种方式作用于克隆对象，默认为"域颜色"。

- 混合模式：用于控制当前效果器中的颜色参数与克隆工具的"变换"参数面板中的颜色参数的混合方式。

- 权重变换：可以将当前效果器的作用效果施加在克隆对象的每个节点上，用来控制每个克隆对象受其他效果器影响的强度。

- U向变换：克隆对象内部的U向坐标。使用此参数可以控制效果器在克隆对象U方向上的影响。

- V向变换：克隆对象内部的V向坐标。使用此参数可以控制效果器在克隆对象V方向上的影响。

在使用"U向变换"和"V向变换"参数时，可以将克隆工具的"变换"参数面板中的"显示"参数设置为"UV方式"。

- 修改克隆：调整"修改克隆"参数时，可以调整克隆对象的分布状态。

- 时间偏移：当被克隆对象带有动画效果时，调节"时间偏移"参数，可以改变克隆对象动画效果的起始和结束位置。

3. 变形器

效果器的使用方式与变形器的使用方式一样,可以
通过"变形器"参数面板中的"变形"参数来确定效果
器对物体的作用方式,如图9-120所示。

图 9-120

- 关闭:效果器对物体不起控制作用。
- 对象:效果器作用于每个独立的物体本身,每个物体
  以自身坐标的方向产生变化。
- 点:效果器作用于物体的每个顶点。
- 多边形:效果器作用于物体的每个多边形平面,物体以自身多边形平面的坐标方向产生变化。

4. 衰减

"衰减"参数面板可以对当前效果器进行进一步的
控制,通过域的方式进一步控制效果器的作用范围,如
图9-121所示。

单击"线性域"图标,添加一个线性域。添加线性
域后,会出现一个红色的范围框,在范围框内的运动图
形对象和在范围框外的运动图形对象所受到的效果器的
影响是不一样的,如图9-122所示。

图 9-121

移动范围框的位置,可以让简易效果器只影响部分
区域,如图9-123所示。随着范围框的移动,范围框所经过的区域对象不再受到效果器的影响,显示为白色,而
范围框内的对象显示为淡黄色,表示其受到效果器的影响在逐渐减弱。因为线性域的范围内有强弱的衰减,所以
箭头所指方向的效果越来越强。

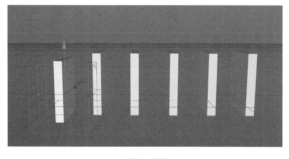

图 9-122

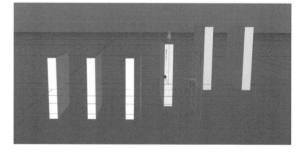

图 9-123

9.2.17 延迟效果器

延迟效果器可以让运动图形对象的动画产生延迟效果,常常配合简易效果器和随机效果器等使用,这是因为
延迟效果器虽然可以对一个动画过程产生延迟效果,但单独使用它的效果不明显。

1. 效果器

"效果器"参数面板如图 9-124 所示。

图 9-124

- 强度：用于控制当前延迟效果器的作用强度。
- 选集：作用于运动图形选集。
- 模式：包括"平均""混合""弹簧"3 种模式。不同模式下的延迟效果不同。
  - ➤ 平均：在物体产生延迟效果的过程中，速率保持不变，可以通过调节"强度"数值来调整延迟过程中的强度。
  - ➤ 混合：在物体产生延迟效果的过程中，速率由快至慢，可以通过调节"强度"数值来调整延迟过程中的强度。
  - ➤ 弹簧：物体的延迟会产生反弹的效果。

2. 参数

"参数"参数面板如图 9-125 所示。

- 变换：可以对物体的"位置""缩放""旋转"参数设置延迟效果。

图 9-125

9.2.18 公式效果器

公式效果器是利用数学公式对物体产生效果和影响的。在默认情况下，公式效果器使用的公式为正弦函数。用户也可以自行编写公式。如图 9-126 所示，一排克隆对象在添加公式效果器后，以正弦波动的形式进行放大和缩小。

1. 效果器

"效果器"参数面板如图 9-127 所示。

- 强度：用于控制公式效果器的影响强度。
- 选择：作用于运动图形选集。
- 最小 / 最大：通过"最大""最小"两个参数控制当前变换的范围。
- 公式：在"公式"参数右侧的空白区域中，用户可以自行编写需要的数学公式。
- 变量：提供在编写公式过程中可以使用的内置变量。

2. 参数

"参数"参数面板用来调节当前效果器作用在物体上的强度和方式，和前面的参数面板一致，此处不再赘述。

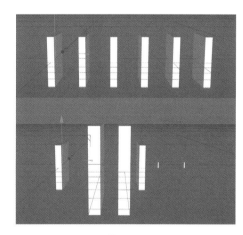

图 9-126

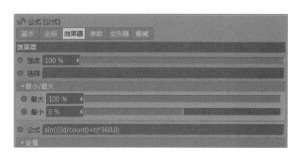

图 9-127

9.2.19 继承效果器

继承效果器可以将克隆对象的位置和动画从一个对象转移到另一个对象上。

效果器

"效果器"参数面板如图 9-128 所示。

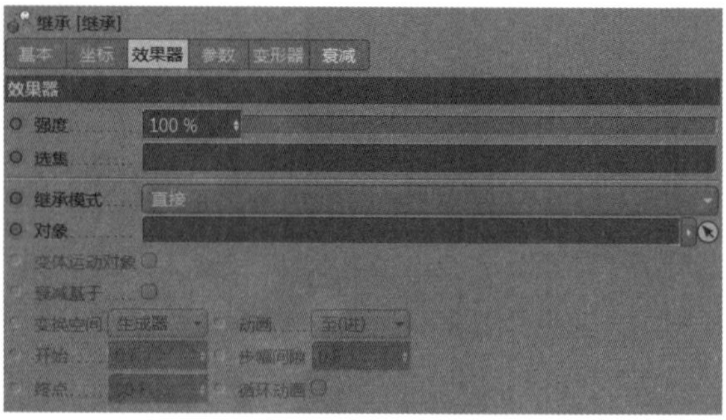

- 强度：用于控制继承效果器的影响强度。
- 选集：作用于运动图形选集。
- 继承模式：控制当前对象的继承方式，包括"直接"
  和"动画"两个选项。直接：可以直接继承对象的状
  态，没有时间延迟。动画：可以继承对象的动画。
- 对象：可以将对象直接拖入"对象"参数右侧的空白
  区域。
- 变体运动对象：继承对象为其他的克隆对象或运动图
  形对象，并且"继承模式"为"直接"模式时，"变体运动对象"参数可用。
- 衰减基于：勾选该复选框后，继承对象将会保持为对象动画过程中某一时刻的状态，不再产生动画。
- 变换空间：用于控制当前继承动画的作用位置，包括"生成器"和"节点"两个选项。
  - ➢ 生成器：当"变换空间"被设置为"生成器"时，克隆对象在使用继承效果器继承对象动画时，产生的动画
    效果会以克隆对象的坐标位置为基准进行变换。
  - ➢ 节点：当"变换空间"被设置为"节点"时，克隆对象在使用继承效果器继承对象动画时，产生的动画效果
    会以克隆对象自身的坐标所在位置为基准进行变换。
- 开始：用于控制继承动画的起始时间。
- 终点：用于控制继承动画的结束时间。
- 步幅间隙：当"变换空间"被设置为"节点"时，可以通过设置"步幅间隙"来调整克隆对象间的运动时差。
- 循环动画：勾选该复选框后，动画每次播放结束后都会重新播放。

图 9-128

9.2.20 推散效果器

推散效果器可以将运动图形对象以一个中心点为固
定点向四面八方推散，如图 9-129 所示。

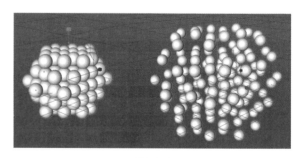

图 9-129

9.2.21 随机效果器

随机效果器对克隆对象的位置、大小、旋转，以及颜色和权重等，都可以产生随机化的影响。为线形克隆对象添加随机效果器后，每个克隆对象在随机效果的影响下，在 X、Y、Z 轴向上的位置都发生了随机数值的改变，如图 9-130 所示。

图 9-130

效果器

"效果器"参数面板如图 9-131 所示。大部分效果器的"效果器"参数面板都类似，与其他效果器相比，随机效果器的"效果器"参数面板多了"随机模式"和"种子"参数。

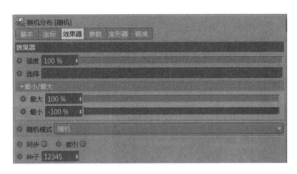

图 9-131

- 强度：用于控制随机效果器的影响强度。
- 选集：作用于运动图形选集。
- 随机模式：包含 5 种不同的随机效果。随机 / 高斯：能提供真正的随机效果。噪波 / 湍流：内部程序会自动指定一个立体的随机噪波，形成不均匀的随机效果。播放动画：也可以形成随机的动画效果。
- 种子：改变其数值，可以得到不同的随机效果。

9.2.22 体积效果器

体积效果器能定义一个范围，并在这个范围内对对象的变换参数产生影响。当克隆对象位于指定的体积对象内部时，在体积对象范围内的物体就会受到体积效果器的影响。

对一个以网格形式排列的运动图形对象添加一个体积效果器，在体积效果器的"效果器"参数面板中的"体积对象"栏添加一个圆柱对象，并在"对象"窗口中把圆柱对象的"编辑器可见"关闭，将圆柱对象移向运动图形对象，就会发现圆柱对象经过的区域内立方体对象会消失，如图 9-132 所示。这就是体积效果器的作用，通过另一个对象的空间所占体积来影响运动图形对象。

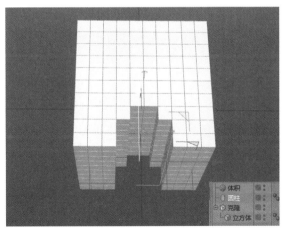

图 9-132

效果器

"效果器"参数面板如图 9-133 所示。

- 强度:用于控制体积效果器的影响强度。
- 选择:作用于运动图形选集。
- 最小 / 最大:用于控制当前变换的范围。
- 体积对象:用户可以将几何体拖入"体积对象"栏中,
  这个几何体将作为影响克隆对象变换的范围。

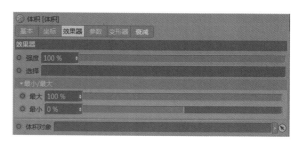

图 9-133

课堂案例 金字塔群制作

实例位置	实例文件 >CH09> 课堂案例:金字塔群制作 .png
素材位置	素材文件 >CH09> 金字塔群制作 .c4d
视频名称	无
技术掌握	克隆工具练习

作业要求:本次课堂案例通过一个金字塔群的制作
讲解克隆工具的使用流程,效果如图 9-134 所示。

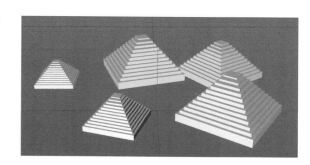

图 9-134

Step 01 按住工具栏中的"立方体"图标 ▣ 不放,在弹出的窗口中单击"立方体"图标,创建一个立方体对象,调整立方体对象的"高度"数值为 20cm,将其压扁,如图 9-135 所示。

Step 02 创建一个立方体对象,修改 X、Y、Z 方向的尺寸为 35cm、3.5cm、35cm,如图 9-136 所示。

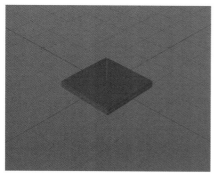

图 9-135

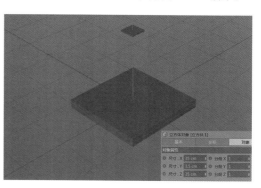

图 9-136

Step 03 执行"创建 > 运动图形 > 克隆"命令，创建一个克隆对象。选中两个立方体对象并一起拖动到克隆对象下方作为其子级，如图 9-137 所示。

Step 04 选中克隆对象，在"对象"参数面板中修改克隆的方式为"混合"，让两个立方体对象产生一个过渡，将克隆的"数量"数值修改为 12，克隆的"模式"设置为"终点"，"位置.Y"数值修改为 –100cm，即可得到一个金字塔建筑，如图 9-138 所示。

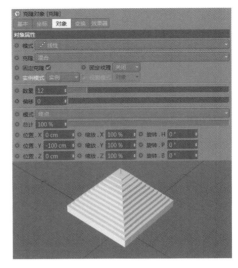

图 9-137　　　　　　　　　　　图 9-138

Step 05 创建一个克隆.2 对象，并将其作为上一步的克隆对象的父级，如图 9-139 所示。

Step 06 选中克隆.2 对象，在其"对象"参数面板中将"模式"修改为"放射"，增大放射的"半径"数值为 270cm，得到多个金字塔建筑，如图 9-140 所示。

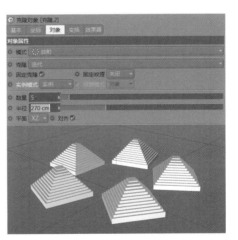

图 9-139　　　　　　　　　　　图 9-140

Step 07 在"对象"窗口中选中克隆.2 对象，执行"创建 > 运动图形 > 效果器 > 随机"命令，创建的随机效果器会被自动添加到克隆.2 对象的"效果器"栏，如图 9-141 所示。

Step 08 添加随机效果器后，金字塔建筑群会产生位置上的随机效果，如图 9-142 所示。

图 9-141   图 9-142

Step 09 选中随机效果器，在"参数"参数面板中勾选"等比缩放"复选框，将"缩放"数值设置为 -0.5，则金字塔建筑除了产生默认的 50cm 随机效果，还会产生随机的缩放效果，如图 9-143 所示。

Step 10 如果得到的随机效果不是需要的，则可以在随机效果器的"效果器"参数面板中改变"种子"数值。种子是一种随机值，每个数值代表一种随机效果，修改"种子"数值为 12349 后，会产生新的随机效果，如图 9-144 所示。

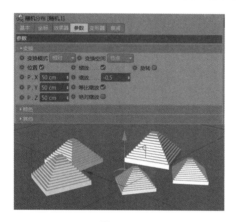

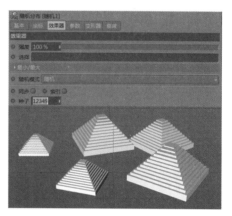

图 9-143   图 9-144

课堂练习 墙体破碎

实例位置	实例文件 >CH09> 课堂练习：墙体破碎 .png
素材位置	素材文件 >CH09> 墙体破碎 .c4d
视频名称	无
技术掌握	动力学和破碎工具的结合应用

作业要求：本次课堂练习通过一个墙体破碎的制作，将前面章节所学过的动力学与运动图形工具结合起来应用，效果如图 9-145 所示。

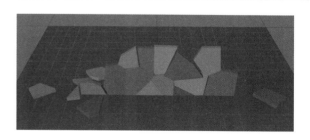

图 9-145

Step 01 按住工具栏中的"立方体"图标 不放，在弹出的窗口中单击"平面"图标，创建一个平面对象，并使用缩放工具将平面对象放大到差不多覆盖整个视图窗口即可，如图 9-146 所示。

Step 02 创建一个立方体对象，修改 X、Y、Z 方向的尺寸为 1000cm、350cm、25cm，做出一面墙，如图 9-147 所示。

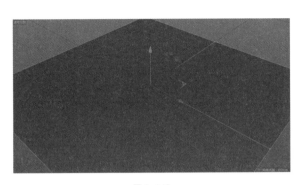

图 9-146

图 9-147

Step 03 执行"创建 > 运动图形 > 破碎"命令，创建一个破碎对象作为墙面立方体对象的父级。立方体对象在破碎工具的作用下被破碎成多个不规则小方块，如图 9-148 所示。

Step 04 对破碎对象添加模拟标签的刚体标签，对平面对象添加模拟标签的碰撞体标签，单击"动画播放"按钮，就会发现破碎的墙面在默认重力的作用下开始下落，如图 9-149 所示。

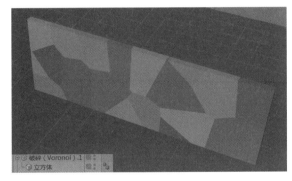

图 9-148

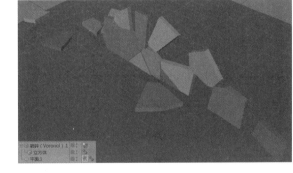

图 9-149

Step 05 由于默认刚体和碰撞体的摩擦力太小，破碎的不规则小块在平面对象上产生的是滑动现象，而不是真实的物理现象，将"碰撞"参数面板中的"摩擦力"数值增大为 100%，再次播放动画，不规则墙面就不会再产生滑动现象，如图 9-150 所示。

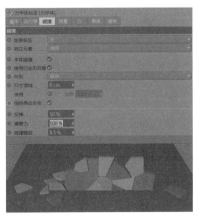

图 9-150

课后习题 多米诺骨牌动画

实例位置	实例文件 >CH09> 课后习题：多米诺骨牌动画 .png
素材位置	素材文件 >CH09> 多米诺骨牌动画 .c4d
视频名称	无
技术掌握	运动图形、刚体动力学工具的综合运用

作业要求：利用所学的知识模拟一个多米诺骨牌倒塌动画，进行关键帧、运动图形和刚体动力学工具的综合练习，效果如图9-151所示。

图 9-151

Step 01 先创建一个螺旋样条对象，减小其起始半径和起始角度，将其高度设置为 0，并适当增大其结束角度和结束半径，得到一个平面螺旋样条对象，再创建一个平面对象作为地面，如图 9-152 所示。

Step 02 创建一个立方体对象，调整其长度、宽度、高度，并增加圆角半径。以螺旋样条对象作为克隆对象，在克隆对象的"对象"参数面板将"分布"修改为"平均"，增加"数量"数值，在整个螺旋样条对象上都克隆上立方体对象，如图 9-153 所示。

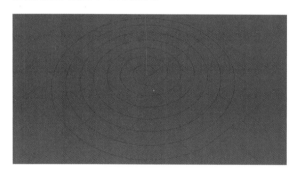

图 9-152

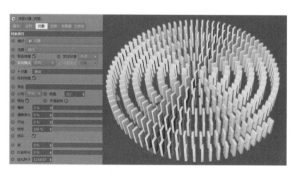

图 9-153

Step 03 给克隆对象添加刚体标签，需要修改刚体标签并应用到全部子级，如图 9-154 所示。

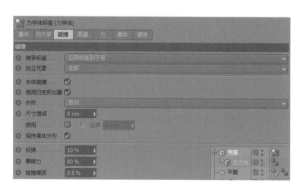

图 9-154

Step 04 单独创建一个立方体对象，并为其添加刚体或碰撞体标签，在第 0 帧时，在立方体对象的图 9-155 所示位置处，给坐标参数标记关键帧，如图 9-156 所示。

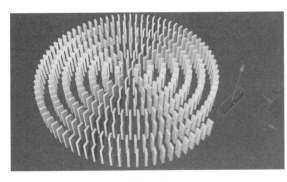

图 9-155

图 9-156

Step 05 在第 40 帧后，将立方体对象移动到和多米诺骨牌碰撞的位置，如图 9-157 所示，并给坐标参数标记关键帧，如图 9-158 所示。

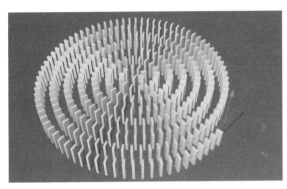

图 9-157

图 9-158

Step 06 这样就能给起始的多米诺骨牌一个碰撞的力，让其倒塌并撞击后面的立方体对象，形成自然的连锁反应，如图 9-159 所示。

Step 07 创建一个基础黄色材质并赋予地面，如图 9-160 所示。

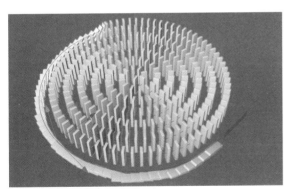

图 9-159

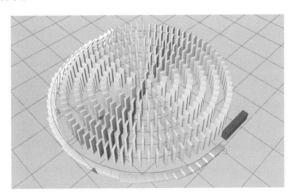

图 9-160

Step 08 创建一个彩色渐变材质并赋予多米诺骨牌克隆对象，将材质的投射方式设置为"平直"，同时单击鼠标右键，找到适合对象的选项，如图 9-161 所示。

Step 09 创建一个 HDR 天空作为照明光源，添加常用的环境吸收和全局光照效果，即可得到如图 9-162 所示的效果。

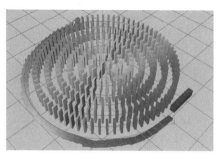

图 9-161

图 9-162

综合练习　手机壳翻转动画

实例位置	实例文件 >CH09> 综合练习：手机壳翻转动画.png
素材位置	素材文件 >CH09> 手机壳翻转动画.c4d
视频名称	无
技术掌握	运动图形工具和效果器的应用

作业要求：本次综合练习通过一个手机壳翻转动画的制作，进一步讲解运动图形工具和效果器的使用，效果如图 9-163 所示。

图 9-163

Step 01 打开本书提供的工程文件，包含一个手机壳对象和一个平面对象，如图 9-164 所示。

Step 02 执行"运动图形 > 克隆"命令，创建一个克隆对象，将手机壳对象拖动到克隆对象下方作为其子级。在"对象"窗口中选中克隆对象，在"对象"参数面板中修改克隆的"模式"为"线性"，并修改克隆的"数量"数值为 9，"位置.X"数值为 –325cm，得到 9 个手机壳对象，如图 9-165 所示。

图 9-164

图 9-165

Step 03 在"对象"窗口中选中克隆对象的情况下，执行"运动图形 > 效果器 > 简易"命令，创建一个简易效果器，创建的简易效果器将被直接添加到克隆对象的"效果器"参数面板中，如图 9-166 所示。

Step 04 默认创建的简易效果器对整个克隆对象都起作用。选中简易效果器，在"衰减"参数面板中单击"线性域"图标 —— 线性域，添加一个线性域，之后会发现手机呈现不同深浅颜色的变化，这代表简易效果器对克隆对象的影响程度不同，如图 9-167 所示。

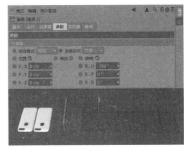

图 9-166

Step 05 默认创建的简易效果器影响的是克隆对象的 Y 轴位置。选中简易效果器，在"参数"参数面板中将"位置"的 3 个轴向上的数值

图 9-167

图 9-168

全部归零，将 R.H 数值修改为 -180°，让简易效果器控制模型对象的旋转，如图 9-168 所示。

Step 06 现在效果器对部分手机壳具有不同角度旋转的作用，但是旋转的方向不对。先单击线性域，在"域"参数面板中将"方向"修改为 X-，得到正确的手机壳向右翻转效果，再将线性域的"长度"数值修改为 800cm，增加线性域的长度，让线性域有一个衰减作用，得到更好的手机翻转效果，如图 9-169 所示。

Step 07 接下来对线性域设置一个关键帧，让手机壳从左向右依次翻转，将时间指针移动到第 0 帧处，单击线性域，给坐标参数 P.X 标记一个关键帧，如图 9-170 所示。

Step 08 将时间指针移动到第 100 帧处，单击线性域，给坐标参数 P.X 再标记一个关键帧，如图 9-171 所示。这里的关键帧代表线性域的作用结束。

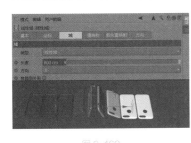

图 9-169

图 9-170

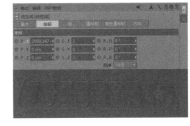

图 9-171

Step 09 有了关键帧动画，还需要给场景添加摄像机动画，回到第 0 帧处，创建一个摄像机对象，调整摄像机的角度为斜对手机壳对象，单击"记录活动"图标 ，给摄像机的位置、旋转、缩放参数都标记上关键帧，如图 9-172 所示。

Step 10 将时间指针移动到第 100 帧处，调整摄像机的角度为斜对手机壳对象，单击"记录活动"图标，给摄像机的位置、旋转、缩放参数再次标记上关键帧，如图 9-173 所示。

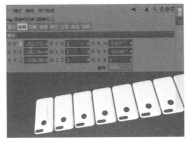

图 9-172

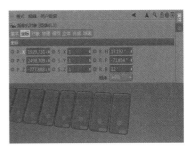

图 9-173

Step 11 在动画制作完成后，就需要设置灯光、材质和渲染效果了。先创建一个天空对象，再创建一个基础材质，只勾选"发光"通道，在内容浏览器中搜索 HDR 贴图并拖动到"发光"通道的"纹理"栏，给场景一个环境照明，如图 9-174 所示。

Step 12 创建一个基础材质，只勾选"颜色"和"反射"通道，将"颜色"修改为大红色，在"反射"通道中添加一个 GGX 反射，将"粗糙度"数值增加为 66%，并将"层菲涅耳"下面的"菲涅耳"修改为"绝缘体"，"预置"设置为"钻石"，得到一个粗糙红色材质，将该材质赋予手机壳对象，如图 9-175 所示。

图 9-174

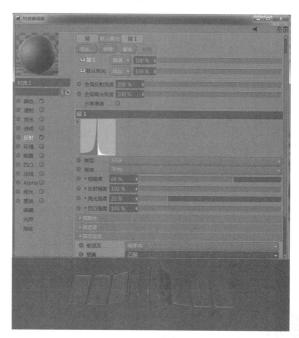

图 9-175

Step 13 创建一个基础材质，只勾选"颜色"和"反射"通道，将"颜色"修改为粉红色，在"反射"通道中添加一个 GGX 反射，略微增加粗糙度，并将"层菲涅耳"下面的"菲涅耳"修改为"绝缘体"，"预置"设置为"沥青"，得到一个粉红色反射材质，将该材质赋予平面对象，如图 9-176 所示。

Step 14 单击"渲染设置"图标，在"效果"菜单中添加全局光照和环境吸收效果，并选择"全局光照"选项，将 Gamma 数值调整为 2.2，让整个场景更加明亮，如图 9-177 所示。

图 9-176

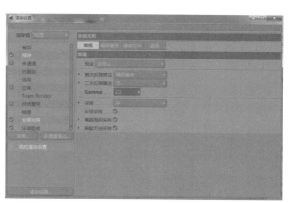

图 9-177

Step 15 设置好上述参数后，单击"渲染到图片查看器"图标 ，分别选取第 0 帧、第 50 帧和第 100 帧 3 个时间点进行渲染，查看最终的效果，如图 9-178 所示。

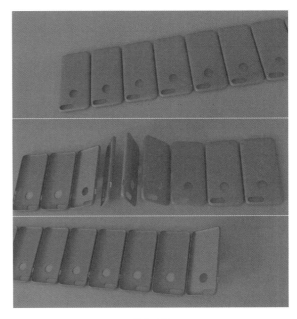

图 9-178

本章小结

　　本章详细讲解了动力学与运动图形的相关知识，重点在于介绍力学体标签的一些参数设置，其中，继承标签、独立元素、外形等都是常用的设置。而在运动图形工具中，克隆工具最为重要，也是使用最多的。另外，各种效果器的组合使用能产生十分惊艳的动态图形效果，需要用户熟练地掌握每个效果器的特点。